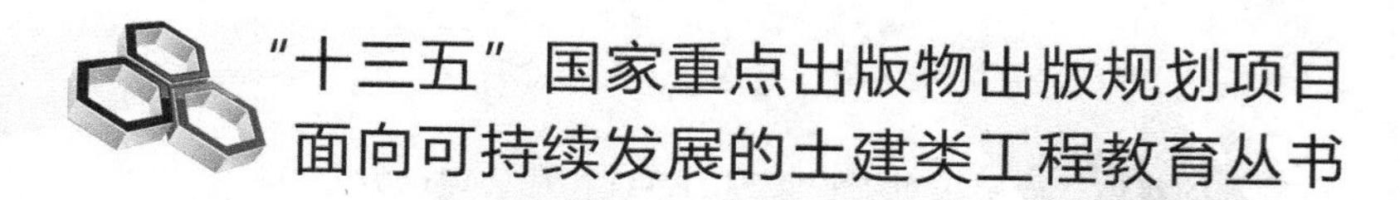

SUSTAINABLE

DEVELOPMENT

建设工程管理概论

主编　李小冬　李玉龙　曹新颖

参编　李忠富　汪　涛　杨　帆　常　远

本书立足于工程管理的整体，分层次对工程管理的系统构成、理论方法、知识体系、教学就业、发展前沿等进行了系统阐述，旨在让读者对工程管理形成清晰、系统的理解和认识。本书共分9章，主要内容包括工程与工程管理、工程系统观的建立、工程管理的过程与主体职责、工程管理的核心知识与能力要求、工程建设法律法规体系与管理制度、可持续工程建设的社会责任与从业人员职业道德、工程管理人才教育与职业资格、工程管理面向的主要领域、工程建设发展趋势。

本书密切联系高等教育工程管理专业和行业发展实际，尽量反映当前国内外高校工程管理理论知识体系、学科发展、人才培养等的新认识、新理念和新发展，力争做到理论系统、知识全面、条理清晰、便于教学。

本书主要作为工程管理专业和土木工程类专业本科生的教材，也可作为工程管理及相关专业从业人员的参考书。

图书在版编目（CIP）数据

建设工程管理概论/李小冬，李玉龙，曹新颖主编. —北京：机械工业出版社，2021.1（2024.6重印）
（面向可持续发展的土建类工程教育丛书）
“十三五”国家重点出版物出版规划项目
ISBN 978-7-111-67349-1

Ⅰ.①建… Ⅱ.①李…②李…③曹… Ⅲ.①建筑工程-施工管理-高等学校-教材 Ⅳ.①TU71

中国版本图书馆CIP数据核字（2021）第017660号

机械工业出版社（北京市百万庄大街22号 邮政编码100037）
策划编辑：冷 彬 责任编辑：冷 彬 刘 静
责任校对：王 欣 封面设计：张 静
责任印制：常天培
北京机工印刷厂有限公司印刷
2024年6月第1版第5次印刷
184mm×260mm · 14.75印张 · 365千字
标准书号：ISBN 978-7-111-67349-1
定价：45.00元

电话服务
客服电话：010-88361066
010-88379833
010-68326294

网络服务
机 工 官 网：www.cmpbook.com
机 工 官 博：weibo.com/cmp1952
金 书 网：www.golden-book.com
机工教育服务网：www.cmpedu.com

前 言

随着工程建设的规模和复杂性不断增大，工程管理对实现预定目标、提升工程价值等方面的作用日益凸显，工程管理的学科地位已得到广泛认可。目前我国已有400多所高校开设了工程管理本科专业，并根据自身的人才培养定位、办学基础和学科优势等，形成了各具特色的工程管理专业人才培养方案和专业课程体系。但由于工程管理突出的综合性、抽象性等特点，涉及多领域、宽广、交叉的知识体系，若无专门的教育引导，学生在专业课学习过程中，很难对工程管理专业的核心理论方法、知识体系、能力要求等形成清晰的系统性认知，对工程管理专业能解决什么问题、未来就业发展等问题也会产生困惑。鉴于此，本书的编写重点考虑了与其他专业课程教材在层次、内容间的衔接关系，目的是通过对工程管理的基础理论方法、知识体系、学科发展、专业教育、就业领域等系统、简明、扼要的阐释，让学生对建设工程系统和建设工程管理有较为准确、清晰的总体认识和把握。

本书内容共包括9章，可概括归结为3个模块。第1、2、3章为第1模块，包括工程与工程管理相关概念、系统构成、管理过程、主体职责等主要内容，对工程管理是什么、有哪些管理工作等进行系统的解构；第4、5、6章为第2模块，包括工程管理的理论方法、知识体系、相关法律法规制度、可持续工程建设的社会责任和从业人员职业道德等主要内容，目的不仅是让学生了解本专业的知识技能要求，更要求其理解对社会、经济、环境等所应承担的责任，建立起价值、能力、知识三位一体的成长观和从业观；第7、8、9章为第3模块，包括工程管理专业教育、职业资格、面向领域和发展趋势等主要内容，目的是对工程管理的人才培养、就业、学术前沿等进行系统介绍。

本书主编为清华大学李小冬、中央财经大学李玉龙和海南大学曹新颖。具体的编写分工如下：李小冬编写第1章的1.1节、1.2节、1.4节和第6章；李玉龙编写第2章，并和中央财经大学常远合作编写第7章；曹新颖编写第3章、第9章；大连理工大学李忠富编写第1章的1.3节和第4章；中央财经大学杨帆编写第5章；重庆大学汪涛编写第8章。

在本书编写过程中，各位编者所在研究团队的成员参与了资料收集整理和相关专题研究等工作，在此向他们表示感谢。

本书的编写参考了许多同行、专家的专著、教材、论文以及国内外工程管理专业教育和人才培养有关信息资料，已在参考文献中列出，若有遗漏请多包涵；另外，多位专家、学者对本书的编写与出版给予了有益的建议，在此向上述文献作者及专家、学者一并表示衷心的感谢。

由于编者的写作经验和水平有限，书中错误、遗漏和不妥之处在所难免，敬请读者和专家批评指正。

编　者

目 录

第 1 章

工程与工程管理

1.1 工程概述

1.1.1 工程的定义和内涵

远古时代，在人类发明杠杆、车轮和滑轮的时候，就有了“工程”的概念。“工”和“程”合起来理解，即为按照一定的规矩、程序造物的方式。目前各类词典、国内外机构等都对工程给出了不尽相同的定义。《剑桥英语词典》对工程定义较为简明具象，即工程为运用科学原理设计和建造机器、结构和其他物品，包括桥梁、隧道、道路、车辆和建筑物等。国际上权威的工程教育认证组织——工程技术评审委员会（Accreditation Board for Engineering and Technology，ABET）对工程的定义则相对深入抽象，即工程是审辨性运用学习、经历和实践所获得的数学和自然科学的知识，以高效经济地利用自然资源和力量造福人类的方式。由上述两个定义，可以看出“工程”与“科学”概念存在显著的区别，即科学的根本目的是理解和认识自然，工程的根本目的则是尝试制造自然界中不存在的事物。

“工程”的范畴有狭义和广义之分。狭义的工程是指与复杂物化过程紧密联系，需要运用自然科学理论和现代技术原理才能得以实现的活动。在中国工程院的学部专业划分标准中，将工程院划分为九个学部：①机械与运载工程；②信息与电子工程；③化工、冶金与材料工程；④能源与矿业工程；⑤土木、水利与建筑工程；⑥环境与轻纺工程；⑦农业；⑧医药卫生；⑨工程管理。前八个学部所对应的正是狭义工程所涉及的行业。广义的工程是指人类为了某种目的，解决某些问题，创造某些事物等进行设计、计划和实施的活动和过程，其范畴已经延伸到了“社会工程”范畴，如“985工程”“扶贫工程”“菜篮子工程”等。本书所讨论的工程是指土木工程，同时属于狭义工程和传统认识上的工程范畴，即为满足人的需要而进行策划、设计，以及使用机械、工具改造客观物质世界和重新组织工程材料性状等活动和过程，所形成的规模较大的人工物，如房屋工程、桥梁工程、道路工程等，其核心目的是生产或建造满足特定功能需求的产品。

“工程”的内涵可以从以下三个层次理解。

1. 工程活动

工程活动是人类为了达到一定目的，应用相关科学技术和知识，利用自然资源所进行的一类物质建造活动。这些活动通常包括可行性研究与决策、规划、勘察与设计、专门设备的制造、施工、运行和维护，有时也包括新型产品与装备的开发、制造和生产过程，以及技术创新、技术革新、更新改造、产品或产业转型过程等。

2. 工程技术系统

从知识的运用和专业化分工上来看，工程是具有一定使用功能或价值的人造技术系统，是解决问题、实现目标的载体。由于技术表达指标的复杂多样、工程活动实施环境的差异性等原因，工程技术系统具有显著的单件性和独特性，通常可以用一定的功能（如产品产量或服务能力）要求、实物工程量、质量、技术标准等指标来表达。例如，具有一定生产能力（产量）的某种产品的生产流水线、车间或工厂；一定面积的房屋建筑；一定长度和等级的公路；一定发电量的火力发电站或核电站等。

3. 工程科学

工程科学是在各种不同类型的工程建设和运行过程中总结提炼出来，并吸收有关学科技术成果而逐渐形成的科学门类。在本层次的内涵中，工程就是工程学科的概念，如土木工程、水利工程、海洋工程、信息工程等。《中国百科大辞典》对工程的定义是“将自然科学原理应用到工农业部门中而形成的各学科总称”，即突出了工程的学科层次内涵特征。

图 1-1 为工程三个层次内涵之间的关系。人们通过工程活动形成各种工程技术系统，对这一过程的科学技术成果进行系统总结形成各类工程科学；工程科学反过来指导工程活动，工程活动的经验和成果又能进一步拓展和深化工程科学知识。

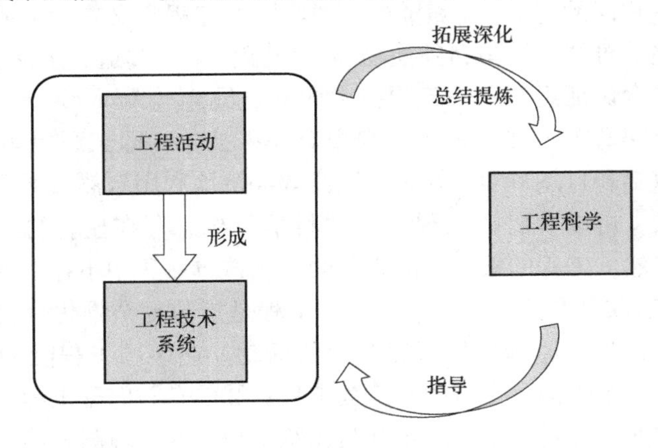

图 1-1　工程三个层次内涵之间的关系

由于工程的内涵丰富，人们容易将其与产品、运作、项目等概念混淆。一般说来，产品（Product）主要是指制造业的产出物，通常为批量生产和销售，而工程的产出物则具备单件性和定制性的特征，一般不称作“工程产品”。运作（Operation）通常是指商业运作或组织运作，是一种重复性、日常性的工作状态，并没有明确的开始和结束时间，例如某品牌的自行车量产，即是典型的运作生产组织过程；而在“工程活动”的内涵中，工程则体现为遵循一系列流程的一次性的工作，有明确的开始和结束时间，例如某住宅小区工程，其开始时间可界定为前期决策策划，结束时间为交付使用。至于项目（Project），项目管理协会

（Project Management Institute，PMI）在《项目管理知识体系》（Project Management Body of Knowledge，PMBOK）中定义项目为："为提供某项独特产品、服务或成果所做的临时性的努力"；《质量管理——项目管理质量指南》（ISO 10006：2003）中将项目定义为：一组有起止时间的、相互协调的受控活动所组成的特定过程，该过程要达到符合规定要求的目标，包括时间、成本和资源的约束条件。这两个定义都说明了项目具有独特性、临时性、寿命周期性等核心特征，而从工程活动这一层次的内涵理解，工程也满足项目的这三个特征，因此目前尚未有对工程和项目之间的区别有足够说服力的论述。有一些专家学者认为，考虑到工程技术系统层面的内涵，工程的实现涉及较多的自然科学理论和技术方法，而对于项目，并不是必要的输入条件，例如主办一次国际会议是典型的项目，但并不能称其为工程。但这一区分标准，随着广义上的工程概念应用越来越广泛，也很容易举出反证。

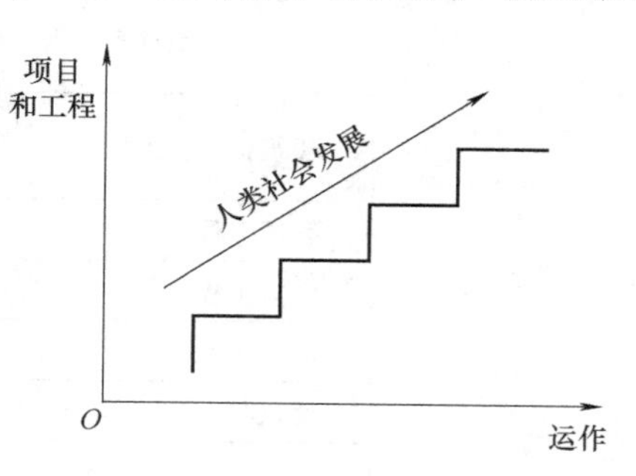

图 1-2　工程、项目和运作过程共同推动人类社会发展

不论工程、项目与运作的区别如何，三者都是人类的基本生产组织活动过程，接续支撑并共同推进人类文明和社会的不断发展进步，如图 1-2 所示。人类通过工程与项目活动，不断造物，不断创造新的系统、设施；人类又通过对新系统、新设施的运作，不断创造积累财富和能力，为启动更大、更复杂的工程与项目奠定条件。

1.1.2　建设工程的分类

建设工程类型众多，一般可以按照功能属性、投资来源、规模等分类标准进行分类。

1. 按照功能属性分类

我国《建设工程分类标准》（GB/T 50841—2013）将工程建设按照功能属性分为建筑工程、土木工程和机电工程三类，见表 1-1。

表 1-1　按功能属性分类

功能属性	细　分	说　明
建筑工程	民用建筑工程	分为居住建筑、办公建筑、旅馆酒店建筑、商业建筑、居民服务建筑、文化建筑、教育建筑、体育建筑、卫生建筑、交通建筑、广播电影电视建筑等
	工业建筑工程	包括各种厂房（机房）和仓库
	构筑物工程	分为民用构筑物、工业构筑物、水工构筑物等
土木工程	道路工程	分为公路工程、城市道路工程、机场场道工程，以及其他道路工程
	轨道交通工程	分为铁路工程、城市轨道交通工程和其他轨道工程
	桥涵工程	分为桥梁工程和涵洞工程
	隧道工程	分为洞身工程、洞门工程、辅助坑道工程及其他工程
	水工工程	分为水利水电工程、港口工程、航道工程及其他水工工程
	矿山工程	分为煤炭、黑色金素、有色金素、稀有金属、非金属和化工等矿山工程
	架线与管沟工程	分为架线工程和管沟工程

（续）

功能属性	细　分	说　明
机电工程	机械设备工程	包括通用设备工程、起重设备工程、电梯工程、锅炉设备工程、专用设备工程等
	静置设备与工艺金属结构工程	分为静置设备工程，气柜工程，氧舱工程，工艺金属结构工程，铝制、铸铁、非金属设备安装工程及其他设备工程
	电气工程	分为工业电气工程、建筑电气工程
	自动化控制仪表工程	可分为过程检测仪表工程，过程控制仪表工程，集中检测装置、仪表工程，集中监视与控制仪表工程，工业计算机等工程
	建筑智能化工程	分为智能化集成系统工程、信息设施系统工程、信息化应用系统工程、设备管理系统工程、公共安全系统工程、机房工程、环境工程等
	管道工程	包括长输油气管道、公用管道、工业管道、动力管道等工程
	消防工程	—
	净化工程	分为净化工作台、风淋室、洁净室、净化空调、净化设备等工程
	通风与空调工程	—
	其他	如设备及管道防腐蚀与绝热工程、工业炉工程、电子与通信及广电工程等

欧洲统计局（Eurostat）于1998年颁布《建筑工程类型分类》（*Classification of Types of Construction*），逐步完善形成了对建筑工程的分类（表1-2）。

表1-2　欧洲统计局对建筑工程的分类

部　门	类　型	子　类
建筑物（Buildings）	住宅建筑（Residential buildings）	独户住宅建筑（One-dwelling buildings）
		多户住宅建筑（Two and more dwelling buildings）
		社区住宅（Residences for communities）
	非住宅建筑（Non-residential buildings）	酒店及类似建筑物（Hotel and similar buildings）
		写字楼（Office buildings）
		批发及零售贸易大厦（商场）（Wholesale and retail trade buildings）
		交通及通信建筑物（Traffic and communication buildings）
		工业建筑物及仓库（Industrial buildings and warehouses）
		公共娱乐、教育、医院或机构护理大楼（Public entertainment, education, hospital or institutional care buildings）
		其他非住宅建筑（Other non-residential buildings）

（续）

部门	类型	子类
土木工程 (Civil engineering works)	交通基础设施 (Transport infrastructures)	高速公路、街道和公路 (Highways, streets and roads)
		铁路 (Railways)
		机场跑道 (Airfield runways)
		桥梁、高架公路、隧道和地铁 (Bridges, elevated highways, tunnels and subways)
		港口、水道、水坝及其他水利设施 (Harbors, waterways, dams and other waterworks)
	管道、通信和电缆 (Pipelines, communication and electricity lines)	长距离管道、通信线路、电缆线路 (Long-distance pipelines, communication and electricity lines)
		当地管线路及电缆 (Local pipelines and cables)
	工业用地上的复杂建筑物 (Complex constructions on industrial sites)	工业用地上的复杂建筑物 (Complex constructions on industrial sites) 包括不具有建筑物特征的复杂工业设施，如电站、炼油厂等
	其他土木工程 (Other civil engineering works)	体育及娱乐设施 (Sport and recreation constructions)
		其他未分类的土木工程 (Other civil engineering works not elsewhere classified)

由表 1-1 和表 1-2 可以看出建筑工程与土木工程是按功能属性进行分类的建设工程的两个主要类型。建筑工程是指通过对各类房屋建筑及其附属设施的建造和与其配套的线路、管道、设备的安装活动所形成的工程实体，以满足人们生产、居住、学习、公共活动需要的工程。土木工程则是指与建筑工程相对应，除房屋建筑以外的地上或地下、陆上，直接或间接为人类生活、生产、军事、科研服务的各种工程设施，例如道路、铁路、桥梁、运河、堤坝、港口、海洋平台等。但要注意，广义的土木工程的范畴更广，建筑工程属于土木工程的一个分支，是建造各类土地工程设施的科学技术的统称。它既指所应用的材料、设备和所进行的勘测、设计、施工、保养、维修等技术活动，也指工程建设的对象。土木工程内涵的丰富也反映在我国学科分类的设置上。土木工程作为一级学科，下设了六个二级学科，包括岩土工程、结构工程、市政工程、通风及空调工程、防灾减灾工程及防护工程、桥梁与隧道工程。

另外，在我国的建设工程分类中，机电工程是与建筑工程、土木工程并列的类型，这要求我们摆脱对建设工程技术系统和学科基础的陈旧认识，成功交付的建设工程不仅仅有赖于建筑学、结构工程、建筑材料等专业的支撑，随着社会经济发展，对建设功能的要求越来越高，机电工程的占比也越来越高，对实现工程的价值和功能的影响就越大。例如，在上海环球金融中心工程总承包合同额中，机电工程占比达35%，超过传统的混凝土工程、钢结构工程份额，也是确保利润的关键。总承包方若不具备良好的机电总承包管理能力和经验，会对项目目标的实现造成影响。这说明要想成为一名优秀的工程管理从业者，学习、掌握更多、更新的机电安装等专业知识的必要性和重要性越来越突出。

2. 按投资来源分类

工程的投资来源通常为私人资本和公共资本，按照它们的组合可将工程分为如下三类：

（1）私人资本工程

私人资本工程主要是指私有资本投资建设的工程，如由私人投资建造的房屋、工业工程等，如某房地产开发公司开发的住宅小区工程。

（2）公共资本工程

公共资本工程主要是指国家和地方投资的公共事业工程和城市基础设施建设工程，以及垄断领域的工程，它主要由政府出资建造，为社会提供公共服务，如三峡大坝工程。

（3）私人资本和公共资本合资工程

私人资本和公共资本通过联合、联营、集资、入股等方式联合投资工程，例如采用政府和社会资本合作（Public-Private Partnership，PPP）融资模式建设的北京地铁4号线工程。

投资来源不同的建设工程项目，代表公共利益的政府、投资方、建设方、使用方等的责权利有显著区别，因此不同投资来源的项目，在前期审批立项、融资方式、招标投标、实施组织、审计评估等方面的要求和规制也有所不同。随着市场经济的发展，建设工程领域投资的多元化和分散化的特征将日趋增强，政府对建设工程监管的重点正在依据投资主体性质的不同，在监管方式、力度和重点方面不断改革，重心不断向主体竞争不良行为监管、公共利益和安全维护保障等建设工程社会负外部性影响的规制方面转移。

3. 按照规模分类

考虑到工程规模差异和分级管理需要，根据建设总规模和投资额，建设工程项目一般可分为大、中、小型项目。例如，对于基本建设项目和技术改造项目，我国从20世纪50年代以来多次制修订大中小型建设项目划分标准，对两类项目按规模实施分类管理。基本建设项目包括新建、扩建、改建、迁建、重建等扩大再生产项目；技术改造项目包括以改进技术、增加产品品种、提高质量、治理“三废”、改善劳动安全、节约资源为主要目的的项目。基本建设项目的具体划分标准各行业不尽相同。一般情况下，生产单一产品的企业按产品的设计能力划分；生产多种产品的企业按照主要产品的设计能力划分；难以按生产能力划分的，按照全部投资额划分。

我国现行的《工程设计资质标准》（建市〔2007〕86号）在其附件《各行业建设项目设计规模划分表》中对煤炭行业、化工石化医药行业、石油天然气（海洋石油）行业、电力行业、冶金行业、军工行业、机械行业、核工业行业、电子通信广电行业、轻纺行业、建材行业、铁道行业、公路行业、水运行业、民航行业、市政行业、农林行业、水利行业、海洋行业、建筑行业（建筑工程及人防工程）等行业建设项目的大、中、小型工程规模等级划分也做出了详细的规定。以建筑行业中的建筑工程建设项目为例，不同规模的工程划分依据见表1-3。

表 1-3 建筑工程建设项目规模划分标准

行业类别	项目类别	单位	规模			备注
			大型	中型	小型	
建筑行业（建筑工程）	一般公共建筑	m^2	>20 000	5000～20 000	≤5000	单体建筑面积
		m	>50	24～50	≤24	建筑高度
	住宅宿舍	层	>20	12～20	≤12	层数
	住宅小区工厂生活区	m^2	>300 000	≤300 000	单体建筑按上述两类标准执行	总建筑面积
	地下工程	m^2	>10 000	≤10 000	—	地下空间总建筑面积

1.1.3 建设工程的特征

1. 固定性

建筑产品通常是固定在土地上的，空间位置不可移动，工程建设地点具有唯一性和排他性，因此受建设区域的自然条件、基础设施条件、社会经济发展水平、文化习俗等影响显著。建设工程的固定性也决定了其生产组织的流动性，项目组织、人员、设备、周转性材料要随着工程建设任务的开始和结束在空间转移，这与制造业的流水线生产组织的产品流动而生产人员相对固定的特征有本质的差异。

2. 独特性

建设工程是一次性的，有特定的建设目标和起止时间。不同于制造业批量化、重复性的生产方式，建设工程一般都以项目或项目群为单位进行规划、设计、建造实施。由于业主提出的建设需求不同，工程设计要求各异，施工建造过程所采用的建造材料和工艺也不完全相同，因此最终形成的工程实物不完全相同。即使是设计图完全相同的两个工程，由于工程各自所处的独特自然和社会经济区位，若再考虑不同实施建造方的管理手段和作业方式等差异对工程成本、工期和质量产生的影响，最终形成的建设工程也不尽相同。

3. 定制性

建设工程是依据业主的需求而进行设计建造的，具有定制化的特点，这是建设工程与规模化、标准化生产的一般制造业产品相比最大的不同。在建设工程中，业主是建设的需求方或者需求代理方，工程建设的最终目标就是满足业主对于成本、工期、质量的定制需求。设计单位、施工单位等工程建设承担方要根据业主的要求进行设计、施工，其自主性受到所认可或批准的设计图、承包合同等的严格限制。另外，在施工建造过程中，业主也经常会由于需求变化，提出工程变更要求，设计单位和施工单位需要与业主协商后，进行设计和建造变更。业主对工程建设承担方满足定制化需求的能力和范围是不断变化的，具体反映为工程承发包模式的变化。例如传统上业主对施工单位的定制化需求主要集中在施工阶段的建造与服务，施工总承包是主要的工程建设承发包模式；近年来业主对施工单位的需求逐渐向产业链的上游转移，要求施工单位具备提供从前期设计到施工竣工交付的全过程的工程服务，相应地，可以看到设计-采购-施工（Engineering，Procurebent and Construction，EPC）、设计-建造（Design and Build，DB）等工程总承包模式的应用越来越广泛。

4. 长周期性

由于规模较大，工作内容繁多，建设工程往往周期较长，短至一两年，长则五六年甚至十几年。建设工程周期长的特点是由多方面原因造成的。一方面，工程建造的过程需要严格遵照既定的施工工序，且部分施工工艺本身对工期就有一定的要求，例如普通混凝土需要较长的养护时间。另一方面，许多建设工程由于在设计阶段的效果没有达到业主预期，出现反复修改设计方案的情况，耗时长久。此外，有的建设工程在建造阶段遇到资金困难、技术复杂、方案变更等方面的问题，为解决各种问题要耗费大量时间。例如，举世闻名的西班牙圣家族大教堂自1882年始建，期间经历技术困难、设计变更、资金问题和战乱困扰，至今仍未完工。中国国家体育场“鸟巢”设计巧妙但施工难度高，工期耗时近5年，在开工之前还耗费两年多进行方案设计和开工前准备工作。现中国第一高楼上海中心大厦项目自2006年开始筹备，由于这幢设计复杂的超高层建筑在建筑基础和玻璃幕墙等部分的施工要求高、难度大，直至2016年才顺利竣工。世界上海拔最高的青藏铁路于1958年开工建设，由于遇到冻土地质、高原气候等问题，技术挑战多，建设难度极大，直到1984年5月才建成通车。另外，工程建设产品的使用或运营与维护期时间跨度更长，长周期性更为突出。根据现行《建筑结构可靠性设计统一标准》（GB 50068—2018）的规定，普通房屋和构筑物，设计使用年限为50年；标志性建筑和特别重要的建筑结构，设计使用年限为100年。目前随着新建建筑逐渐减少，既有建筑长周期的使用或运营管理的重要性越来越突出，涉及日常运维管理、更新改造、检测鉴定等管理。

5. 渐进明确性

业主提出的需求往往是从功能价值角度出发的，在策划阶段只能提出概念而无法明确具体的方案和内容。在设计阶段要经历概念设计、初步设计、扩初设计、施工图设计等环节才能逐步将业主需求和设计师意图在项目的各个细节中明确展现。而到了施工阶段，虽然原则上是严格按计划和施工图进行施工的，但在实施过程中往往由于资金、技术、材料、现场环境、业主意愿等各方面原因出现多种变更的情况。这些变更都有可能影响项目的最终形态和功能实现。可以说，随着工程建设的推进，工程的形态才逐渐明确。直到工程完工之时，一个工程实体的最终形态才得以确定。

6. 高资金投入性

建设工程需要耗费大量的资金，大型工程的资金需求量达几十亿元，甚至上千亿元。巨额的工程资金需求主要用于土地征用及拆迁补偿、土地使用权获得、建筑安装工程投入、勘察、设计及咨询服务、贷款利息、项目投产运行所需的设备及其工器具等。建设工程资金量大的特点，使得建设工程的融资、工程造价的核算、资金的合理有效使用和管控等尤为重要，一旦项目失败，将造成巨大的资金损失。

7. 社会性

建设工程涉及公众的利益，政府作为公众利益的代表，加强对建筑产品的规划、设计、建造、验收、服务的管理，保证建筑的质量、安全和环境友好是十分必要的。另外，建设工程与一个国家或地区的历史、民族、文化、艺术有着密切的联系，这些因素左右着建设工程的规划、设计风格、结构形式、功能与性能需求，以适应不同的风俗习惯和人文环境，有着浓厚的人文色彩，因而房屋建筑产品又被誉为“凝固的音乐”。

1.2 工程管理概述

1.2.1 工程管理概念

1. 工程管理的定义

什么是工程管理？国内外有多种不同的解释。广义的工程管理（Engineering Management）即面向不特定行业的工程管理。美国工程管理学会（American Society for Engineering Management，ASEM）将工程管理定义为“对具有技术成分的活动进行计划、组织、资源分配以及指导和控制的科学与艺术”。中国工程院咨询项目《我国工程管理科学发展现状研究》报告中提出，工程管理是指为实现预期目标，有效地利用资源，对工程所进行的决策、计划、组织、指挥、协调与控制。

本书重点探讨的工程管理为特定的建设工程管理（Construction Management），是对一个工程从概念设想到正式使用或运营的全过程的管理，涉及工程建设项目决策策划、可行性研究、投资、进度、质量控制、合同管理、信息管理和组织协调等管理内容。根据教育部的《普通高等学校本科专业目录（1998 年）》，我国在 1998 年对高等教育专业进行调整时首次设置了工程管理本科专业，整合替代了建筑经济与管理、房地产开发与经营等专业，沿袭至今，各高校的工程管理专业依然是在围绕土木建筑工程建设技术和管理设定培养目标、培养方案以及课程体系。

另外，与工程管理概念相近的还有项目管理（Project Management），其使用也十分广泛，它是指通过应用现代管理技术指导和协调项目全过程的人力资源和材料资源，以实现项目范围、成本、时间、质量和各方满意等方面的预期目标。一般说来，项目管理是工程管理的重要组成部分，突出了项目管理方法在工程管理中的运用，核心理念是通过计划和控制保证工程建设目标的实现。

2. 工程管理的内涵

（1）工程管理是多阶段的全过程管理

全过程工程管理包括对工程前期策划和决策管理，建设准备阶段的勘察、设计、融资、采购管理，建设实施阶段的施工、监理、竣工验收管理，以及交付后的评价和运营维护管理。具体来说，沿着建设工程寿命周期（图 1-3），全过程工程管理可分为如下环节：

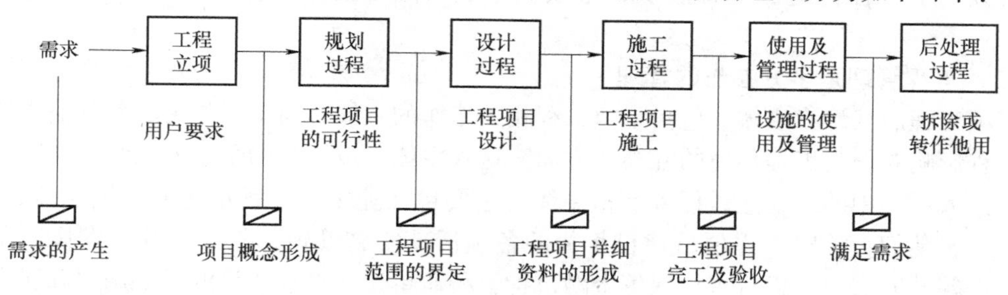

图 1-3　建设工程全寿命周期管理

1）业主对项目需求进行鉴别。

2）进行初始的可行性分析和成本预测。

3）做出初步设计的决定，并雇用设计人员。

4）进行初步设计、确定施工范围，从而估算成本。

5）进行施工图设计。

6）依据最终设计进行招标，投标者提出附有报价单的工程项目投标书。

7）基于工程项目投标书，业主选择承包商并通知该承包商（又称建筑商）可以承包该工程项目。在此基础上，业主与承包商签订项目合同。

8）项目开工、竣工、验收和投入使用。

9）复杂的工程项目，在竣工之后有一个试用期，来判断设施是否达到了设计和规划的要求。

10）在规定时间内项目运行。

11）设施报废或维护使用。

需要注意的是，这只是一般意义上的工程管理的阶段划分，不同工程项目可能具有特殊性，其过程也各有差异。

（2）工程管理是涉及多层次的管理

工程管理大致可分为以下四个层次：

1）企业管理层。企业管理者主要从一个企业的法律及商务等方面出发，涉及各个管理部门的职能，以及企业总部与工程项目经理之间的相互关系。

2）工程项目管理层。工程项目管理层主要涉及如何把整个项目划分成各个部分，从而满足项目工期及预算的要求。同时，资源供应也应满足资源计划的要求。

3）单项任务层。单项任务层主要涉及施工方案和技术方法，一般发生在建设工程施工现场，通常较为复杂，因为其中包含许多不同的施工方案，而每个施工方案又都具有其独自的施工技术和施工顺序。当然，该层次也包括一些十分简单相似的施工过程。一般说来，单项任务层可以对应到分部、分项工程的管理，具体任务一般由专业承包商来承担。

4）施工活动操作层。这是最基本的管理层次，主要涉及如何具体使用人力及其他资源来完成一项任务，属于作业班组层的管理，具体任务一般由专业承包商或劳务队伍来承担。

对工程管理层次的划分及各层次的内容如图 1-4 所示。其中，企业管理层、工程项目管理层可以属于工程管理的上部层次，单项任务层及施工活动操作层属于工程管理的基础层次。

（3）工程管理是多方参与的管理

一项工程涉及许多主体，包括承担工程相关工作的主体，与工程相关的各利益主体，以及受工程影响并作为工程环境的社会各方面。这些主体构成工程的干系人系统，如图 1-5 所示。干系人系统中的工程建设任务承担主体，主要包括业主、工程承包商、供应商、监理、咨询单位，他们直接对工程项目建设相关的各项活动实施管理；除此之外，发展改革、规划、建设等政府部门，银行、担保等金融机构，科研单位，工程建设的最终用户和所在地受影响人群虽然不直接承担工程建设任务，但也对建设工程产生积极或消极的影响，有时甚至

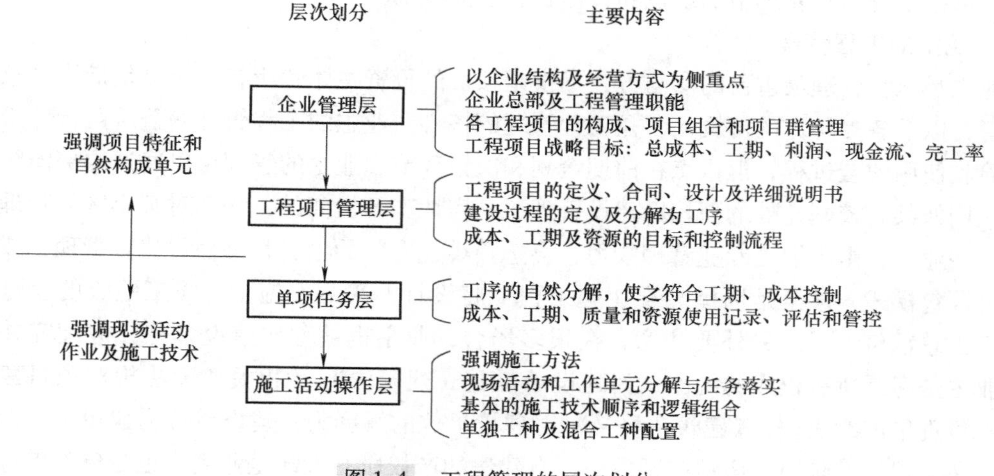

图 1-4 工程管理的层次划分

可以左右项目的成败。

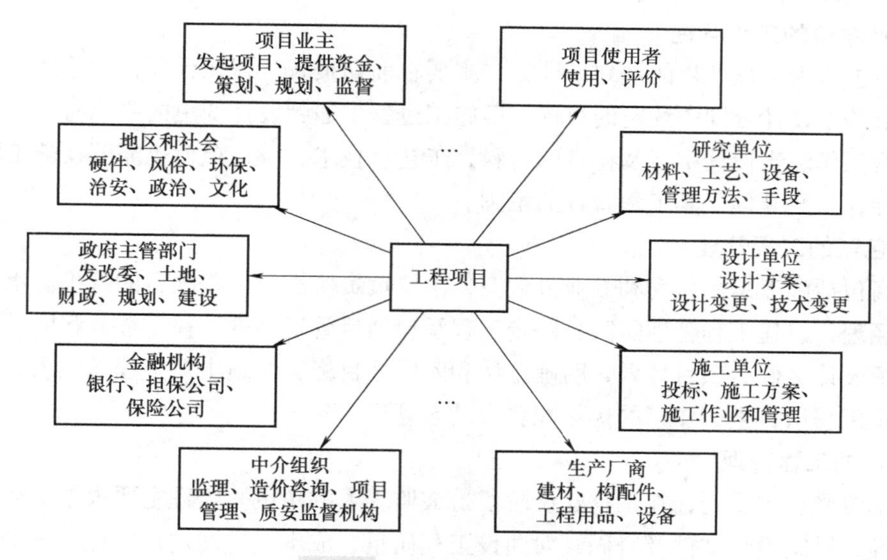

图 1-5 工程的干系人系统

（4）工程管理是涉及多要素和多学科的管理

多要素管理体现在工程管理主要包括资源、技术、人力、资金、质量、进度、健康、安全、环保、信息、合同等要素管理。多学科管理体现在工程管理是运用一系列科学的管理理论、程序和方法，对工程项目进行计划、组织、协调和控制的系列活动。通过选择合适的管理方式，构建科学的管理体系，有序规范地开展管理，力求各阶段、各环节的工作有机、顺畅、高效地衔接和配合，以实现工程建设的各大目标。

1.2.2 不同主体在工程管理中的角色和目标

业主、设计单位、承包商、监理以及政府是建设工程主要的相关主体，五方角色分工不同，各自在工程项目管理中的地位和目标也有较大区别。

1. 业主的工程管理

业主是工程管理最重要的参与方，不仅是项目的投资主体和所有者，更是最终决策人和组织者，以及各参与方的协调人，是工程管理的核心。业主的工程管理涵盖从可行性研究到竣工验收使用的全过程，但重点在前期策划和决策环节。业主的管理可以通过内部团队自行管理，例如某高校基建处的新校区建设管理、某房地产开发商的工程部对某小区的管理。但也有一些业主，由于缺乏专业管理能力，会选择委托专门的项目管理公司代行管理，或采用工程总承包模式，甚至是选择“交钥匙工程”将设计、采购、施工、竣工验收的全过程委托给工程总承包公司。另外要注意，在很多场合，业主也被称作建设单位，但细究并不准确。业主是房屋所有权人的统称，而建设单位是《建筑法》及相关建设法规对项目建设阶段实施负责单位的表述，《建筑法释义》对建设单位的解释为：建设单位为建设项目的管理单位。在工程建设阶段，房地产开发商、自建房的产权所有人既是业主，也是建设单位，二者互用是没有问题的。但对于采用代建制模式的公共建筑，由于集中代建机构不是产权人，因而称其为建设单位是恰当的。

2. 设计单位的工程管理

设计单位作为工程项目的规划设计方，主要在前期负责工程设计项目的管理，以实现满足业主要求的、设计合同中约定的目标。但施工过程中遇到设计变更的要求时，设计单位也会继续开展工作。当设计中涉及特殊的材料、工艺、技术，设计单位也需要在施工阶段介入沟通和指导，从而延伸了其工程管理的范围。

3. 承包商的工程管理

承包商包括施工总承包商和专业分包商，主要负责所承包工程项目的管理。承包商选聘工程项目经理，组建工程管理团队，制定工程承包项目管理制度；在工程分解的基础上，编制施工组织设计文件、项目计划，明确总体和阶段性目标，实施中对工程承包项目进行目标控制，实现工程项目生产要素的优化配置和动态管理。

4. 监理的工程管理

监理单位受业主委托，在工程建设阶段扮演监督人的角色。监理主要根据法律法规、工程建设标准、勘察设计文件及合同，对建设工程质量、成本、进度进行监控，辅助合同和信息管理，对工程建设相关方的关系进行协调，并履行建设工程安全生产管理法定职责的服务活动。

5. 政府的工程管理

政府的工程管理是指政府有关部门根据职能分工，依据法律法规和发展方针政策对工程项目进行行政管理，提供工程合规性的监管和服务工作，维护社会公共利益。政府的工程管理工作包括：①工程立项审批；②建设用地、规划方案和建筑许可审批；③工程设计环节环保审批；④涉及公共安全、消防、健康的审批；⑤从社会的角度对工程质量进行监督和检查；⑥对工程过程中涉及的市场行为（如招标投标等）进行监督；⑦对在建设过程中违反法律和法规的行为进行处理等。

上述五类主体的角色和目标见表1-4。

表 1-4 工程管理主要参与主体的角色和目标

管理主体	管理客体	管理中的角色	管理目标
业主	整个工程项目	投资主体、所有者、决策人、组织者、协调人	实现投资目标，尽早收回投资，实现经济效益最大化
设计单位	工程设计项目	咨询方，提供设计服务	实现合同约定的设计目标，获得设计酬劳
承包商	工程承包项目	生产者，开展工程施工活动	实现合同约定的承包目标，追求工程利润最大化
监理	工程建设项目	监督人、协调人	保证活动符合合同、设计、技术标准要求，实现工程预期控制目标
政府	整个工程项目	监管方、执法者	保证工程合规性，维护公共利益

1.2.3 工程管理的价值和意义

1. 保证质量、成本、工期目标实现

保证工程质量、控制工程成本、确保工程如期完成是工程管理的三大基本目标。工程质量是衡量工程项目能否实现其使用功能的一个重要标志。在工程建设过程中推行全员、全过程、科学性的全面质量管理，能够确保工程质量目标的实现。工程的总成本目标通常在工程合同中已经明确。在开工之前进行详尽周密的成本分析；在工程实施过程中，及时对计划成本和实际成本之间的差距进行对比分析，并纠正偏差，确保工程项目成本处于受控状态。确保工程如期完工是工程进度管理的主要目标。同成本管理一样，进度管理可以通过对比和纠正计划进度和实际进度的差距来保证工期目标的实现。工程项目的这三项基本要求不仅各自具备系统管理的需求，同时由于相互之间的冲突和制约，也需要协调管理。工程管理不仅能够针对这三个目标设计系统的管理流程和方法，安排专人执行管理工作并明确管理职责，而且能够实现目标的协同管理，确保三大目标实现，保证工程项目最终的成功。

2. 实现利益相关方的多赢

工程的干系人系统复杂，利益相关方诉求不同。业主主要期望以最小的投资获得最大的收益，施工单位则期望以最小的工程成本获得最大的工程利润，材料供应商期望获得尽量多的销售利润，而工程的使用人期望项目最大限度地满足其使用需求。各利益相关方的诉求有些情况下是一致的，但更多地表现为冲突和矛盾。如果不能有效协调相关方的关注点，建设工程实施中的各类冲突、争议，甚至是诉讼将会严重影响到工程建设的进展和成败，也会由工程层面的冲突演变为企业组织层面的对立，影响工程承担企业的声誉和可持续发展。因此有必要通过积极的工程管理，收集各利益相关方的意见，综合考虑近期和远期利益，建立沟通渠道和平台，有侧重地协调各方利益。同时，通过建立并实施有效的干系人管理体系，将各利益相关方的期望尽量反映在工程项目的进度、费用、质量的管理计划中，并实行动态监管，最终使相关方满意，实现多赢。

3. 保障工程的正外部性

工程的外部性是指工程项目的外部影响，这种影响不由业主和其他建设参与方承担，而是由独立于工程以外的整个社会承担。工程项目，尤其是投资体量大、影响范围广、影响时间长的大型项目，会对社会、经济和环境产生显著的影响。有效的工程管理能够使项目的积极影响最大化，并且将负面影响控制在较低水平，实现工程的正外部性。例如，“一带一路”的国际工程项目不仅对项目所在国家的经济产生重大带动作用，也对落实国家发展战略、建立良好国际合作关系意义重大。通过工程管理，能够保证这些投资额巨大的国际工程项目顺利实施，并实现其经济效益最大化。又如，大型大坝、高速公路和高铁建设，会对工程周边的生态环境产生影响，将环境影响作为工程管理的目标之一，能够减少这种负面影响，增加正的外部性。

1.3 工程管理发展沿革

在漫长的文明发展过程中，人类活动伴随着工程建造，工程管理的思想在很早以前开始萌芽。随着社会发展，工程需求的主体增多，工程类型逐渐丰富，规模和复杂性增加，工程管理的实践经验逐步得到积累，其技术方法和理论不断完善和发展，经历了从经验化工程管理到学理化、专业化管理的变迁。

1.3.1 经验化工程管理

建造房屋的能力是人类最原始的技能之一，人们利用一些自然材料，例如泥土、石块、木头以及兽皮等来建造房屋，从而获得一定程度的保护，建造房屋的能力成为人类古老文明的证明。随着社会发展，人类不仅能够建造避难性房屋，而且具有了建造庞大建筑物和构筑物的能力，如埃及的金字塔、希腊的帕特农神庙、古代中国的都江堰和长城等。许多古代的建筑即使按照现代的标准来衡量也毫不逊色。公元6世纪建于君士坦丁堡的圣索菲亚大教堂，在长达九个世纪的时间里曾是世界上最出色的圆顶建筑，证实了那个时代的工匠的智慧，以及他们对力学、建造技术的深刻理解。但要完成这些庞大的工程项目，需要解决诸多方面的问题，相当多问题并非是技术问题，而是复杂的工程建设的组织、资源配置、进度、质量控制等问题。中国作为世界上唯一未中断文明的国家，形成了独特的建筑技术体系、建筑文化，也通过大量的工程实践，深化感性认知，不断归纳总结，积累了丰富的工程管理思想和经验。

1. 强调工程建设的系统整体性

工程建设是涵盖多目标、多要素、多参与主体的复杂庞大系统，如何实现整体大于部分的总和，抓住工程建设的本质和关键点，确保项目成功，需要有系统整体观作为指导。我国战国时期所修建的都江堰工程的规划设计是工程建设中运用系统整体思想的经典案例。通过鱼嘴分水、宝瓶口引水、飞沙堰溢洪，形成一个完整的“引水以灌田，分洪以减灾”的分洪灌溉系统，使其相互依赖、功能互补、浑然一体，整体解决了江水自动分流、自动排沙、控制进水流量等问题。沈括的《梦溪笔谈》则记载了另一系统整体观成功应用的案例。北宋时期，丁谓奉命重建遭受火灾后的皇宫，而重建宫室需要取土烧砖，而挖土和运土不仅要耗费大量的人力和财力，还会影响工期。丁谓做了精心的工程计划，在皇宫中开渠并与汴河连接，通过人工运河运输材料，并用开渠挖出的土烧砖，工程竣工后再将渣土和废弃材料回填到沟中，恢复成原来的街道，丁谓这种“一举而三役济”的系统组织和优化的思路，对后来的工程管理影响深远。

2. 形成了集权的官办工程组织体系

工程建造在我国古代多被称为“营造”。民间工程建筑规模较小，建造与管理相对简单，均是采用建造者自营的方式，由工程建造者自主负责资金、材料与图样，并集建筑设计、施工与管理于一身。而对于皇家工程，如宫室、府邸、苑囿、陵墓、祭祀设施等，以及公共工程，如城池、水利、道桥、运河、仓廪等，由于规模大、功能复杂，且投资巨大，则建立了组织体系完善的工官制度。古代自周至汉，国家的最高工官司称为“司空”，汉代改为“将作”，掌修作宗庙、路寝、宫室、陵园等土木之工。到隋朝的时候设立“工部”，唐宋则称“将作监”，用以掌管全国的土木建筑工程和屯田、水利、山泽、舟车、仪仗、军械等各种工务。工官集制定法令法规、规划设计、征集工匠、组织施工于一身，是典型的集权型、一揽子模式的工程建设领导与管理体制。

3. 建立了较有体系的营造过程管控程序

伴随着工官制度，我国古代建立了较为规范的分阶段管控程序。其中宋代作为我国古代经济社会较为发达的时期，所形成的营造管控程序对后世产生了深远影响。

（1）项目前期

要求地方官府、院宅舍、寺观、班院等的扩建、改建、维修和新建，在兴工之前都要现场调查，听取多方意见，权衡利弊后再决定是否兴建，均需得到批准才能立项实施。

（2）设计阶段

出现了与现代设计审批和变更流程类似的规定，要求各部司和地方官府的营造必须事先设计，且一经审定，不得随意变更。若有必须要变更的地方，必须上奏经讨论后再做出决断。

（3）工料估算阶段

宋代要求兴举工程之前必须对所需物料、人工、钱粮用量进行估算，北宋崇宁二年（1103 年）颁布的《营造法式》是一部官方的建筑设计、施工的规范书，书中提到了“料理”和“功限”，也就是现代的“材料消耗定额”和“劳动消耗定额概念”，为工料估算提供了标准和依据。宋代还制定了营造物料和人工费用的时估制度，即根据现时市场价格预估未来价格，时估制度一直延续到清代。

（4）实施阶段

形成了围绕工程的质量和成本两个目标的管控规定。质量管理方面，宋人已经意识到物料质量对最终营造物质量的重要影响，沿用了春秋时代就有的“物勒工名”方法，在物料上记录日期和匠人名称，以追溯物料生产、运输和使用各环节的负责人，确保质量责任到人。成本管控方面，有专人监视实际支出，并与经审核批准的预算支出（支出计划）进行对比和偏差分析，并通知相关方采取措施，修改预算。

（5）竣工阶段

营造活动结束后，朝廷或地方官府会派专门的官员验收工程各部位的尺寸、用料是否符合设计和标准。验收通过后，要求提交竣工文件，并将实际开销费用上报工部，还对营造活动实行奖惩制度。

尽管古代的工程管理，在管理理念、工程组织、基本管理程序等方面已经具备了现代工程管理的雏形，但应该注意，这个时期的工程管理总体上还是处于感性认知基础上的经验和最佳实践的归纳总结阶段，尚未形成系统的理论方法体系。另外，由于社会分工体系发展不足，这个阶段的工程管理专业化发展也十分滞后，尚未催生出严格意义上专门从事工程管理的职业和行业，工程建设的业主、设计者、施工方、监管方等各方的角色分化程度不明显，相应的组织架构和权责关系也与今日迥异。

经验型工程管理认知和实践的不断丰富和发展，以及管理学、系统科学、信息科学、经济学、组织行为学等学科的形成和发展，推动了工程管理的学理化发展，支撑其独立学科地位的理论、方法体系研究逐步深入和清晰，与重大工程建设实践相结合又不断推动工程管理向专业化方向发展，对科学指导工程建设的作用日益显著。

1.3.2 学理化工程管理

甘特图（Gantt Chart）在工程计划制订和控制中的应用是较为公认的学理化工程管理的开端，开启了工程管理向以科学理论基础作为指导的专业学科的发展。甘特图又称为横道图、条状图（Bar Chart），是由美国机械工程师和管理学家亨利·甘特（Henry Gantt）在1910年发展总结形成的，可以通过活动列表和时间刻度的图示来形象、直观地表示出特定项目的顺序与持续时间。1931年美国的胡佛水坝项目是较早成功运用甘特图的大型工程建设案例。胡佛水坝对工期有非常严格的要求，若不能在限定的时间内完工，承包商将面临巨额罚款。由于工程规模大，施工环境特殊且施工工艺复杂，为了按期完成工程，引入了甘特图作为进度计划制订和控制的工具。在实施过程中，甘特图不仅能够清晰地传达工期计划的部署安排，也为进度监控和及时调整实际进度与计划进度的偏差检查提供了参考依据。胡佛水坝最终提前两年完工，甘特图的巨大作用得到了证实。

第二次世界大战后重建催生了越来越多的工程建设需求，需要动用大量人力、物力、财力，如何合理有效地把它们组织起来，使之相互协调，在有限资源下，以最短的时间和最低费用，成功完成工程建设项目成为学术界和业界最关注的核心问题。1957年，杜邦公司在其化工厂项目建设中，提出并应用了关键路线法（Critical Path Method，CPM），解决了甘特图难以支持表达工程活动逻辑关系以及基于逻辑关系的时间和资源统筹优化等问题。同一时期，计划评审技术（Program Evaluation and Review Technique，PERT）也首次在美国北极星计划的研发过程发展起来，使原先估计的北极星潜艇研发时间缩短了两年，并逐渐在需要考虑不确定性因素的复杂项目中得到应用。以网络图为基础的CPM和PERT，是工程管理与运筹学和动态规划相关理论和工具的融合，工程管理也从甘特图的“事前时间计划”进一步发展到的“事前时间和资源优化”。

CPM和PERT也为信息技术广泛应用于工程建设的管理提供了可能。信息技术与工程管理的深度融合，也深刻影响着工程管理学科和实践的发展。第一，建设工程管理相关的通用软件系统广泛应用。例如Oracle Primavera P6软件，是基于大型关系数据库Oracle和MS SQL Server构架的企业级的，包涵现代工程管理知识体系的以计划→协同→跟踪→控制→积累为主线的工程项目管理软件。它不仅可支持跨专业、跨部门对不同地点进行的工程项目的管理，同时还具有强大的多用户、多项目系统、多角色与技能导向的资源安排功能。第二，Autodesk公司在2002年率先提出的建筑信息模型（Building Information Modeling，BIM）技术，已经在全球范围内得到业界的广泛认可，可实现建筑信息集成和工程建设全寿命周期集成管理，从项目的设计、施工、运行直至建筑全寿命周期的终结，各种信息始终整合于一个三维模型信息数据库中，设计团队、施工单位、设施运营部门和业主等各方人员可以基于BIM进行协同工作，有效提高工程建设的效率和效益。第三，随着互联网、移动终端的普及，大数据采集和分析挖掘技术、云技术、图像识别技术与工程管理需求相结合的研究逐渐深入，智能建设、智能工地、数据驱动的协作管理等新的理念、理论方法和示范正在对工程管理学科的发展产生深远的影响。

进入20世纪70年代，人们开始思考经济发展对社会进步的全面影响，进而开始关注发展对社会福利、公共利益和环境等问题的影响。20世纪90年代左右，壳牌石油公司发布的健康、安全、环境（Health，Safety，Environment，HSE）方针指南的思想被引入工程管理中。工程管理的目标体系也从传统的质量、成本、时间三大要素扩展为包含健康、安全、环境的六大要素。HSE管理不仅仅聚焦于项目层面具体措施的制定和执行，而要求从建筑行业和企业的高度建立管理保障体系。1993年，国际标准化组织（International Organization for Standardization，ISO）颁布《环境管理体系》（ISO 14001），为组织（企业）制定、实施、评审和维护环境方针提供依据。我国于1996年引入该标准。1999年，英国标准协会（British Standards Institution，BSI）、挪威船级社（Det Norske Veritas，DNV）等13个组织联合推出了国际性标准《职业健康安全管理体系》（Occupational Health and Safety Management Systems 18001，即OHSAS 18001）。我国也于2001年引入这一标准，为组织（企业）建立职业健康安全管理体系提供依据。

进入21世纪以来，随着协同论、心理学、环境科学、知识管理、精益生产、并行工程、博弈论、安全科学等新的理论、方法和技术手段在工程管理中的研究和应用不断深入，工程管理理论方法不断创新完善，其内涵和外延不断丰富深化。

1.3.3 专业化工程管理

随着学理化工程管理的发展，工程管理也已经成为一个具有较为明确的独立理论和方法内核，以及完备的知识体系和能力要求的专业。我国工程管理专业可追溯到20世纪60年代初期，一批50年代留学苏联的工程经济专家与50年代前留学英美的工程经济专家在我国开设的技术经济学科，该阶段主要研究的是项目和技术活动的经济分析，如项目评价与可行性分析。1981年哈尔滨建筑工程学院（后更名为哈尔滨建筑大学，现并入哈尔滨工业大学）设立了建筑管理工程专业，此后相继开设房地产经营管理、国际工程管理等专业。我国高校本科专业先后经过1963年、1989年、1993年、1998年、2012年五次修订，将原有相关专业包括建筑管理工程、基本建设管理工程、管理工程（建筑管理工程方向）、涉外建筑工程营造与管理、国际工程管理等专业整合成工程管理，于2012年正式成为管理科学与工程一级学科下设专业。目前，清华大学、哈尔滨工业大学、同济大学、华中科技大学、天津大学、东南大学、重庆大学等400余所高校开办了工程管理本科专业，培养了大批掌握工程管理相关专业知识及技能，拥有审辨性思维和创新思维的能力，既可从事工程建设及相关领域的项目策划、投融资、实施、经营和维护等实践，也可从事相关领域的学习和科学研究的人才。可以预见，除建造师、造价工程师、监理工程师等较为传统的执业资格岗位依然会保有对工程管理专业人才的持续稳定需求外，全过程项目管理、城市管理、工程保险担保、工程风险咨询和服务、投融资、运营维护、建设信息化等新兴行业，也将为工程建设管理人才提供更广阔的发展空间。

1.4 工程管理要解决的问题

要实现一个工程成功需要解决许多问题，包括工程技术问题、经济问题、组织管理问题、合同和法律问题、信息问题等。这些问题是由现代工程系统的复杂性以及实施过程的复杂性带来的。由此产生了对工程技术知识体系及工程管理理论和方法的需求，进而影响着工程管理专业的教学和培养体系。

1.4.1 工程技术问题

技术是人类为了生存和发展，在生产活动中运用自然规律创造的物质手段和相应的知识综合体。技术包括生产过程中的技术设备、工艺过程、生产手段的综合，也包括非生产活动中的技巧和手法等。技术决定了工程的可行与否，是工程得以实现的根本，也是工程管理的依托。工程技术方案由承担工程的技术人员提出，但工程管理者要对技术方案的可行性、适用性、经济性、美观和可持续性进行评价和决策，并实施监督。

1. 工程总体技术方案和选址

工程一开始人们就要做出一个决定：选择什么样的工程去实现工程目标，提供所需要的产品或服务。例如，要解决长江两岸的交通问题，可能有扩建旧桥、建新桥、建江底隧道，或建轮渡码头等方案。又如，要解决一个城市的交通问题，可以选择建地铁，还可以选择建轻轨，或者新建道路，或拓宽道路等方案。通常要提出若干解决方案，再进行全面的技术经济分析。

工程选址即工程建在何处，这也是工程的一个重大战略问题，它会影响工程的建造成本、运行环境和运行成本、产品的价格，甚至整个工程的价值。例如港珠澳大桥工程的选址就综合考虑了符合城市和区域总体规划的要求，符合城市的经济和社会发展、土地利用、空间布局以及各项建设的综合部署的要求。

工程选址通常应结合城市和地区长期规划，考虑如下因素：

1）对要大量消耗原材料的工程，最好靠近原材料出产地。

2）对产品出厂后要尽快销售到用户手中的工程，最好靠近产品市场销售地。

3）工程所在地应具有很方便的交通（水路、公路、铁路或航空）条件。

4）对运行中用水量很大的工程，应靠近充足的水源地。

5）工程应选择在具有稳定的地质条件的地方，这样工程的地质处理费用少，地质灾害少，工程的使用寿命长。

6）工程应少占用农田、森林。

7）有水、大气或噪声污染的工程，应尽量安排离开城市，同时注意布置在城市的下游，或下风处，防止对城市水源和大气产生污染。

8）由于房地产的价值（价格）主要由它的位置决定，相同结构的房屋，在市中心与在郊区价格能相差几倍，因此位置选择是房地产投资开发要考虑的最重要的因素。

9）对于地铁工程，则要确定地铁的线路长度、走向、站点和车辆基地设置等。

2. 专业工程技术方案

工程技术方案是对工程技术系统的规定，通常由工程技术人员提出技术方案，通过绘制设计图和编制规范做出选择，通过文件进行描述。工程技术方案会影响到工程进度、造价和质量，以及工程运行费用等一系列问题，影响整个工程的成败。工程技术方案要满足功能需要、技术可行、科学先进，还要经济合理。主要的工程技术方案如下：

（1）工程所采用的工艺流程和设备的方案

例如一座化工厂，首先要确定其从原材料投入到产品产出的生产工艺全过程，确定各环节生产车间位置和面积。然后再确定采用的生产设备和技术，依此确定整体的设计方案和技术路径。

（2）工程建筑设计方案

建筑设计任务包括：按照各种建筑（如住宅、学校、医院、剧场等）的内容、特性、使用功能等，解决它们的平面布局、空间组合、交通安排以及艺术造型等问题，通过建筑图、模型等描述设计方案；解决建筑物室内的艺术处理、空间利用和装修技术等问题；根据建筑物的使用功能、技术经济和艺术造型要求，解决建筑物的构成、各组成部分的构造方法、各细部做法等问题；还需要解决建筑物的节能、声学、光学、电工学等问题。

（3）工程结构设计方案

结构设计是要解决工程结构的安全性、适用性、合理性与经济性问题，要考虑结构功能、抗震要求、结构荷载、极限状态、可靠度，根据设计规范确定应力和变形，采用钢结构、混凝土结构、砌体结构以及组合结构等将各结构件有机结合起来，形成建筑物的支承骨架。

（4）其他相关专业工程方案

例如电力系统设计方案、给水排水设计方案、通风设备方案、智能化体系方案、综合布线方案等。每个专业工程系统有自己的设计理论和方法，通过专业工程设计图表达具体的技术要求。

（5）工程施工方案

工程施工是将设计文件付诸实施，建造工程实体的过程。工程施工包括施工技术和施工组织两大部分。施工技术和方法是将工程系统建造起来的技术、设备、方式和方法（工艺和工法）。要使美好的蓝图变成现实，必须研究施工过程的规律、方法，掌握施工技术，精心组织施工。此外还要制定一些保证质量、安全，降低成本，保证工期和环保的技术组织措施。

（6）工程运行方案

有些工程在制定方案阶段还要制定运营维护阶段的技术方案。例如，某一桥隧工程在立项和方案策划时还考虑了建成后如何进行运营维护的技术和管理方法。这些技术与建造技术有很多的相关性。

1.4.2　工程经济问题

工程从构思，经过建成投入运行，直到工程结束，都面临许多经济问题。工程建设不仅追求顺利建成和运行，实现使用功能，还要取得良好的经济效益。工程的总体方案、工艺流程、结构形式、施工方案、融资方案、工期安排都会对建造成本、利润、投资回报产生影响，影响工程的经济效益。经济性和资金问题是工程能否立项、能否取得成功的关键要素。

1. 工程建设成本（或费用、投资）的预先确定问题

在工程决策阶段要确定花多少钱能够完成工程的建设，必须付出多大代价，包括委托设计、施工，采购材料和设备，聘请管理公司等支付的费用；或者如何按照总投资限额进行工程的规划、设计、施工和采购；还要研究如何以最少的费用建成符合要求的工程，达到预定的目标，实现工程的价值，提高工程的整体经济效益。

2. 工程的投资收益问题

投资收益主要是依靠工程的运行带来的，通过工程产品或服务在市场上的销售获得回报。工程的产出效益分为两方面：①直接收益，通过工程的运行取得预定的投资回报，由工程产品或服务的市场和生产状况决定，包括销售量、销售价格、产品的生产成本和销售成本等因素；②间接收益，即工程对社会、对国家的间接贡献，对国民经济的影响。

3. 工程的财务问题

财务问题例如在工程建设和运行过程中，何时需要多少资金投入才能够建成工程，并使工程正常运行？建设过程中必须按工程实施计划安排资金计划，并保障资金供应，否则工程建设就会中断，投资者必须合理安排资金取得的时间和数量。在工程投入运行前必须准备一定量的周转资金，以购买运行所需要的原材料、燃料、发放工资、支付运行管理费用等。

4. 资金来源与比例

资金来源与比例就是指工程采用何种资本结构和融资模式。现代工程获得资金的渠道很多，但每一个渠道有它的特殊性，有不同的借贷条件和使用条件，以及不同的资金成本，投资者（借贷者）有不同的权力和利益，有不同的宽限期，最终有不同的风险。

通常要综合考虑风险、资金成本、收益等各种因素，确定本工程的资金来源、结构、币制、筹集时间，以及还款的计划安排等，确定符合技术、经济和法律要求的融资计划或投资计划。

1.4.3 工程组织管理问题

1. 工程组织问题

现代工程规模庞大，涉及的专业和企业众多，不是一个单位能够完成的，所以任何工程都有一个非常复杂的组织系统。一个工程建设是由业主、工程项目管理单位、设计单位、工程（土建、安装、装饰等工程）承包商、工程分包商、供应商等共同工作的。它们从各个单位来，进入工程，必须采用有效的管理方法，使其成为一个有序的组织体系（图1-6），而且这个组织体系是一次性的。

为保证工程组织高效率、有秩序地运作，必须解决如下问题：

1）如何委托和分配工程任务？如何有利且有效地进行工程发包，签订工程合同？采用什么样的工程管理模式？如何成立工程项目经理部？

2）如何设置工作（专业性工作和管理工作）流程？

3）如何建立统一的工程组织运行规则？

4）如何使整个工程组织形成一个高效率的团队？

5）如何对工程组织和工程管理组织（如项目经理部）进行绩效考核？

2. 工程管理问题

工程建设需投入土地、材料、设备、资金、信息、技术等要素，其建设过程是技术、物

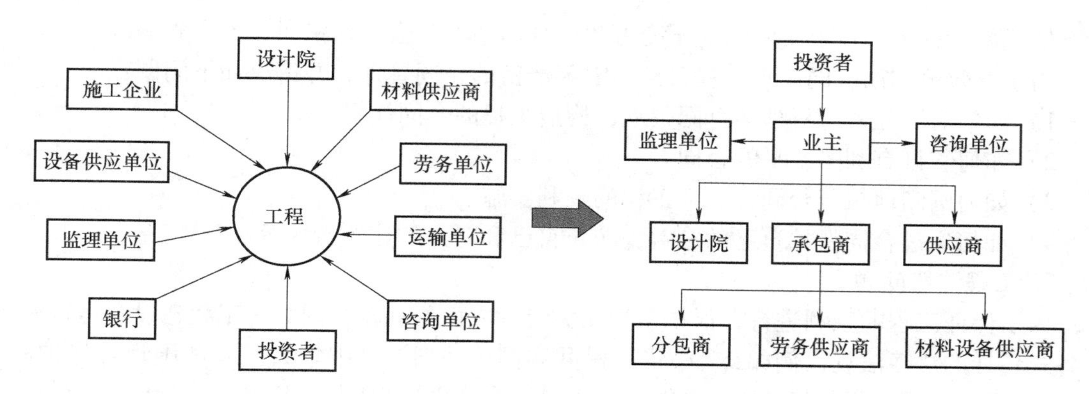

图 1-6 工程参加者进入工程——构建项目组织

质、组织、行为、管理系统的复杂综合体，并且容易受到多变的外界环境的影响，导致工程过程中有大量的不确定性，因此需要加强管理工作，采取强有力的手段管理好工程的进展才能实现预定目标。

工程建设的各阶段对管理也有不同的需求。

(1) 工程前期的决策咨询工作

在工程的前期策划阶段，主要是投资者或上层组织对工程的构思、目标设计、可行性研究和评价与决策。

(2) 在设计和计划阶段工程管理的工作

在此阶段，主要包括编制工程实施计划、规划设计管理、招标投标管理和工程实施前的准备等工作。

(3) 工程施工过程的全面控制问题

工程施工控制的总任务是保证按预定的计划进行工程施工，保证工程预定目标的圆满实现。工程施工阶段是工程管理工作最为活跃的阶段。

1.4.4 工程合同和法律问题

1. 工程合同问题

现代工程建设涉及的参与者众多，合同作为纽带，将工程所涉及的规划、各专业设计、施工、材料和设备供应联系起来，形成工程建设的分工协作关系，能够将工程各参加者的行为协调并统一起来。合同也是调节工程参加者各方经济责权利关系的手段，将各方的工作目标、责任、权利、相关利益（如工程价格和支付）都由与之相关的合同规定下来，成为约束工程参与各方行为准则和各种活动的依据。一旦发生了争议，合同是解决争议最重要的依据。

现代工程合同极其复杂，一方面表现在工程合同种类繁多，通常一个工程涉及融资（或合资、贷款）合同、各种工程承包合同、勘察设计合同、各种供应合同，以及各种分包合同等。一个工程相关联的合同有几十份、几百份，甚至几千份，它们构成了一个复杂的工程合同体系。上海地铁 1 号线业主签订了 3000 多份合同，南京地铁 1 号线业主签订了 300 多份合同。另一方面，工程合同复杂、烦琐，又要求准确、严密和精细，适用时间长，使得合同签订和实施过程变得复杂。由于工程合同在工程实施前签订，签订时不可能将实施中的所有情况都考虑到，加上实际情况千变万化，合同中经常会存在错误、矛盾和漏洞。

为了有效地利用合同实现工程目标，需要严密的合同管理，并解决如下问题：

1）如何对工程进行科学的合同策划，构造工程的合同体系。

2）如何签订有利的公平的合同。

3）如何圆满地执行合同，保证工程的顺利实施。

4）如何通过合同保护自己的利益，防止自己和对方的违约行为等。

2. 工程法律问题

为了保证工程的顺利进行，保护工程相关者各方面的利益，国家为工程建设和运行颁布了各式各样的法律法规。例如，《中华人民共和国民法典》《中华人民共和国环境保护法》《中华人民共和国招标投标法》《中华人民共和国建筑法》《中华人民共和国保险法》《中华人民共和国文物保护法》（分别简称《民法典》《环境保护法》《招标投标法》《建筑法》《保险法》《文物保护法》）等。由于工程的复杂性和特殊性，适用于工程建设和运行相关的法律法规数量非常多。工程参加者、管理者必须知法、懂法、守法，所有行为必须符合法律的规定，不能与法律规定相冲突，否则就会承担相应的法律后果。

工程中出现的各种法律问题，其后果通常都是严重的。如：

1）工程规划不符合法律规定的程序和要求，必须修改，甚至要拆除。

2）工程设计不符合城市规划的要求，必须修改。

3）工程建设程序不符合法律的规定，必须修改。

4）工程招标不符合《招标投标法》的规定，导致招标无效。

5）工程施工违反《环境保护法》，受到周边居民投诉，被罚款。

6）工程质量不符合国家强制性标准要求，必须返工等。

7）有些工程法律问题在一些地区甚至已经成为社会问题，例如工程的拆迁补偿问题、拖欠农民工工资问题等。

1.4.5 工程信息问题

现代社会是信息社会，人们生活在信息的海洋中。信息是工程所需的资源之一。

1. 在工程建设和管理过程中需要同时又会产生大量的信息

由于工程规模大、周期长和特别复杂，在工程建设和管理过程中，需要同时又会产生大量的信息。工程通过信息运作，如发出指令、发出招标文件；通过信息协调工程组织成员。同时信息又是决策、计划和控制的依据，如目标设置、工程的市场定位、工程报价、实施计划制订都需要大量的信息。

工程竣工后，其有效的工程信息汗牛充栋，如设计图、施工图、合同、各种审批文件、各种工程报告、报表、变更文件、用工单、用料单、会议纪要、通知等，另外还有大量的无效信息，如未中标的投标书、各种产品推销广告等。据统计，信息处理占到工程技术与管理人员工作时间的10%～30%。

2. 工程的高效运作高度依赖信息沟通

现代工程管理的研究表明，大量的组织障碍是信息问题造成的。工程中的许多问题，如成本的增加、工期的延误、争执问题都与工程组织中的沟通问题有关。据统计，工程中10%～33%的成本增加都与信息沟通问题有关。而在大中型工程中，信息沟通问题导致的工程变更和错误占工程总成本的3%～5%。因此，如何有效提高信息沟通的效率、改进信息沟通的质量、降低信息沟通的成本，成为工程管理的一个突出问题。

3. 工程中信息沟通不畅的原因

工程建设的不同阶段由不同人员负责，导致在阶段过渡中信息缺失；工程各参加者利益和目标不同，心理状态不同，会导致信息孤岛现象和信息不对称；工程各部门专业不同，使用不同的专业术语，导致不能有效沟通；现代大型工程都是由不同国度的人参加的，不同国度人员的沟通存在语言障碍。

4. 要取得一个成功的工程，工程信息必须解决的问题。

1）如何有效获取信息、共享信息、解决信息不对称问题？

2）如何使信息有效传递，形成工程参加者共同工作的信息平台？

3）在工程组织中如何建立良好的信息沟通渠道，使参与各方都明确目标，更好地彼此了解，共同为取得成功的工程而努力？

复　习　题

1. 请阐述工程和工程管理的定义和内涵。
2. 建设工程按不同属性和标准分别可以分成哪几类？
3. 请阐述建设工程的特征。
4. 工程管理的多层次管理包括哪些基本内容？
5. 工程管理的多阶段管理包括哪些基本内容？
6. 请举例说明工程管理的价值。
7. 请阐述工程管理主要参与主体的角色和目标。
8. 工程管理需要解决哪些方面的问题？
9. 请阐述为保证工程组织高效率、有秩序地运作必须解决的问题。

第2章

工程系统观的建立

2.1 科学的工程系统观

本节将从工程系统的运行要素、工程系统的特征、工程系统方法论三个方面阐述怎样建立可续的工程系统观。

2.1.1 工程系统的运行要素

基于系统的系统理念（System of Systems），系统是由两个及以上有机联系、相互作用的要素所组成，并且通过要素之间的相互作用和相互依赖关系使其成为具有特定功能、结构和环境的整体。工程可以理解为是应用科学知识开展实验、研究、制造工作，使自然界的物质和能源特性按照人的意志流动与组合，并以最短的时间和最少的资源投入形成高效、可靠且对人类有价值的新事物。而工程系统则是由若干相互作用和相互联系的复杂工程组成的系统。参照上述定义，建设工程的建造和运行可以被定义为具有输入、输出、处理、反馈、控制等要素的系统，其运行模型和构成要素如图2-1所示。

1. 工程环境系统

工程环境系统是指对工程全寿命周期产生影响的所有外部因素的总和，按照环境的属性通常可分为自然环境、社会环境、文化环境以及心理环境等子系统。自然环境和社会环境系统可以进一步细分，与心理环境系统共同构成工程的边界条件。此外，也可从不同的分类角度对工程环境系统进行分类，如硬环境、软环境，宏观环境、微观环境等。

2. 工程技术系统

工程技术系统是指在工程全寿命周期各个阶段实现某种特定使用功能、价值要求或完成某种服务的知识系统。工程技术系统有自身的结构形式，并且工程技术的运用需要占据一定的空间。可以根据技术的功能特点、服务对象、使用者等对工程技术系统进行分类。

3. 工程全寿命周期过程

工程寿命包括设计寿命和实际使用寿命两个概念。工程全寿命周期过程是指工程从“摇篮”到“坟墓”全过程，包括前期策划、规划设计、施工建设、运营维护以及拆除回收

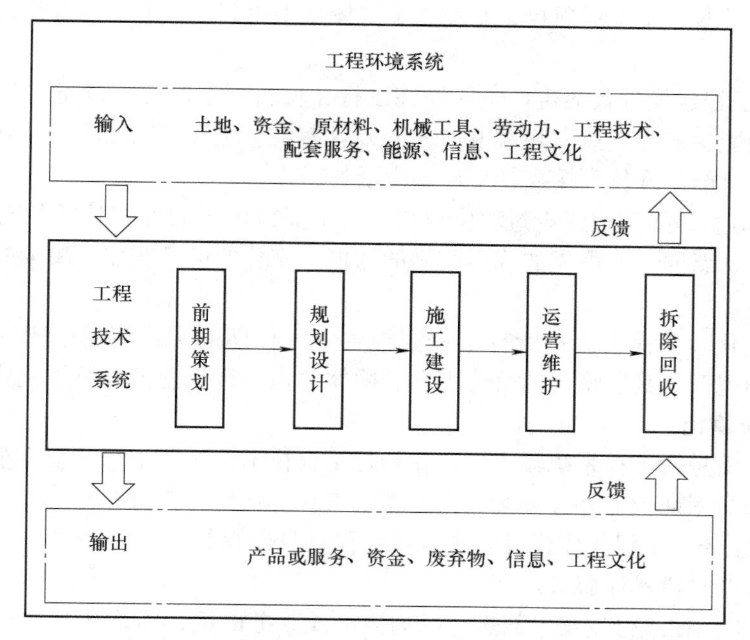

图 2-1 建设工程系统运行模型和构成要素概念图

等阶段。在工程全寿命周期过程中，工程系统将经历从概念形成（前期策划）到形象构建（规划设计）、实体构建（施工建设），再到通过运营维护发挥价值，直到最终被拆除回收而从实体上消亡的各个阶段。工程拆除后产生材料的重新利用使工程进入了新的“生命”轮回。

4. 工程系统输入

工程作为一个实体系统，是由土地、资金、原材料与设备等经过工程技术、劳动力、能源、信息、机械工具的运用和组织而成的。上述系统要素共同构成了工程系统输入。

1）土地。工程建设需要占有并使用有限面积的土地，在此空间上构建并形成一定的实体建筑物。“土地依附性”是工程的显著特点之一。

2）资金。工程全寿命周期过程都需要资金的支持。资金可用于购买劳动力、土地、原材料、设备、机械工具、技术专利、信息数据等其他输入要素，是工程建设的最基础条件。

3）原材料。原材料是指建筑工程实体在形成过程中所需的物质基础，同时也包括工程建成后生产产品所需要的原材料。广义的工程材料包括工程设备。

4）机械工具。与暖通、电气、电梯等凝结到工程中的设备不同，机械工具是指在工程建设过程中帮生产者降低工作难度或提高工作效率的装置，如塔式起重机、挖掘机、测量仪器等。

5）劳动力。工程劳动力是指工程全寿命周期过程中，进行土地、材料、设备等资源整合并执行规划设计、实体建造以及运营维护的全部劳动人员，可分为工人、技术人员、管理人员、服务人员和其他人员。

6）工程技术。工程技术是制造工程产品的系统知识，主要反映在产品的形成或设计过程中的技术情报或技能；或反映专业人士在工程项目中提供的专业技术服务或协助。

7）配套服务。工程建设过程中技术鉴定、管理咨询、监理活动等属于配套服务。工程配套服务的特点是服务于工程项目，并使相关主体从中得到受益的一种有偿或无偿的非实物形式的活动。

8）能源。工程建设过程的生产生活设施运行、材料形态改变、设备调试与工作、机械工具使用都依赖能源作为支撑。除水电、火电或者燃煤、燃气、燃油的直接外来输入，也可以依靠太阳能、风能的现场利用支持生产与生活的运作。

9）信息。信息是指工程建设过程中以口头、书面或电子的方式传播的与工程项目建设有关的一切知识、新闻，或可靠的或不可靠的情报。充分的信息获取是决策的基础，也指导人的行为。

10）工程文化。工程文化是所有工程实施主体在长期的实践活动中所形成的，并为其成员普遍认可和遵循的具有特色的价值观念、团体意识、行为规范和思维模式的总和。

5. 工程系统输出

工程系统输出是指工程系统输入要素在经过工程技术系统、工程环境系统的协调和作用后，在工程全寿命周期中向外界环境输出要素的表现。输出要素有：

1）产品或服务。工程实体建设完成后，工程自身即是输出。工程本身是产品，也可以生产产品或为社会提供具体服务。

2）资金。工程在运行过程中通过产品的生产或服务的提供所产生获得的资金收益，是工程经济作用的体现。

3）废弃物。工程在建造施工、运营维护、拆除回收等阶段会产生各种废弃物。

4）信息。工程的规划、设计、建造、运营维护都会产生信息，并且影响人的决策。

5）工程文化。工程的实施会促进新的工程文化的形成，并影响社会文化的发展。

6. 反馈与控制

工程系统在把输入要素转化为输出要素的过程中，由于受工程技术系统的制约、工程环境系统的干扰，不能按计划实现目标，需要把输出的结果反馈给输入端，从而制订当前或者下一步工作的控制计划或者对策。此外，即使按原计划实现，也要把相关信息反馈给输入系统，以对工程建设的工作进行评价，如后评估阶段发布的数据报告。

7. 相互制约

工程系统中的输入要素、输出要素及技术系统活动之间存在着相互限制和制约的关系。输入要素制约着技术方式的选择以及输出要素中的工程质量、寿命等；输出要素限制着输入要素的再调整和工程技术系统的再建设。技术系统是输入和输出要素承上启下的关键系统，决定了输入要素的实现程度与实现效率以及输出要素的完整程度。此外，工程环境系统也对工程系统要素存在约束，且环境的变化程度决定了对工程系统的干扰程度，如资金的限制，经济政策的变化，天气或气候的变化等。

2.1.2 工程系统的特征

广义系统的特征主要体现在集合性、相关性、目的性、层次性、环境适应性、动态性等方面。任何一个工程都可以被视为一个系统，因此系统的特征同样也适用于工程系统特征。由于建设工程项目的一次性、复杂性等特性，工程系统特征与广义系统特征既有关联，也有差异。总体而言，工程系统特征是广义系统特征结合工程特性的延伸。一般系统特征与工程系统特征关联图如图 2-2 所示。

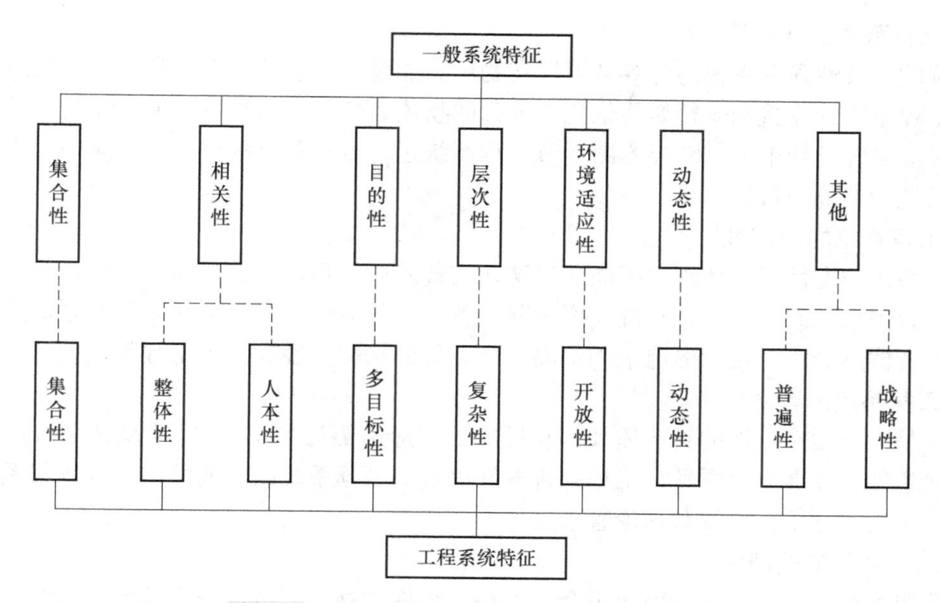

图 2-2 一般系统特征与工程系统特征关联图

工程系统的特征主要包括以下九个方面：

1. 工程系统的集合性

工程系统的集合性是指工程系统是由多种输入输出要素协同组成的整体，集合性体现在系统要素的数量和类别上，如土地、资金、劳动力、信息、资源、能量等多类要素。此外，工程系统的集合性也可以理解为工程系统是不同划分标准下多个子系统构成的集合。

2. 工程系统的整体性

与集合性体现在系统要素的数量和类别上相比，工程系统的整体性体现的是在系统结构明确、构成要素功能和边界清晰的基础上，工程系统内部各要素或子系统之间依靠能量转换、时空转变、物质流动、操纵控制形成的相互依存、相互制约的关系。

3. 工程系统的人本性

工程是人造系统，其产生过程离不开决策者、管理者、建造者，其建成后也服务于人类社会的生产和生活。工程建造过程中安全健康管理是最重要的工作，确保工程建造和运营过程中其经济目标与社会、自然环境相协调，都是“以人为本”价值观念的具体体现。

4. 工程系统的多目标性

工程建造的最高决策者决定着工程系统的目标，其他层级的不同参与者依托各种类型的契约也有着与工程系统总目标相统一的目标。在具体的工程实践过程中，因为资源的有限性和工程投入运营的时间约束，高质量、低成本、短时间完成工程建造任务，并以高效率、低成本、长寿命运行工程系统是所有参与主体追求的基本目标。

5. 工程系统的复杂性

工程建造参与主体的专业化分工、工程系统结构要素的不同功能要求、不同系统要素功能模块依赖于不同的技术活动、信息沟通传播的效率和障碍、资源与能量获取与流动的约束、工程系统环境的不确定性等决定了工程系统的复杂性，层次性、结构性划分是简化和理解复杂性的重要手段。

6. 工程系统的开放性

系统的开放性强调系统与外界环境存在物质、能量、信息的交换，是系统环境适应性的延伸。工程系统的建造和运行始终依托于外部的物质、能量、信息等环境的频繁交换，而且在工程环境系统的约束下，需要不断调节工程系统运行方式和要素投入，适应环境压力以实现工程系统的功能与目标。

7. 工程系统的动态性

工程系统动态性不但体现在不断通过迭代实现阶段化目标，而且由于工程系统环境的变化和决策者需求的调整，工程系统需要不断调整输入与运行方式，以最大限度地保障目标不会偏离或者偏离最小。目标的追求和偏离以及工程的长周期性决定了工程系统的动态性。

8. 工程系统的普遍性

工程是人类改造自然的具体体现，其目的是创造出更好的工程-环境复杂系统以改善人类的生活条件，提高生活质量。工程的普遍性决定了工程系统的普遍性，此外工程系统的普遍性也体现在基于系统思维和理论管理工程。

9. 工程系统的战略性

港珠澳大桥、三峡大坝、旧金山金门大桥、胡佛大坝、阿波罗登月计划等超级工程不断扩大工程对经济、社会、环境、科技以及政治的影响，将工程的意义从微观层面提升至宏观层面。重大工程对国家的发展产生着全局、稳定、持续、深层次的影响，在不同层面体现了国家战略意图。

2.1.3 工程系统与系统工程

工程系统强调了对客观对象的认识和描述，着重刻画了系统内部的结构特征和要素的关联关系。而系统工程则是深刻认知系统的结构、要素、信息和反馈的理论与方法，具体实现过程强调了应用数学、物理、经济学等各种工具建立关系模型，定量和定性地揭示系统的规律性，以实现系统运行总体效果最优的目标。工程系统的“工程”与系统工程的“工程”有着本质的区别。工程系统的“工程”强调的是人造的新事物，而系统工程的“工程”强调了活动的过程，而且是基于系统思维和方法解决工程问题的过程。系统工程理论的过程如图 2-3 所示。

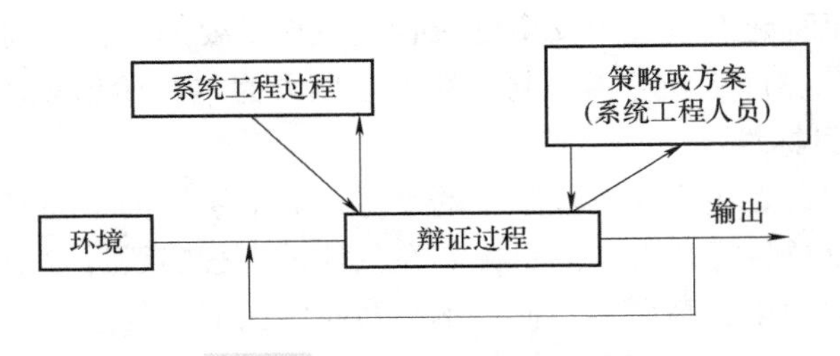

图 2-3 系统工程理论的过程

系统工程是基于定性和定量分析相结合的方法和计算机等技术工具，对系统中的构成要素、组织结构、信息交换和反馈控制等功能进行分析、设计、制（建）造和服务，从而达到最优设计、最优控制和最优管理的目的，使系统始终保持在最优状态的工程概念。定性分析是定量分析的基础，为其提供理论基础和延伸的方向；定量分析是定性分析的深入研究，使其研究更具精度和深度。系统工程方法贯穿于工程管理相关的各专业的理论和方法中。

需要强调的是工程系统的分解技术是最重要的定性分析方法，也是开展其他定性和定量分析的基础。其活动目的是指将复杂的管理对象进行分解后，更好地观察和分析工程系统范围、内部结构和联系。例如目标分解结构、技术系统分解、工作结构分解、工程组织分解结构、工程成本分解结构、资源分解结构、合同分解结构、风险分解机构等结构化分析，以及工程全寿命过程分解、专业工作实施过程分解、管理工作过程分解、事务性管理工作分解等过程化分解。

定量分析技术建立在对数学模型和计算机工具的应用基础上，如动态规划、目标规划、层次分析法、模糊评价法、预测与决策方法、蒙特卡罗方法、时间序列预测法、系统建模与仿真方法等。刻画工程系统运行的数据质量与丰富程度，影响和决定着定量分析方法的选择。

系统思维是理解工程、认知建造工程和运营与维护工程的重要思维方法。系统方法论则为研究工程系统运行的一般模式、原则和规律，开展工程管理实践，解决工程管理问题，尤其是解决大型复杂工程的管理问题提供了依据。工程系统方法论的根本目的在于遵循辩证哲学思想在工作流程、技术和管理等多维操作层面实现对工程系统的有效控制和管理，包括对系统方法论的总体认识、系统的控制、系统信息的管理、系统的组织和系统优化的方法等。伴随着工程问题，尤其是重大工程问题的出现，工程系统方法论一直在处于不断发展和更新的状态。工程系统方法论的主要构成如图 2-4 所示。

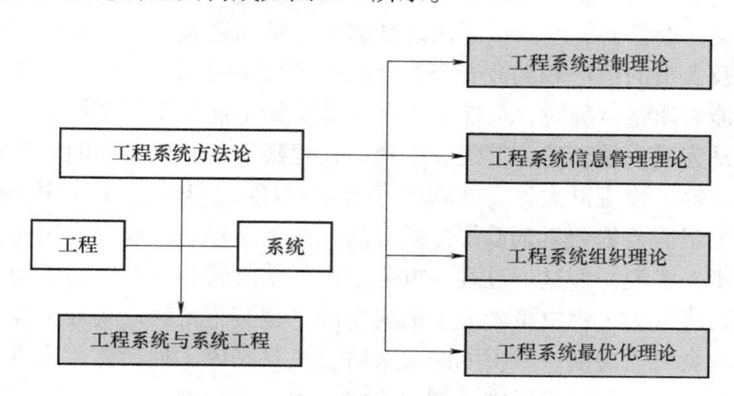

图 2-4 工程系统方法论的主要构成

图 2-4 中提到的相关理论将在第 4 章进行阐述。

2.2 工程系统的目标

工程系统的目标包括功能与质量目标、经济目标、时间目标以及可持续能力目标。随着人类社会及自然环境的不断变化，工程系统目标的内涵也在不断更新和发展。

2.2.1 工程系统的功能与质量目标

工程系统的功能是指工程系统与环境在相互作用中所表现出的能力，即工程系统对外部环境压力和使用者需求所表现出的作用、效用、效能或目的。工程系统的功能目标即是工程系统在各种功能实现方面，想要达到的境地或标准。工程系统是人造系统，与环境构成工程-环境复杂系统，其功能目标由决策者来定义。工程系统具备多种功能，如三峡大坝除了发电还具有防洪的功能，而且某一种特定终端功能的实现，需要建立在其他功能实现的基础上。例如房屋工程的遮风避雨、居住舒适的使用功能，需要依赖于房屋结构和基础的支撑与围护功能来实现。从某一特定功能的实现和不同功能之间的关联性来看，工程系统的功能与系统要素、结构、环境都有密切的关系，其中与系统的结构关系尤为突出。系统结构是系统功能的内在根据，功能是结构的外在表现。可以认为系统的结构决定了系统的功能，而功能具有其独立性，可反作用于结构。

工程系统的功能与质量之间存在相互交叉、相互包含的关系。所谓质量，是指一组固有特性满足要求的程度。工程系统的固有特性通常反映在为了满足工程系统功能实现方面所表现出来的适用性、耐久性、安全性、可靠性、经济性以及与环境的协调性。所以工程系统的质量目标是指工程产品的质量特性想要达到的境地或标准。相对于强调功能的工程系统的有用性而言，工程系统的质量则进一步强调了确保功能实现的时效性、满足程度。也就是说，工程系统功能的实现需要保证实现工程系统的质量目标。如果工程产品的质量目标没有实现，其使用功能的实现就无从谈起。而工程系统质量目标的实现，是通过在工程实施过程中的各个环节来定义和实现的，工程质量目标的实现保证了工程功能的可用性。工程系统的功能与质量目标实现过程是由工程的最高决策者来识别功能与质量的需求，并通过设计者进行深化定义，最后由工程的实施者实施工程实现功能与质量目标。由于各类工程，尤其是重大基础设施工程事关社会公共利益，一旦出现功能与质量问题或事故，不但给社会造成巨额损失，而且也将危及人员的财产和生命安全，为此国家会制定相应的标准。工程的决策者在识别和定义工程功能与质量目标时，只能高于国家标准而不能低于国家标准。

工程的本质是完成一项新建、扩建、改建、迁建甚至包括修旧如旧的工程产品。由于工程系统结构的复杂性，投资巨大且实施和运营过程对经济、环境、社会影响具有不确定性，因此工程系统的实现需要依照复杂系统分解方法，基于工程思维通过应用迭代原理，按照科学的分解步骤逐步来实现。而这一过程一方面表现为政府管理所制定的工程建设审批所遵循的流程，另一方面表现为工程决策者应遵循科学的工程实施步骤以实现工程的功能和质量目标。在工程系统的全寿命周期中，工程的决策阶段主要完成工程功能与质量需求的识别，侧重定性的描述与分析；而设计阶段则强调通过设计图、设计说明、样板工程等构造描述的形式，深入定义工程系统的功能与质量，以服务于工程系统的施工建造。综合起来看，工程系统的功能与质量的具体目标标准由决策者确定，但至少应满足如下五个方面的需求（图2-5）：

1. 使用功能方面追求的目标

建设工程项目的功能性目标，主要表现为反映建设工程使用功能需求的一系列特性指标，如房屋建筑的平面空间布局、通风采光性能，工业建设工程项目的生产能力和工艺流程，道路交通工程的路面等级、通行能力等。功能性目标必须以顾客关注为焦点，满足顾客的需求或期望。

2. 安全可靠方面追求的目标

工程产品系统不仅要满足使用功能和用途的要求，而且在正常的使用条件下应能达到安全可靠的标准，如建筑结构自身安全可靠，使用过程防腐蚀、防坠、防火、防盗、防辐射，

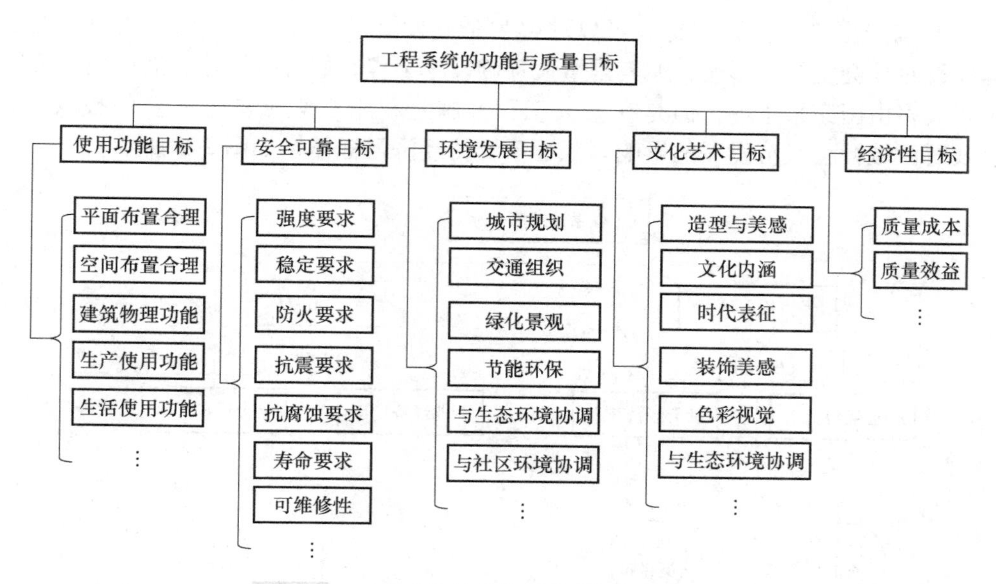

图 2-5 工程系统的功能与质量目标分解体系

以及设备系统运行与使用安全等。可靠性目标必须在满足功能性质量需求的基础上，结合技术标准、规范（特别是强制性条文）的要求进行确定与实施。

3. 环境发展方面追求的目标

不同类型的工程系统产品，如新、改、扩建的工业厂区，大学城或校区，交通枢纽，航运港区，高速公路，油气管线等均有着不同的环境质量要求。例如，对于建筑工程而言，建筑环境质量包括项目用地范围内的规划布局、交通组织、绿化景观、节能环保等。此外，工程系统还要追求其与周边环境的协调性或适宜性。

4. 文化艺术方面追求的目标

包括造型、外观、文化内涵、时代表征以及装饰、色彩视觉等在内的工程产品个性的艺术效果都深刻地表达着工程所在地理位置的社会文化特征。而在工程设计的过程中，这些文化艺术特性的表达不仅使用者关注，而且社会也关注；不仅现在关注，而且未来的人们也会关注和评价。为此，工程系统的文化艺术功能与质量目标必须在设计决策阶段予以充分考虑。

5. 功能与质量的经济性目标

工程系统的建造和运行都需要投入资金，而资金投入的程度也影响着系统的质量水平；与之相对，工程系统运行的过程中生产的产品和其功能的实现都需要保证一定的经济收益。为此，工程系统的功能与质量目标的实现，在最大限度上减少投入的同时还要提升经济效益。

2.2.2 工程系统的经济目标

工程系统的经济目标可以从微观和宏观两个层面来理解，而每个层面又可从投入（成本）与产出（收益）两个角度去解释。由于相当多一部分工程，如高速公路、房屋建筑工程等，都是由企业付诸实施，并通过工程运营或产品销售追求经济利益，因此微观层面的投入（成本）与产出（收益）目标，可以理解为企业投资目标与收益目标。然而，也必须看到工程建设对社会发展的影响，尤其是重大基础设施工程，如青藏铁路、港珠澳大桥等，而这些工程大多由国家来主导，但是在重大工程实施过程中也必须考虑社会的投入（成本）目标以及对区域社会经济发展的影响。工程系统的经济目标体系如图2-6所示。

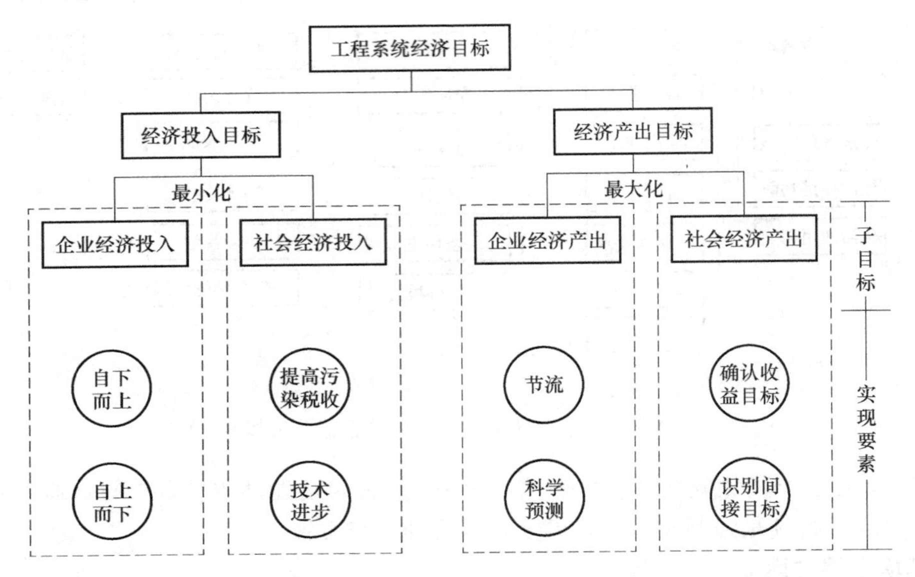

图2-6 工程系统的经济目标体系

1. 企业的经济投入（成本）目标

对于一家企业或多家企业联合投资的工程，或者由企业和政府通过PPP模式合作的工程，一般要注册一个公司以落实“建设项目法人制”的相关规定。当然一项工程也可以不注册项目公司，直接由企业投资来建设。企业作为以盈利为目的的组织，为了盈利必然要以更少的资本或生产要素投入获取更大的经济回报。企业投资于特定工程项目的成本可以是直接用于购买生产资料、生产要素的资金，也可以是自有资源，也包括固定资产的折旧，以及因为工程项目的投资而产生的法定税、费等。企业的经济投入（成本）目标可以通过两种方式来设定：①自下而上的模式，即根据项目产能目标设计出工程项目图，然后自下而上逐项汇总计算直接资源投入和其他间接投入得出项目的经济投入（成本）控制目标；②自上而下的模式，即企业根据自有资金和筹集资金的能力直接设定经济投入（成本）目标，然后根据投入能力设计工程负荷，分解工程结构逐项计算各投入项目子项。

2. 企业的经济产出（收益）目标

除了减少工程投入（成本），通过“节流”的方式可以给企业变相增加收益之外，企业投资的终极目标是通过工程产品的运营或者出售来获取更多的经济收益。对于运营型工程，如高速公路、发电厂等，其收益不但取决于工程最大运营负荷，也就是最大生产能力，而且市场需求、产品定价、运营周期以及运营成本等都会对其收益产生影响。对于出售型工程，如房地产项目、建造-移交（Build Transfer，BT）类项目等，其收益取决于建设完成后的市场定价或者之前合同签订时候的移交价格。对于分割类的房地产项目，一般销售周期可能比较长，销售单价往往也随着市场供求关系变化而调整，此外营销策略、住宅或商铺的区位等因素也影响销售价格。对于采用 BT 模式的项目而言，一般是一次性整体交付，在中标的时候就已经明确了收益目标，所以扩大收益的办法往往是通过“节流”减少投入来实现。工程项目的经济产出（收益）目标需要科学的预测，否则将导致项目失败，不但对企业产生影响，而且由于工程项目的基础性特点，也会对社会产生负面影响。

3. 社会的经济投入（成本）目标

社会成本（Social Cost）最早是由英国著名经济学家庇古提出来的。所谓社会成本是指按全社会各个生产部门汇总起来的总成本，也可以指某一种产品的社会平均成本。社会的经济投入（成本）与企业的经济投入（成本）往往存在背离。例如在特定的历史时期，企业的环境污染被忽视，而环境的治理成本由政府通过纳税人的财政收入来支付。社会成本是产品生产的私人（企业）成本和生产的外部性给社会带来的额外成本之和。充分考虑社会成本的分担与补偿能更好地促进社会公平。例如前述企业环境污染问题，政府可以提高污染企业的税率来倒逼企业提升环境效益水平，或者依靠污染企业税收治理环境。随着现代社会的不断发展，公众意识、科学技术、管理水平的不断提升，特别是重大工程项目的社会成本被政府和投资者所重视，科学计算工程系统建造的社会经济投入（成本）是政府管理和影响企业投资成败的重要工作。

4. 社会的经济产出（收益）目标

企业层面的工程系统投入与收益测算，通常被称为财务评价，用以测定工程项目是否值得投资。而类似社会成本与企业成本存在背离一样，一个工程项目的社会经济产出（收益）也与企业的经济产出（收益）存在差异。例如，一个工程项目的投资不但可以给企业带来盈利，而且还可以通过带动上下游企业发展，从宏观上增加政府税收、扩大区域就业进而促进全社会经济发展。对于基础设施类工程项目，其社会的经济产出（收益）目标是项目投资决策立项的关键指标。而且由于基础设施类项目大多投资规模庞大，如三峡工程、港珠澳大桥等，因此这类工程往往由政府组织相应管理部门来执行，相应地也会成立特定的企业来进行投资管理。而从这一点来看，政府依靠财政收入投资重大基础设施工程实现了“取之于民，用之于民”，但为了提高资金的效率，必须对工程的直接效益和间接效益进行充分评估，尤其是那些不易识别的间接效益。

工程系统经济目标即在满足功能的要求下，尽量减少微观企业的经济成本和社会成本，同时扩大企业和社会的经济收益。

2.2.3 工程系统的时间目标

工程系统的时间目标是指在整个工程寿命周期，各阶段工作的时间满足计划工作进度的目标。工程系统的时间目标可以从三个阶段去理解。第一个是投资决策时间目标（开发管理阶段），即必须在规定的时间之内完成工程项目是否实施的论证工作；第二个是实施建造时间目标，即工程项目在决策立项后，必须尽快通过设计、施工完成建造工作，早日投入生产运营（项目管理阶段）；第三个是持续运营时间目标，即工程运营应该至少达到计划经济收益所规定的运营时间（物业或设施管理阶段）。三个阶段的时间加总被统称为工程系统的寿命周期（Life Cycle），如图 2-7 所示。

1. 投资决策时间目标

按照现行的政府基本建设投资程序和企业投资立项决策的管理需要，开发管理阶段需要

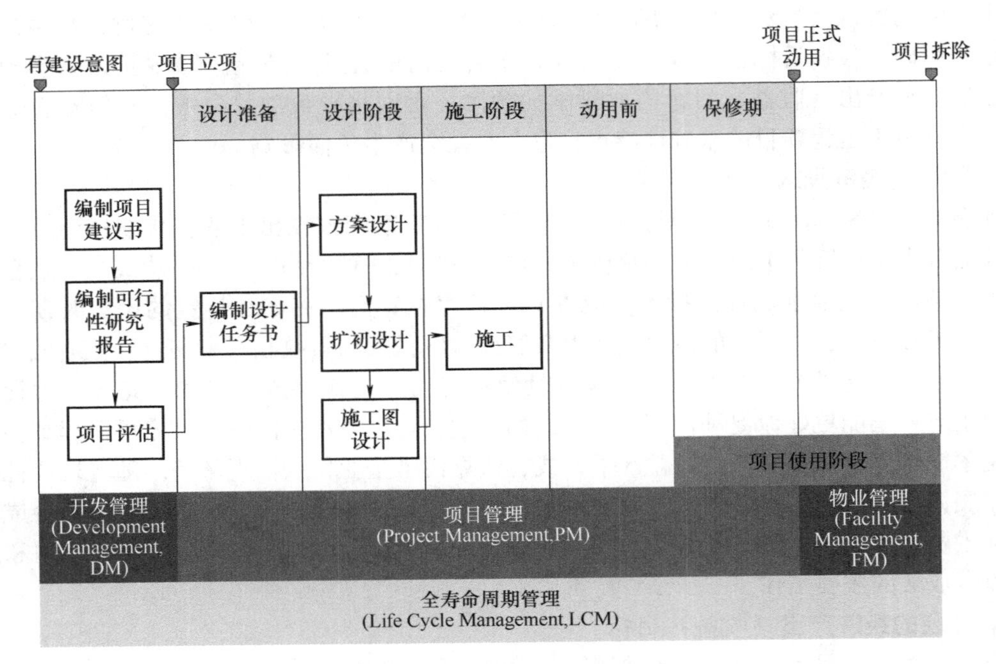

图 2-7　工程系统的时间阶段划分

完成编制项目建议书、可行性研究报告和项目评估论证三个基本环节。对于大型负责的工程项目，还需要增加初步项目建议书或者预可行性研究报告等环节。每个环节都应设定相应的工作时间目标，各个环节的工作时间目标加总即为投资决策时间目标。工程项目投资决策时间目标不确定性很大，这一方面是由于烦琐的投资管理程序，另一方面也是因为开发管理阶段处于零信息阶段，对工程建造获取的数据往往不够充分所致。以著名的三峡工程为例，整个项目的投资决策得到了新中国几代领导人的关怀，直到 1992 年 4 月 3 日，全国人大七届五次会议通过了《关于兴建长江三峡工程的决议》，这才标志着三峡工程正式立项，完成投资决策。

2. 实施建造时间目标

工程项目决策立项后，需要经过设计和施工两个关键阶段完成工程项目的实施工作。此外，整个实施阶段还包括设计准备、招标投标工作以及试车与试运行工作等，也对应相应的工作时间目标。工程项目一旦进入实施阶段，尽早完成建造并投入运行是终极目标，这个目标一般也被称为工程项目的总进度目标。工程项目的总进度目标是项目动用的时间目标，也即项目交付使用的时间目标，如工厂建成可以投入生产、道路建成可以通车、办公楼可以启用、旅馆可以开业、电厂可以发电的时间目标等。工程系统的实施建造花费的时间相对于投资决策而言花费的时间更久，尤其是大量的投资都是在本阶段转化为固定资产。其中设计阶段的时间目标和施工阶段的时间目标是关键目标。以港珠澳大桥为例，工程于 2009 年 12 月 15 日动工建设，并于 2017 年 7 月 7 日实现主体工程全线贯通，于 2018 年 2 月 6 日完成主体工程验收，并于 2018 年 10 月 24 日上午 9 时开通运营（实现动用）。

3. 持续运营时间目标

工程系统的持续运营时间目标一般是指工程产品的设计使用年限。然而需要强调的是，工程系统结构要素的运行时间具有不一致性，例如工程结构系统的寿命一般就是设计使用年限，因为结构系统很难更新或者更换，只有在特定的情况下才会通过加固来提高结构部分的寿命和使用可靠性。而除结构系统之外的其他部分的寿命一般少于结构系统，因此这就要求在工程系统运行的周期内不断更新那些寿命达到期限的部分。港珠澳大桥的设计使用寿命是 120 年，而美国胡佛大坝 1931 年开始动工修建，1936 年投入使用到 2020 年已经持续运行了 84 年之久。

2.2.4　工程系统的可持续能力目标

"可持续"是指一种可以长久维持的过程或状态。工程系统的可持续能力可以理解为工程全寿命周期内，工程系统对区域生态、经济和社会的发展提供正向的持续支撑状态。联合国世界环境与发展委员会对可持续发展的定义为：既满足当代人的需要，又不对后代人满足其需要的能力构成危害的发展。工程系统的可持续能力不但体现为短期内对经济、生态和社会发展的贡献，而且长期来看工程系统也要适应社会、经济和生态环境的改变。工程系统的可持续能力目标与前述的工程系统的功能与质量目标存在一定的对应性，但可持续能力更加强调工程系统的"长期性"及对外界总环境的变化的适应性。工程系统的可持续能力一方面来自于设计冗余和设计理念的先进，另一方面来自于根据总环境变化对满足新需求的可拓展性。工程系统的可持续能力目标包括但不限于以下几个方面：

1. 与生态环境协调的可持续能力目标

生态环境是指影响人类生存与发展的水资源、土地资源、生物资源以及气候资源数量与质量的总称，是关系到社会和经济持续发展的复合生态系统。重大工程的选址、选线、规模、功用、工艺等因素都将影响生态环境，因此重大工程的投资决策必须充分考虑工程建设与运营对水资源、土地资源、生物资源以及气候资源的影响。例如在青藏铁路设计时，为了不影响野生动物的生活和迁徙，对于穿越可可西里、羌塘等自然保护区的铁路线，采取了绕避的方案，并在相应的地段设置了野生动物通道（图 2-8）。而胡佛大坝，其蓄水耗费了科罗拉多河 2 年的总流量，对下游生态造成了毁灭性的影响，并随着加州引水渠建成，科罗拉多河下游逐渐断流，墨西哥境内的河口三角洲变成了一片沙漠。为此工程系统的建设，尤其是那些重大工程的投资规划决策必须充分考虑与生态环境协调的可持续能力，将对生态环境的负面影响减少到最低或积极发挥工程的正面影响。

图 2-8　青藏铁路的野生动物通道设计

2. 满足经济发展需要的可持续能力

工程系统的实施主要是经济驱动，尤其是重大工程对经济影响十分巨大，往往对区域产业组织形态、城市空间功能分布都产生重要影响。例如，港珠澳大桥的建设为推动粤港澳大湾区创建成充满活力的世界级城市群、国际科技创新中心发挥着重要作用。经济的不断发展对工程系统的可持续能力提出了更高的要求，表现在既有生产能力、运行负荷的冗余能够满足社会生产、生活的不断增长的需要。例如“装机容量”是500万kW的发电厂在投产初期可能只需要200万kW就能满足所处区域的生产与生活需求，但是随着人口增加、用电企业的增多，发电厂将逐步减少最大负荷冗余直至达到满负荷运转。此外，随着需求的不断增加，工程系统的供给终极达到最高负荷，而且在满负荷的运行状态下，寿命也将大大减小。所以就需要改建或扩建工程系统，而此时如果在设计阶段就充分考虑到未来改扩建的需要，不但可以节约投资，而且还可以提高建造效率。又如一个发电厂，考虑到未来负荷提高的需要，可以预留出发电机组的空间，但并不购买和安装全部发电机组，待未来需要时再进行采购安装。

3. 与社会发展相协调的可持续能力

工程系统对社会发展的影响，核心是工程系统的建设和运营对人的影响。一般来看具体包括工程项目实施对区域人口贫富差距、少数民族、性别平等及女性权利、移民和利益相关人的影响等问题。确保让更多的利益相关人参与决策是确保工程系统实施和运营与社会发展相协调的重要手段，并且也应对工程系统的社会影响进行充分评估。积极吸取以往工程项目的经验和教训是确保工程系统与社会发展相协调目标实现的重要手段。例如某对二甲苯（Para-xylene，PX）项目，由于担心项目建成后危及民众健康，该项目遭到大批公众和近百名政协委员联名反对，直到市政府宣布暂停工程，并决定迁址。PX项目事件从博弈到妥协，再到充分合作，留下了政府和民众互动的经典范例。又如三峡工程（图2-9a）、南水北调工程（图2-9b）都涉及了大量的移民安置问题，其中三峡工程涉及的移民共有130多万，且有16.6万移民自重庆、湖北库区远迁东部11个省、市。

a) 三峡工程

b) 南水北调中线总干渠景色

图2-9　三峡工程和南水北调工程

4. 安全可靠运营的可持续能力

工程系统在长期的运营周期内，不断受到来自自然环境变化以及生产负荷的冲击，因此工程系统必须具有一定的抗冲击的能力。这种抗冲击能力不但表现为设计负荷内长期持续的内外部环境作用，而且还应具备一定的抵抗短期极端破坏的能力。只有具有足够的抵抗外界冲击的能力才能确保工程系统安全可靠运营的目标实现。例如港珠澳大桥（图 2-10a）可抵御 8 级地震、16 级台风、30 万 t 撞击以及珠江口 300 年一遇的洪潮；上海环球金融中心（图 2-10b）在 90 层（约 395m）设置了两台风阻尼器，各重 150t，长宽各有 9m，使用感应器测出建筑物遇风的摇晃程度，并通过计算机计算以控制阻尼器移动的方向，减少大楼由于强风而引起的摇晃，可抗超过 12 级的台风。除抵御自然灾害的冲击之外，工程系统的设计和管理也应该充分考虑其他破坏的影响，如恐怖袭击、结构组件的自然劣化等。安全可靠运营的可持续能力是实现其他方面可持续的基础。

a) 港珠澳大桥

b) 上海环球金融中心

图 2-10 港珠澳大桥和上海环球金融中心

2.3 工程系统技术

工程系统的结构具有复杂性的特点，不同的系统结构承担不同的功能，而系统功能的实现和对应系统结构部分的建造或者安装也需要特定的技术。因此工程系统技术包括系统建造技术和系统功能实现技术。

2.3.1 工程系统结构技术

1. 工程结构技术

本部分说的工程结构中的“结构”与系统结构中的“结构”存在一定差异，后者的结构特指按照系统分解原理，系统分解后所对应的不同功能模块组成部分以及系统的构成要素。而本处的工程结构特指各类建设工程中由各类工程材料建造（制造）而成的各类承重构件根据力学受力原理相互连接而形成的组合体。工程结构如同工程系统的骨骼，不但影响着工程系统的外观，而且决定工程系统建筑美学的发挥空间和抗冲击能力。工程结构发挥着支撑整个系统站立的作用，而且将装饰荷载、设备荷载以及环境变化压力荷载通过支撑结构传递给基础，再由基础传至地基，确保建筑物的安全性和耐久性。

工程结构基本元件按其受力特点可分成梁、板、柱、拱、壳与索（拉杆）六大类。这些基本元件可以单独作为结构使用，在多数情况下又常组合成多种多样的结构类型使用。每一种结构类型的建造或者安装都对应特定的技术类型。除上述六种类型之外，按照受力特点常见的工程结构类型有桁架结构、排架结构、框架结构、折板结构、网架结构、剪力墙结构、筒体结构、悬吊结构、板柱结构、墙板结构、充气结构等。随着当代社会的不断发展，各类工程技术呈现“高大新尖”的特点，工程结构也随之复杂多变，如鸟巢体育场则是由结构组件相互支撑，形成没有一根立柱的网格状的构架，如图 2-11a 所示。此外随着高大建筑的不断兴起，越来越多的工程融建筑设计与结构设计于一体，如水立方是钢网架与膜结构融合实现了建筑设计与结构设计的双重目标，如图 2-11b 所示。

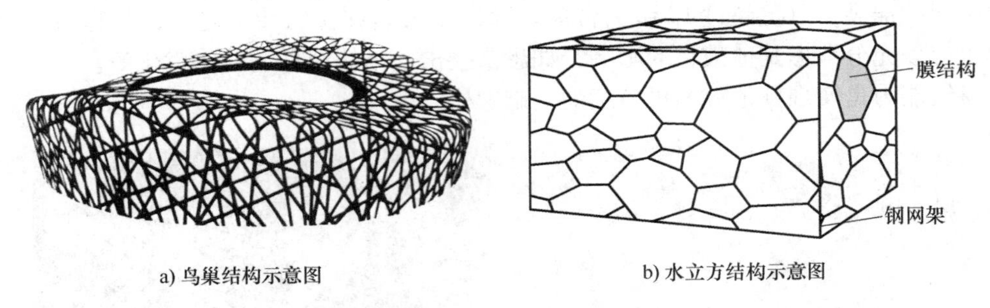

a) 鸟巢结构示意图　　b) 水立方结构示意图

图 2-11　工程结构技术示意图

2. 工程材料技术

材料是工程存在的基础，而且决定工程功能实现的程度，也是确保工程质量的基础。工程材料是指建筑物构建过程中所消耗所有材料的总称，包括凝结到工程本身的材料，也包括施工过程中必要损耗的材料，而且广义的工程材料也包括工程设备。材料按化学成分可分为金属材料、非金属材料、高分子材料和复合材料四大类，进一步工程材料按照其种类可划分为传统工程材料和新型工程材料，前者主要包括玻璃、石灰、砖、水泥、混凝土、钢材、沥青、木材等，后者主要包括高性能混凝土、纤维混凝土、智能材料、新型墙体材料等，如图 2-12 所示。

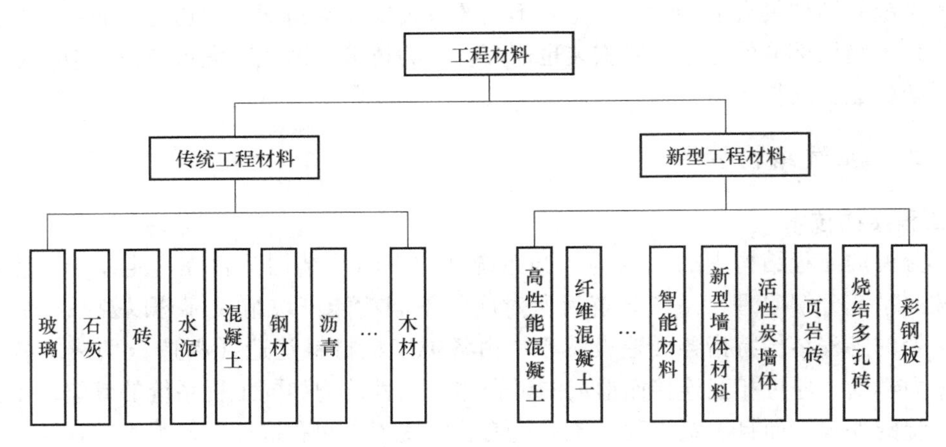

图 2-12　工程材料分类

工程材料技术包括材料的生产、加工和安装技术，并且区分为现场和非现场的生产、加工和安装技术。材料生产技术如水泥的制备、钢筋的冶炼、混凝土的搅拌、陶瓷面砖的烧制等；加工技术如金属材料的切割、焊接，钢筋的弯折，混凝土材料的浇筑、养护等；安装技术如水暖材料的安装、饰面板材的安装以及防水材料的铺贴工艺等。随着材料技术的发展和“高大新尖”工程对材料的特殊要求，新的材料技术不断涌现，各类新型防腐、耐高温与低温、保温与隔热、高强度、高韧性材料不断在各类工程上得到应用。例如港珠澳大桥中闪耀着大量的新型材料技术，其中高性能环氧涂层钢筋是港珠澳大桥实现120年耐久性设计的保障，超高分子量聚乙烯纤维干法纺丝做成缆绳后比钢索强度还高，且质量轻、耐腐蚀，聚羧酸减水剂产品为沉管隧道、人工岛等工程的混凝土的耐久性和施工性能的稳定提供了保障。

2.3.2 工程系统能源技术

能源是指能够提供能量的资源，它主要包含热能、电能、光能、机械能、化学能等。能源利用与人们的日常生活息息相关，如：电能可用于家电器具的开关控制、室内外照明、办公学习；太阳能可用于城市发电、热水器供热；天然气可用于家居炊事、石油化工、发电等。在建筑工程领域，与各能源利用相关的技术主要是燃气工程技术、电力工程技术和新能源工程技术等。

1. 燃气工程技术

燃气是气体燃料的总称，按照种类分为天然气、人工燃气、液化石油气、沼气、煤制气等。建筑工程中的燃气多为天然气，因此燃气工程也称天然气工程。燃气工程是一项复杂的系统性工作，它主要是指是在建筑建设过程中进行天然气管道铺设施工，以保证民用和工业活动所需的天然气能够顺利传输，合理的建筑工程燃气施工对于人们的日常生活质量有着直接的影响（图2-13）。

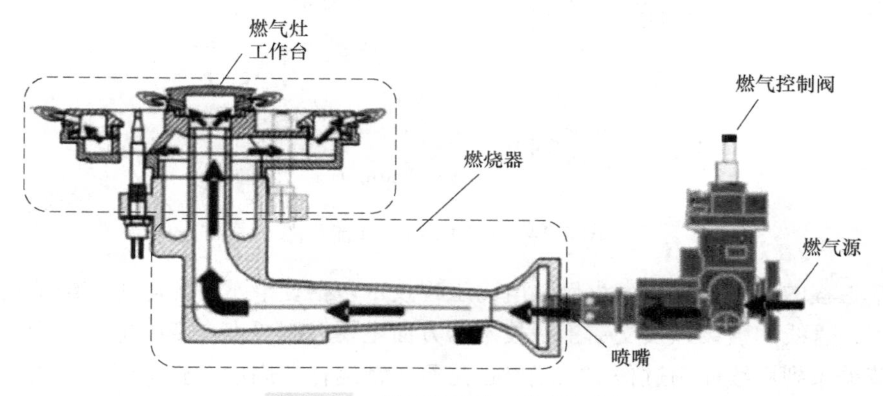

图2-13 燃气灶系统工作原理图

燃气工程的施工可分为两部分：一部分是市政燃气施工，另一部分是工程本身燃气系统的施工安装。前者一般由燃气干网开始通过调配、传输与转化设备的施工到达工程红线，后者则是从将燃气接入工程红线之内直到使用终端的所有设备、管线施工。由于其作业环境和作业种类的特殊性，施工过程伴随着一定的高危性，因此在施工过程中需要运用特殊的施工技术来确保施工作业的专业性和安全性，提升施工效率，并且施工完毕要经过严格的验收和专业人士的开栓程序。燃气工程的施工技术控制要点主要包括管道焊接、管道穿越和管道选材与防腐等。在进行管道焊接中，施工人员需采用标准的焊接施工技术进行操作。管道穿越是指运输管道通过地下敷设来通过湖泊、公路等路段的过程。管线穿越作业大多时候需要采用非开挖技术，以抵御季节性影响，同时减少对管线周围交通等的破坏程度。在管线选材与防腐方面，目前国内工程项目广泛采用聚乙烯（Polyethylene，PE）管材，这种材料具有耐腐蚀性强、耐久性强和高延展性等优势，有利于管道施工的进行。

2. 电力工程技术

电能是各类工程建造与运行过程中的主要能源。电能作为一种能源形式，具有易于转换、运输方便、易于控制、便于使用、洁净和经济等优点。电力工程技术是指为完成工程建造和满足工程对电能的需求，所实施的与电能的生产、输送和分配相关的工程技术。电力工程与燃气工程一样分为红线外市政电力工程部分和红线内的电力工程部分。由于电力对水、燃气以及耗电设施的布置具有先导作用，因此电力工程的施工规划设计要先于其他工程。电力系统工作流程图如图 2-14 所示。

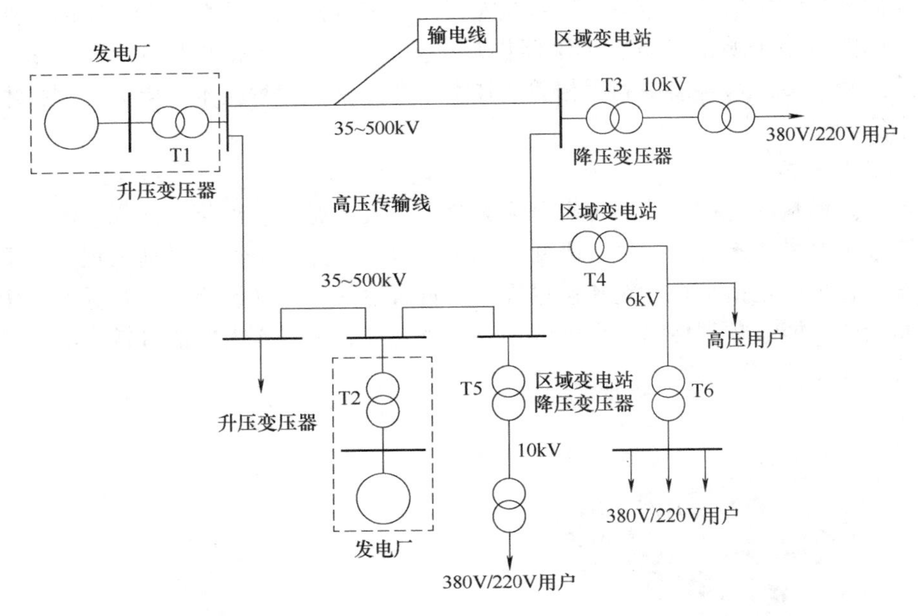

图 2-14 电力系统工作流程图

以建筑工程的电力工程技术为例，电力工程技术包括变电站、配电柜、配电箱安装，防雷接地施工，管线的敷设以及交错工程技术四方面主要控制要点。变配电站、柜、箱的科学布置与安装关系到后续使用过程中电气设备是否正常运行，因此在整个建筑电力工程施工过程中尤为重要。变配电站、柜、箱安装时须保持环境整洁性，同时标明符号、明晰线路、防止灰尘污染，其次施工过程应保证箱体安装位置、箱体材料厚度等与预定相符。防雷接地施工过程需要确保闭合状态的稳定性，合理设置接地系统，避免大型雷电灾害防御中出现失误，造成不必要的损失。管线敷设工程要求施工人员明确管线敷设方向、管线型号、标高、抹灰层厚度等方面，不断改善管线性能。交错工程的关键是协调施工，为保证各施工任务的有效快速进行，施工管理人员必须做好协调工作以防止各任务之间产生不必要的冲突，拖缓工程施工进度。电力工程施工过程中需要注意负荷的设计要满足耗电设备的需求，如果变配电设施和管线不能满足负荷需要，容易引发火灾等安全事故。

3. 新能源工程技术

新能源又称非常规能源，是指传统化石能源、水电能源之外的各种能源形式，具体如太阳能、风能、生物质能、氢能、地热能、海洋能、化工能（如醚基燃料）、核能等。目前在各类工程上直接应用且比较普遍的是太阳能、地热能，也有生物质能、风能等。与传统化石能源相比，新能源最大的特点就是环保，减少资源浪费，但也存在收集困难、电源输出点分散不利于商品化和并入骨干电网的问题。下面主要介绍最为常见和比较成熟的太阳能技术和地热能利用技术。

对于太阳能技术的利用可以分为主动式太阳能建筑（图 2-15a）和被动式太阳能建筑（图 2-15b）。所谓主动式太阳能建筑是指通过一系列设备、装置，强制吸收转化太阳能，其供热系统一般由集热、储热、散热部件以及循环管道设备及控制系统组成。被动式太阳能建筑是通过建筑朝向、平面布局及外部形态的合理布置、内部空间和外部形体的巧妙处理、建筑构造的合理设计、建筑材料的合理选择，使得其以自然运行的方式获取、储存和利用太阳能的一类建筑。与主动式太阳能建筑相比，被动式太阳房不需借助风机、泵和复杂的控制系统对太阳能进行收集、储藏和再分配。

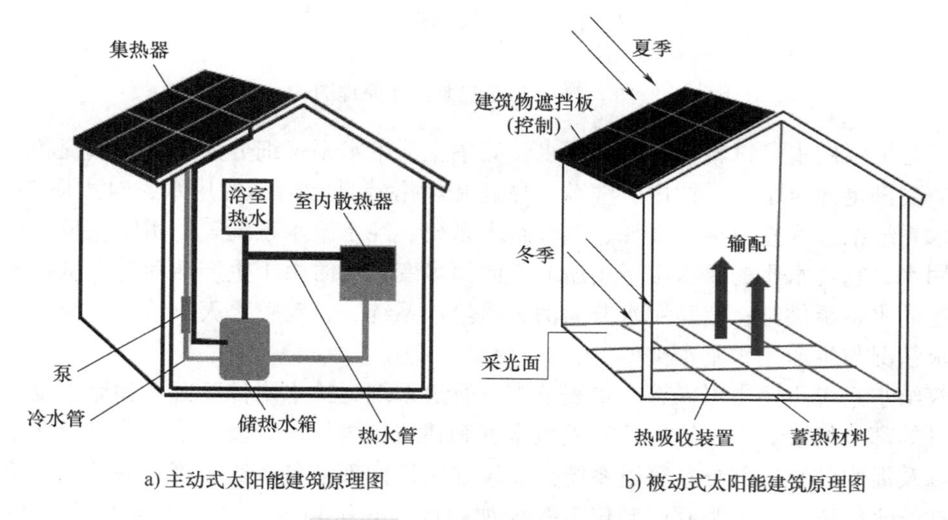

a) 主动式太阳能建筑原理图　　b) 被动式太阳能建筑原理图

图 2-15　太阳能建筑工作原理

地热能的利用与地理区位有关，工程或建筑所在区位的地下必须具有丰富的地热能。地热能可以直接用于供暖和供热水，也可以用于发电等。目前国际上，冰岛是著名的地热能开发利用最好的国家，该国早在 1928 年就在首都雷克雅未克建成了世界上第一个地热供暖系统。与高品位的地热能相比，在土壤、地下水和地表水中蕴藏着无穷无尽的低品位热能。目前地源热泵技术（图 2-16）是综合利用低品位地热能的主要手段，技术也相对成熟。其主要工作原理是应用地下土壤、地下水或地表水相对稳定的特性，利用埋于建筑物周围的管路系统，通过输入少量的高位电能，实现低位热能向高位热能转移与建筑物完成热交换。

2.3.3　工程系统给水排水技术

工程给水排水技术在建筑工程领域占据着重要地位，它不仅关系到建筑工程的质量好坏，还与水资源的利用与节约息息相关。工程给水排水技术为建筑中生活和工作的人员、各种生产活动和消防系统提供用水，同时将生产生活过程所产生的废水排出建筑外并按照规定进行废水处理，它包括建筑给水系统和建筑排水系统两部分。

1. 建筑给水技术

建筑给水系统包含生活给水系统、生产给水系统和消防给水系统三大类。当发生火灾

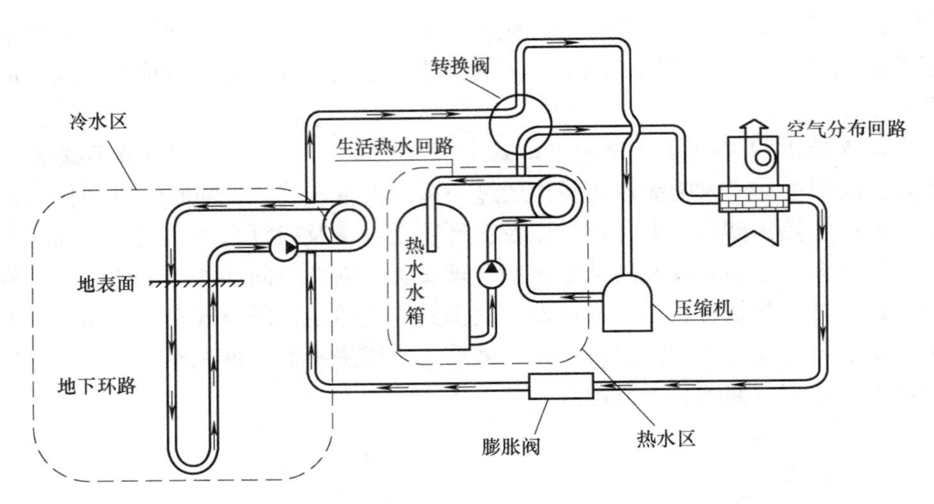

图 2-16　地源热泵工作原理图

时，生产与生活用水可以转化为消防用水。其中生活给水系统细分为饮用水系统和杂用水系统，它需要满足建筑中人员饮用、洗漱、烹饪和沐浴等日常活动的用水，对水质要求较高；生产给水系统细分为直流给水系统、循环给水系统、纯水给水系统等，用以满足各种生产活动所需用水，它对水质的要求由于用途的不同而多变，同时由于生产活动耗水量较大，因此需要丰富的水资源供给；消防用水分为消火栓给水系统、自动喷水灭火给水系统，它对水资源的需求情况与生产用水基本类似。

建筑给水系统主要由引入管、水表节点、管道系统、给水附件、升压和储水设备、室内消防设备等部分组成。引入管连接室外供水管和建筑室内给水管段；水表节点包含水表、前后闸门以及泄水装置三部分；管道系统是安装在建筑内部的各类给水管道的总称；给水附件是安装在给水管道上的各类阀门和仪表等附加构件；升压和储水设备包括水泵、气压装置、水箱等，主要用于保持水压稳定和建筑内部的安全供水；室内消防设备是按照消防需求所设置的室内必要设备，用于紧急消防给水。图 2-17 为一具体示例，可供参考。

2. 建筑排水技术

建筑排水系统分为生活排水系统、生产排水系统和建筑室外雨（雪）水排水系统。生活排水系统主要用于排出建筑内人员日常生活所造成的废水、污水，分别排入市政下水道和化粪池；生产排水系统用于排出工业生产活动所带来的废水和污水，其中对于部分废水可处理形成再生水加以利用，而对于高污染水则需要经过必要的净化过程才能进行排放；雨（雪）水排水系统是针对建筑外部积累的雨（雪）水进行排放。

建筑排水系统主要由卫生器具、排水管道及附件、通气管道、抽升设备、室外排水管道等组成（图 2-18）。卫生器具是收集和排放污水、废水的主要建筑内部设备；排水管道及附件包含排水管、存水弯、地漏、清扫口等；通气管道包括主通气管道、副通气管道、专门通气管道和环形通气管道等，其作用是保持管道内外气压平衡，使管道壁内水流畅通；抽升设备主要用于地下建筑和构筑物的污水废水排出，通过水泵等设备加压将地下污水抽回室外；室外排水管道与室内排水管道相连，用以将室内污水及废水运送至市政或厂区管道。

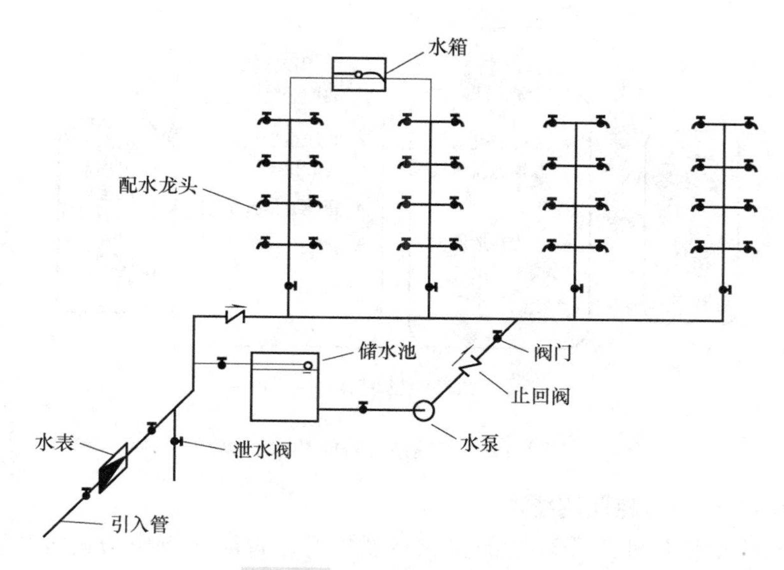

图 2-17 建筑给水系统示例

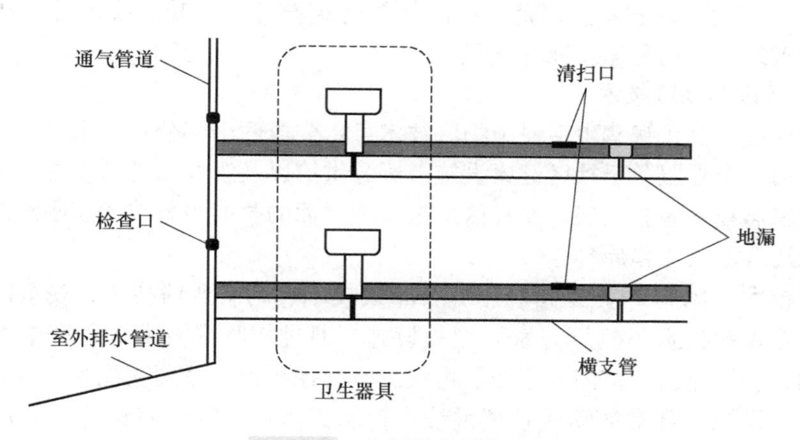

图 2-18 建筑排水系统示例

2.3.4 工程系统智能技术

智能建筑离不开智能技术。工程系统智能技术也被称为工程系统智慧技术，是指将智能化技术运用到建筑工程领域，是物联网和信息技术的系统集成，是以先进的计算机技术、通信技术为依托，实现建筑物安保、通信、电力、照明、防火、空调等方面的智能化。工程系统智能技术可以从两个方面去看：一是全面监测工程系统运行状况，包括获取工程系统的健康数据、主要资源的投入-消耗-产出状况数据的技术；另一方面是面向工程系统服务对象增值生活与生产便利、安全防范、通信便捷的各种技术。广义的智能技术还应包括工程系统建造过程中高效实现进度、费用、质量以及职业健康安全与环境目标的增值技术。广义的工程系统智能技术组成如图 2-19 所示。本部分仅阐述几类典型的服务于工程系统运营的各类智能技术。

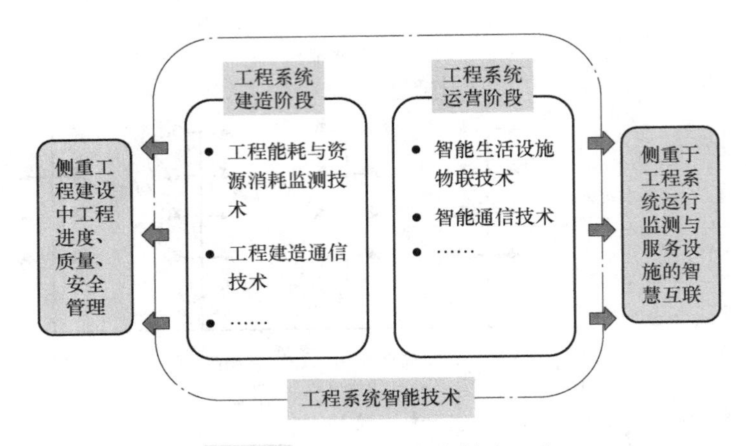

图 2-19　工程系统智能技术组成

1. 工程能耗与资源消耗监测技术

随着人们对生活质量和工作环境的要求不断提升，智能建筑作为建筑和智能化的结合物，逐渐代替传统建筑成为建筑行业的大方向。2000 年我国出台了《智能建筑设计标准》（GB/T 50314—2000），从根本上规范了我国智能建筑设计，提升了我国智能建筑设计的质量，自此我国建筑智能化迅速发展开来。

2. 智能生活设施物联技术

以城市居住区为例，智慧生活设施物联技术可以分成两个部分：一个是服务于家庭的智能家居技术；另一个是服务于社区健康设施、资源供给以及废弃物处理设施自动化的智能技术。当前智能家居技术蓬勃发展，而社区设施管理层面的智能服务技术还刚刚起步。以下重点介绍智能家居技术的工作原理。

智能家居技术（图 2-20）是指利用综合布线技术、网络通信技术、安全防范技术、自动控制技术、音视频技术集成所有家居相关设施，通过物联网技术提供家电控制、照明控制、窗帘控制、环境监测、室内外遥控、可编程定时控制等一系列功能和服务，从而构建高效的人性化住宅设施与日常活动的管理系统。智能家居技术除针对设施的智能管理控制之外，目前有关人的生活数据的采集具有更大应用潜力，可以用于人的健康管理、资源消耗优化等。生活数据的采集的前提是不影响生活的便利，通过在厨房、梳妆台等关键部位以及经常使用触摸屏、手机、遥控器、互联网平台等终端设施软、硬件的开发，实现各类生活数据的采集，然后通过模型、算法的开发，挖掘生活大数据的价值，实现对生活的定制化服务，使现代家居生活的便利性、安全性、舒适性得以提升，改善家居环境、优化生活方式，更好地服务于人们的日常生活。

3. 智能通信技术

智能通信技术包括两类。一类是上述能耗与资源监测、生活设施物联以及安保设施互联过程中的数据通信。另一类是直接服务于工作生活的通信手段，传统的有固定电话、移动电话、传真，基于互联网的远程的文本、图片、音频、视频传输等；而现代的智能通信技术更强调了通信的便利性、实时性以及数据的存储和数据价值的挖掘后对生活的指导，这突出的特点就是通信终端的多样化和便捷性，如各类无线传感器、遥控器、平板计算机等各类移动终端不但发挥着数据采集的功能，而且自动实时通信，通过无线传输技术将数据传递给中转

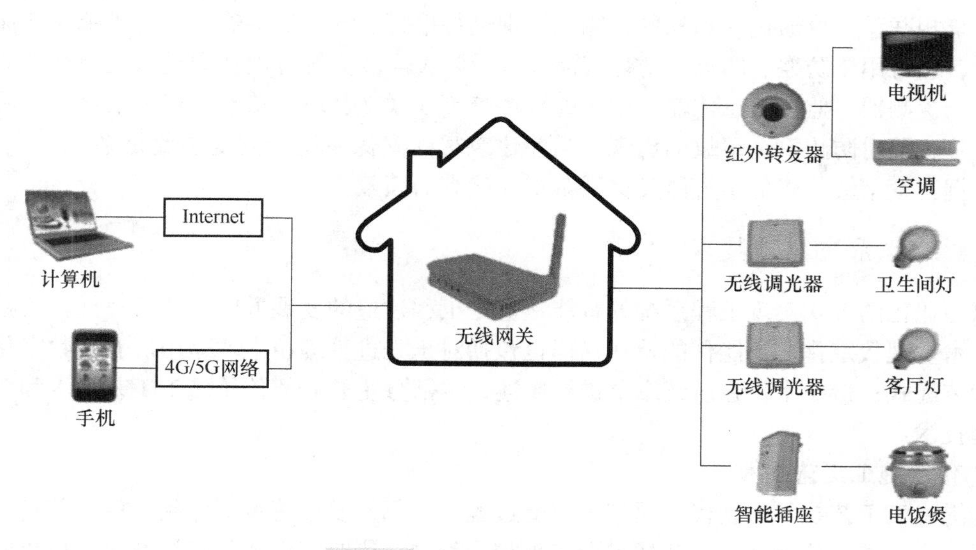

图 2-20 智能家居系统原理图

和数据处理终端。万物互联、数据互联是智能通信技术发展的高度概括和发展目标。

4. 智能安保技术

智能安保技术是对涉及安保相关服务和内容的信息化与智能化，其具体内涵是指利用物联网技术进行图像储存和传输、数据的处理和储存等，从而更好地服务于工程影响范围内的财产与人的生命与健康的安全防范与保护。广义的智能安保技术（图 2-21）不但可以用于防火、偷盗等财产、生命的安全防范，也包括应对地震等自然灾害的预警与紧急响应技术。下面以目前最为成熟的建筑安保系统为例介绍智能安保技术系统的构成。

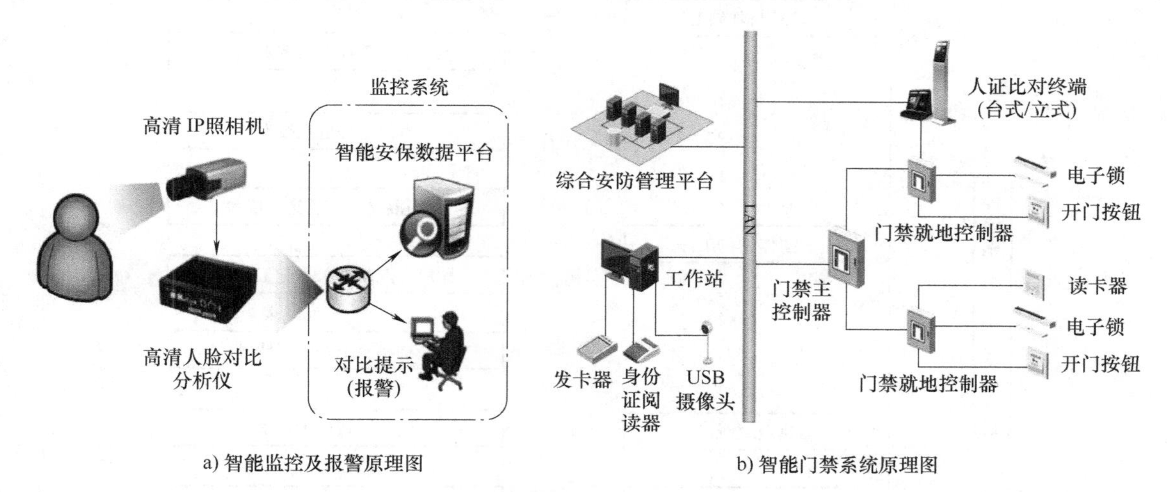

a) 智能监控及报警原理图　　b) 智能门禁系统原理图

图 2-21 智能安保技术

一般来讲，一个完整的建筑安保系统包括门禁、监控和报警三个子系统。门禁系统是利用先进的科学技术，在建筑物出入口通过密码识别、车辆牌照识别感应、磁片识别以及人脸识别、虹膜识别等生物识别技术对过往车辆和人员实行智能记录、拒绝出入、放行等自动化功能。监控系统包括对建筑物内外各重要位置进行图像记录、储存等，它通常与报警系统、门禁系统相联动，可通过人和物的智能化识别进行报警系统信号传输。报警系统是安保系统的关键，它可用于防盗、防火、防煤气泄漏以及防灾与减灾等方面，通过家庭与社区的各类传感器、探测器、监控信息传输、中央处理系统等互联来获取、传输、处理信息，然后发出报警信号，及时防止安全事故的出现。当前建筑智能安保系统的问题主要是系统集成不高，数据挖掘程度不够，降低了智能安保系统本应该有的绩效。

2.3.5 工程系统建造技术

以工业化的方式实现工程系统的智能建造是工程建造的发展方向和终极目标。工程系统建造技术呈现数字化、智能化的特征，但也包括对于先进管理技术的运用。有关数字化建造技术和装配式建造技术将在后续章节进行阐述，本部分主要介绍传统施工工艺技术和穿插施工管理技术。

1. 传统施工工艺技术

传统施工工艺技术在现代工程施工建造过程中，仍然发挥着重要作用。就目前建造技术的发展阶段来看，传统施工工艺技术在未来相当长的一段时间内还很难被取代。传统的施工工艺一般是指在信息技术、自动化技术、人工智能技术浪潮之前，以人工和传统机械工具相结合为主，通过优选施工方法，制定具体的施工步骤、施工次序及要求，确保达到流畅快速、质量保证、效益良好的技术管理办法。工程项目的每个单项工程都涉及施工工艺流程的制定和运用，如土石方工程施工技术、基础工程施工技术、砌筑工程施工技术、钢筋混凝土工程施工技术、预应力混凝土工程施工技术、结构吊装工程施工技术、防水工程施工技术、装饰工程施工技术等，如图 2-22 所示。

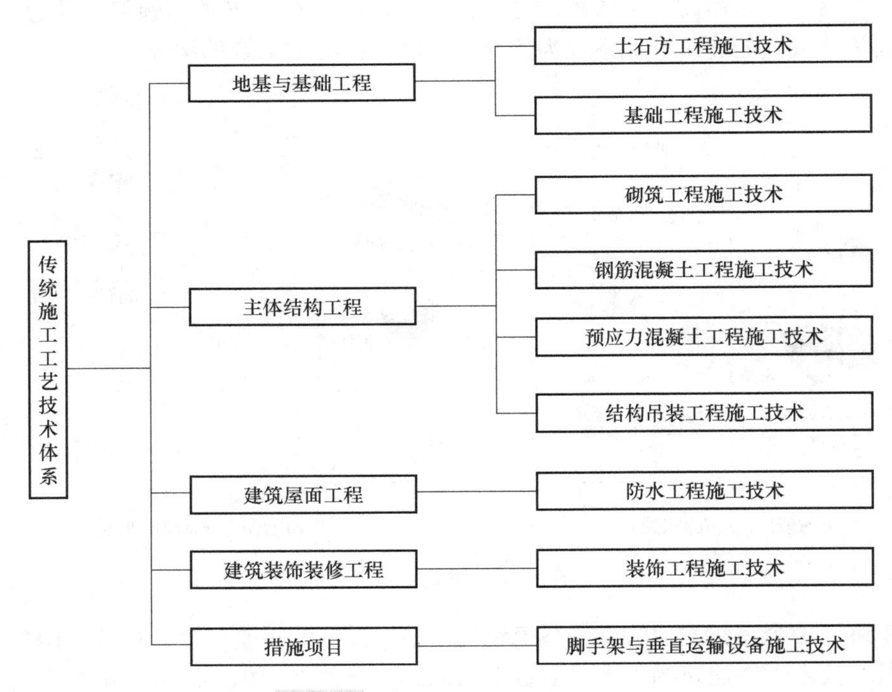

图 2-22 传统施工工艺技术体系

施工工艺标准化对工程项目而言意义重大。在具体的工程项目中选择正确的施工工艺流程可以大幅度提高工程质量，增加项目的经济效益和社会效益，同时避免不合理交叉作业，减少因工艺流程不规范给项目带来的不必要损失。

2. 穿插施工管理技术

穿插施工是一种可合理缩短工期的施工方法，它是指在建设施工过程中，将不同工种及工序进行合理穿插和紧密衔接，在主体施工的同时合理安排后续施工任务，实现主体结构、二次结构、室内装修、外立面装饰的施工流水段划分，确保每个施工段按照合理的工序组织节奏进行流水施工，形成交叉作业。穿插施工的核心是人力资源、材料资源、机械工具的合理调配与优化。这种施工方式利用合理的任务穿插，大大减少了施工过程中不必要的停歇情况，充分利用时间和空间以加快施工进度、降低整体施工成本、避免额外支付，在现代建筑施工过程中应用广泛，对于建筑结构复杂、工期紧张、专业性强、规模较大的工程项目来说尤为必要。

为保证合理的工序安排和穿插施工过程的顺利进行，工程管理人员必须在整个施工全过程中采取具体措施进行监督和纠偏。在施工开始前进行前期规划，设定穿插施工的固定或相对节点，并对前后工序交接验收、成品保护要求等予以书面约定，同时预设相应的组织和技术措施；施工开始后首先实施小规模工序样板先行，完善做法、优化工序；再实施大面积穿插作业过程进行进度、质量和安全的实时管理纠偏，并进行成品和半成品的保护管理。穿插施工流程图如图 2-23 所示。

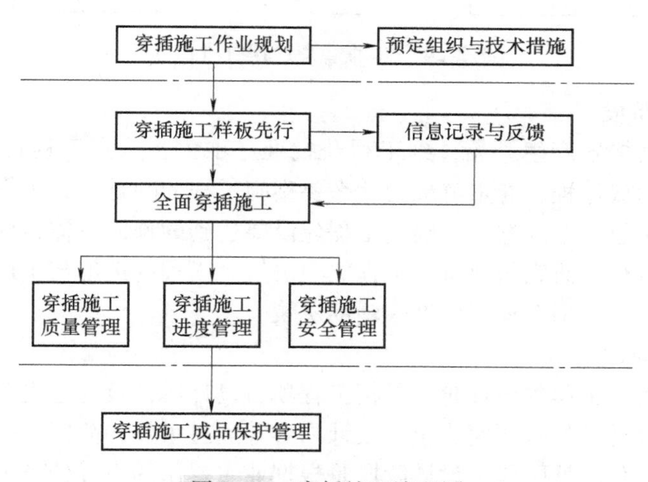

图 2-23 穿插施工流程图

2.4 工程管理的过程控制原理

工程实施的目的是服务于人类的生产和生活，不论是工程的决策、建造还是运营都具有长期性的特点，实现工程系统寿命周期不同阶段的工作目标离不开管理工作，即工程管理。在工程寿命周期过程中，基于系统控制原理应用过程控制方法是实现工程系统目标的保障。所谓工程管理的过程控制（Process Control）是指为确保工程管理的过程中，有关时间、费用、质量等一系列管理目标时刻处于受控状态，采用一系列作业技术和生产过程的分析，实现对各种目标的诊断和监控，并在发生偏离时及时采取有效措施，使系统目标处于可控状态。以下从工程管理过程阶段划分、目标控制和风险控制三个方面说明工程管理的过程控制原理。

2.4.1 工程管理过程阶段划分

任何一项工程都有其寿命，狭义的工程寿命是指某项工程从投入使用到报废拆除所经过的全部时间，也就是工程的使用寿命，是从工程正常运行和发挥功能作用的角度进行定义。而广义的工程寿命，即工程全寿命周期是指某项工程从构思、策划、建设到运行、报废、拆除的全过程。工程管理过程与工程全寿命周期的阶段划分相一致，由于不同阶段的工程管理目标具有关联和存在冲突，因此对工程全过程进行管理具有更大的价值与现实意义。

对于不同类型和规模的工程而言，其工程管理过程的划分虽然不完全一致，但由于工程管理尤其是政府管理是一套程序系统，因此其过程阶段划分具有相似性。如果把工程报废拆除纳入工程寿命周期，大多数工程都可以分为五个阶段，如图2-24所示。

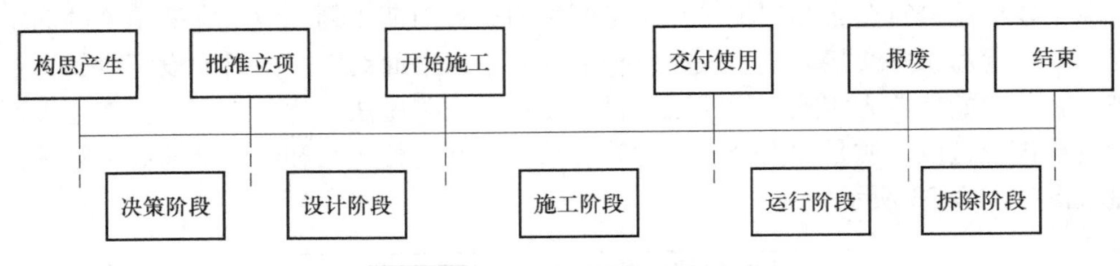

图2-24 工程管理过程阶段划分

1. 工程的决策阶段

决策阶段从工程构思产生开始，到工程获批准立项为止，是工程管理过程的第一个阶段，是工程概念的形成过程，着重解决为什么要实施工程的问题。其工作内容包括工程提出的动机、工程初步构思方案的选择、确定工程建设要达到的预期总体目标、提出工程建设项目建议书、工程的可行性研究与评价、工程立项决策。工程的选址与土地的获取是决策阶段重要的工作。对于复杂大型工程需要勘察辅助决策。

2. 工程的设计阶段

从严格意义上讲，工程的设计阶段是指工程项目设计单位接受建设单位委托签订设计委托合同，直到根据设计委托合同完成全部设计内容并通过审核的阶段。一般认为从批准立项到正式开工对应着工程设计阶段。设计阶段是根据业主提出的设计任务书由工程的功能定义转化为设计图上的构造描述阶段，是在设计图上形成工程形象的阶段。一般来讲服务于设计的勘察工作也被列入此阶段，其工作内容除工程的勘察、设计之外，从业主（建设单位）的角度还包括工程建设管理组织的筹建、工程实施计划编制、工程施工前的各种批准手续、工程招标采购以及工程现场准备等工作。

3. 工程的施工阶段

狭义的工程的施工阶段是指建设单位（或监理单位）完成施工单位的选择工作，按照工程承包合同，发出开工令直到工程竣工验收并交付使用的阶段；广义上来看，建设单位完成施工现场准备，施工单位完成现场进驻，从动土施工到工程竣工、验收交付结束被称为施工阶段。该阶段是将设计图上的构造描述转化为实体部分的阶段。其工作内容包括施工前的准备工作、工程施工过程、竣工验收、工程施工阶段的其他工作。施工阶段的工作内容与业主选择的承包模式密切相关，如果是采用了施工总承包模式的大型复杂工程，施工阶段还包括专业分包的选择等工作内容。

4. 工程的运行阶段

一般来说工程竣工验收之后即交付使用进入运行（运营）阶段，对于存在试运行的工程而言，试运行阶段一般被划为施工阶段。工程从正式运行开始，到使用寿命终结的报废拆除被统称为运行阶段。工程在这一阶段通过运营实现其使用价值。本阶段的工作内容包括运营过程中的维护管理、工程项目的后评价以及工程的扩建、更新改造等工作内容。

5. 工程的拆除阶段

每项工程都有其工程寿命，在工程寿命结束后，工程终止运营并进行报废拆除，这一阶段是工程实体的消灭阶段，此后会进行下一个工程管理过程的实施，进行新的一轮循环。工程拆除阶段需要遵从资源再生与循环利用的原则，同时避免对环境的污染，并制定详细的拆除（爆破）方案，满足工程拆除安全管理的需要。

工程系统过程阶段的划分不是绝对严格的划分，但从国家对基本建设的管理程序上来看决策阶段的立项审批与备案、实施结束后的竣工验收是划分工程过程阶段最关键的两个环节。

2.4.2　工程管理的目标控制

控制是指在实现行为对象总目标的过程中，行为主体按预定的计划实施时会遇到许多干扰并可能会因为局部目标偏离的累积产生总目标的偏离并影响工程实施成败，为此行为主体应通过总目标在进度日程上的分解（计划值），并根据控制周期检查收集到实施状态的信息，将实际值与原计划值做比较，发现偏差并采取措施纠正偏差，从而保证计划正常实施，达到预定总目标的过程。

工程管理目标控制的对象是工程项目目标，不同控制主体，如建设单位、施工单位、监理单位、设计单位等均有各自的控制目标，但其他单位通过与建设单位签订承包或委托合同，均服从于建设单位设定的总目标。任何目标控制主体，在整个目标控制过程中均应按照目标控制的逻辑顺序，设定控制周期并分解总目标形成计划值，然后按照管理标准和工作流程获取工程目标实际实现值（实际值），然后根据比对分析的结果，制定响应对策。工程管理目标控制的任务一般来说是指进度目标控制、质量目标控制、成本（投资）目标控制，也有将职业健康与安全目标纳入目标控制范围之内的。上述四项目标既是工程项目的约束条件，也是工程效益的象征。在工程项目实施过程中，主客观条件的变化是绝对的，不变是相对的，因此在工程项目实施过程中必须随着情况的变化进行目标的动态控制。工程管理的目标控制程序如图 2-25 所示。

1. 准备工作

工程实施的总目标值源自工程项目投资决策立项阶段的费用总估算、工程投入使用时间以及确保工程寿命的质量目标等。以此类推，建设单位在与其他参与单位签订承包或者委托合同时，都会设定有关进度、质量、费用以及职业健康安全等方面的目标，而这个目标值可以理解为工程合同执行的总目标。所以为了有序控制工程实施过程，需要根据总目标分解项目目标，以确定用于目标控制的计划值，计划值可以理解为工程实施里程碑上的一个个子目

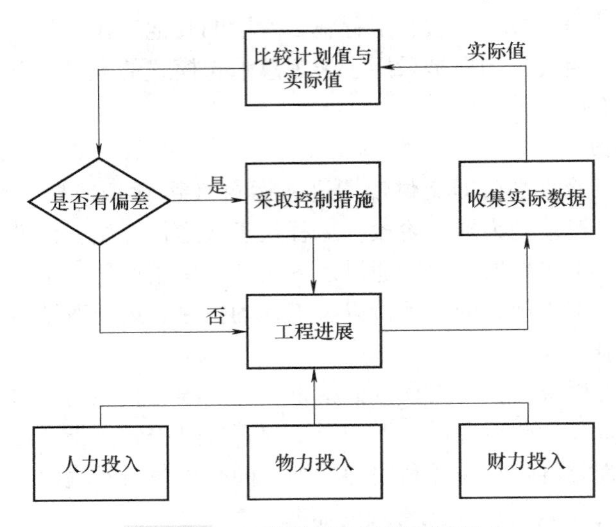

图 2-25　工程管理的目标控制程序

标值。所有子目标值（计划值）的累积实现，便得到项目的总目标成功实现。

2. 收集数据

根据工作计划，投入人力、资金、土地、材料、机械工具等生产要素，工程开始启动后产生工程目标进度数据，并通过数据传输转换渠道呈现给决策者。收集项目目标的实际值可以通过人工来完成，也可以根据数据感知以及图形、图像识别技术判别工程的执行情况。随着信息技术的不断发展，工程现场的实际数据收集越来越精准，这也提升了工程管理的效率和质量。

3. 计划值和实际值的比较分析

获取工程进展的实际值之后，决策者根据计划值和实际值的比对，判别各项计划值的实现程度。计划值与实际值的偏差存在三种情况，首先实际值在偏差允许范围内，则应原封不动在下一个周期继续执行工作计划；其次是实际值与计划值出现负偏离，则需要发掘偏差原因制定改进措施；而第三种情况是实际值与计划值比较出现正向偏差，这种情形也要深入分析原因，形成好的经验和办法值得在后续工作中推广，或者找到正偏差的原因，如是否由于原来的目标值分解存在问题。

4. 采取控制措施

当发现工程偏差影响目标实现或者（累积）偏离计划值在允许范围之外时，需要制定相应的措施，在下一个周期实施过程中纠正偏差。纠偏的措施可以是加大资源投入水平、更换管理人员、调整工作方法、使用新技术等。一般情况下，工程管理目标控制的纠偏措施主要包括组织措施、管理措施、经济措施和技术措施等。组织措施相对于其他措施而言一般不需要增加资金投入，是通过组织结构调整、流程优化、分工调整实现纠偏的目的。

当上述一个控制周期执行结束，一个新的控制周期马上开始，周而复始。

2.4.3　工程风险管理

风险指的是损失的不确定性，由风险发生的损失和风险发生的可能性来决定风险量的大小。对于工程管理而言，风险是指可能出现的影响项目目标实现的不确定性因素。因此应充分识别风险、评价风险大小、制定响应风险预案和做好风险监控工作。上述四个步骤，构成了风险管理的核心工作内容，其中风险的识别、评价和响应属于事前管理，而风险监控属于过程管理。根据不同的分类准则，风险可以分为不同的类型。例如，按照风险发生的阶段，可以分为决策阶段风险、实施阶段风险和运维阶段风险等；按照风险损失的承担主体，可以分为业主风险、设计单位风险、施工单位风险、供货单位风险等；按照风险产生的原因，可以分为组织风险、经济与管理风险、工程环境风险和技术风险（图 2-26）等。对于风险的管理与控制，应该根据不同的管理需要进行多角度分类划分，判别风险产生原因、风险责任以及风险承担主体和制定风险应对措施。

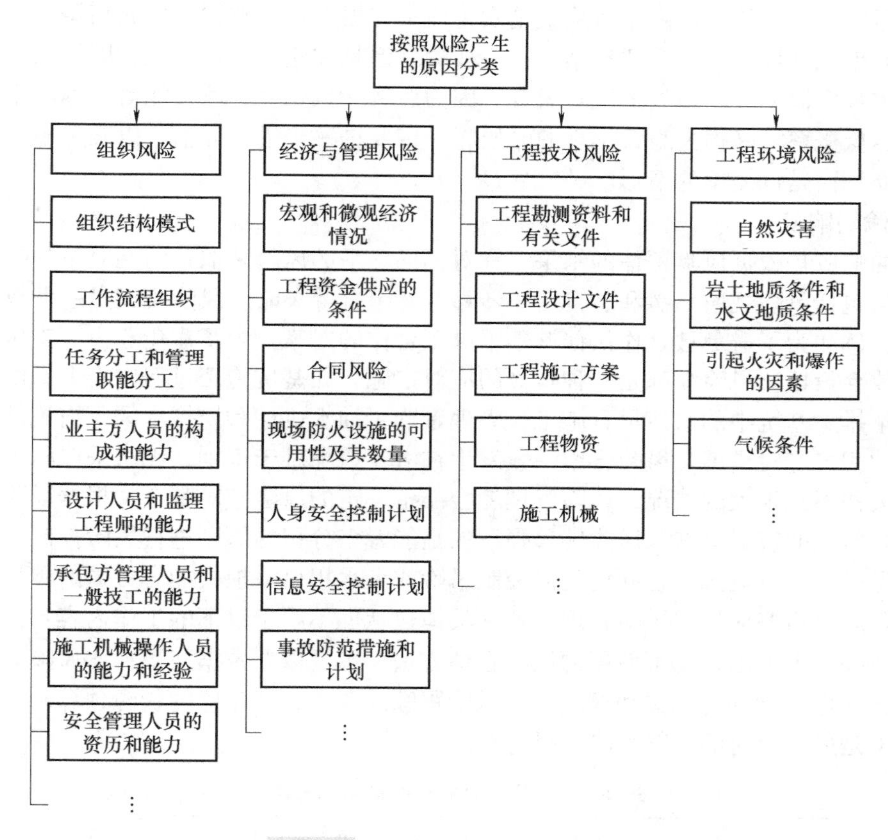

图 2-26 工程项目常见风险类型

1. 风险的识别

风险管理的第一步是风险识别，其目的是识别项目实施过程存在哪些风险，这也是后续风险管理的基础。风险识别的基本步骤包括：①收集与工程风险有关的信息；②确定风险因素；③编制工程风险识别报告。

风险识别的方法有很多种，核心注意事项是在风险识别的时候不要进行风险潜在评估，而应将所有可能发生的风险平等对待，以避免发生风险遗漏；其次，风险的识别要广开言路，吸引更多的人加入，并且按照风险分类原则进行识别，比如识别决策阶段的风险就专注决策阶段可能发生的任何风险，识别组织风险就专注组织风险。当用不同的分类原则分别识别完可能的风险之后，可以进行交叉检验，观察不同分类原则下的风险识别结果的异同。理论上最底层的风险要素可能属于不同的分类原则下的风险。

2. 风险的评估

风险评估是进行风险发生的可能性和损失后果的评估。工程风险评估包括以下工作：①利用已有数据资料（主要是类似工程有关风险的历史资料）和相关专业方法分析各种风险因素发生的概率；②分析各种风险的损失量，包括可能发生的人员伤亡、财产损失、工期损失，以及对工程的质量、功能和使用效果等方面的影响等；③根据各种风险发生的概率和损失量，确定各种风险的风险量和风险等级。

风险的评估与评估者的知识能力和掌握的信息充分程度密切相关，因此风险评估应该尽可能收集尽可能多的信息。由于风险量是发生概率和损失量的乘积，因此高概率与低损失的组合同低概率与高损失的组合评价结果是一样的。但是在应对两种等级相同的风险时，管理者更应该重视低概率与高损失的风险组合。因为后者一旦发生，就可能对工程产生致命的影响，而且当低概率与高损失组合出现的时候，一定要进一步进行评估，以确定不是因为信息掌握得不充分而是低概率的情形。

3. 风险的响应

风险的响应是根据风险评估的结果，针对不同水平的风险采取预防性对策的过程。常用的风险对策包括风险规避、缓和、自留、转移及其组合等策略。风险规避是一种较为极端的避险措施，例如为了避免被合作伙伴欺骗采取不合作的对策，为了避免业主不支付工程款的风险，而放弃投标。风险缓和是一种积极的应对措施，如基坑施工过程中赶上暴雨，为了暴雨过后尽早排除基坑中的水而早日施工，管理者购买抽水机械和挖排水渠等措施都属于减轻工期损失的积极应对措施。风险自留一般发生在潜在风险难于识别，无法采取积极的应对措施而且损失并不是很大的情况，风险管理者会准备一定的风险应对基金，根据风险发生的实际情况采取紧急的应对措施。风险转移强调的是能者多分担的原则进行风险控制，例如向保险公司投保、签订专业分包合同均是向控制风险或者承担风险损失能力更强的单位合理转移风险。风险应对策略应形成风险管理计划，具体包括但不限于以下的工作内容：①风险管理目标；②风险管理范围；③可使用的风险管理方法、工具以及数据来源；④风险分类和风险排序要求；⑤风险管理的职责和权限；⑥风险跟踪的要求；⑦相应的资源预算。

表 2-1 是风险应对的一般策略选择比较。

表 2-1 风险应对的一般策略选择比较

风险发生概率	风险损失量		
	低	中	高
低	风险自留	风险自留 风险转移	风险转移
中	风险自留 风险缓和	风险转移 风险缓和	风险转移 风险规避
高	风险缓和	风险缓和 风险规避	风险规避

4. 风险的控制

在工程实施的进展过程中应收集和分析与风险相关的各种信息，预测可能发生的风险并在新的目标控制周期，适时监控，发现问题要及时预警，对于已经发生的风险要及时采取应对措施，减小风险损失，同时向有关部门和人员报告，尽快选择或制定风险相应措施，控制风险损失量在可以承受或者允许的范围内。

对应上述风险管理的四个环节，风险管理的工作流程如图 2-27 所示。

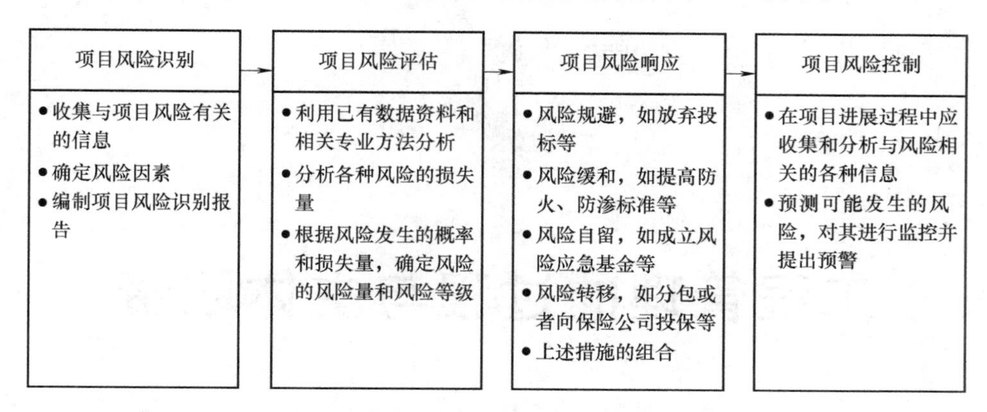

图 2-27　风险管理的工作流程

复　习　题

1. 简述工程系统、工程环境系统、工程技术系统在工程全寿命周期中的关联关系。

2. 以一个实际的工程项目为调查对象，了解该项目的输入和输出成分，并分析这些成分对于工程项目全寿命周期的作用及对社会的影响。

3. 案例分析：调查研究工程项目实际案例中，工程系统方法论如最优化理论的应用情况。

4. 工程材料是指什么？按照种类可划分成哪些材料？

5. 工程系统智能技术主要包括哪些？

6. 穿插施工技术是什么？它与传统作业相比有哪些优点？

7. 简述工程管理过程阶段划分与各阶段工作内容，并做图说明。

8. 简述工程管理目标控制的工作原理。

9. 风险管理的工作流程是什么？

10. 简述工程项目中常见的风险类型。

第3章

工程管理的过程与主体职责

3.1 工程决策

3.1.1 工程决策的概念

工程决策是指工程决策主体针对拟建工程项目所要完成的工程任务和需要解决的工程问题进行总体部署，对工程活动的方向、程序、途径和措施等进行比较、分析和判断，最终选择满意的建设方案的过程。工程决策的正确与否直接影响着整个工程活动及其结果的成败。

工程决策一般包括两个层面的内容：①工程建设的总体战略部署。决策主体综合考虑内部与外部条件，评估拟建工程的可行性，重点在于工程总体布局的合理性、协调性与经济性。②选择具体的实施方案。决策主体对多个可能的实施方案进行综合评价与比较分析，从中选择最满意的方案。工程的总体战略部署和具体实施方案选择是紧密相关的，前者指导后者进行，后者不断修改，补充前者。

3.1.2 工程决策的一般过程

工程决策的过程是不同的社会角色的决策主体致力于在工程建设方案中表达自己的利益、共同协商满足工程决策特性的过程。他们通过提供或撤销工程建设所需要的资源、为现有的技术提供创新方向等方式对工程方案的设计和选择施加影响，使工程建设符合自己的角色利益。对一般工程建设而言，工程决策主要包含三个步骤：针对问题确定工程建设目标、处理信息并拟定多种备选方案以及方案的评估与选择。工程决策的基本程序如图3-1所示。

1. 确定工程项目目标

针对所面临的问题，分析问题的性质、特征、范围、背景、条件及原因等，确定工程要实现的目标，即确定要建造什么工程，并做出战略部署。工程决策中至少要确立如下目标：

1）功能目标：项目建成后所达到的总体功能。

2）技术目标：对工程总体的技术标准的要求。

3）经济目标：工程建设要实现的经济效益。

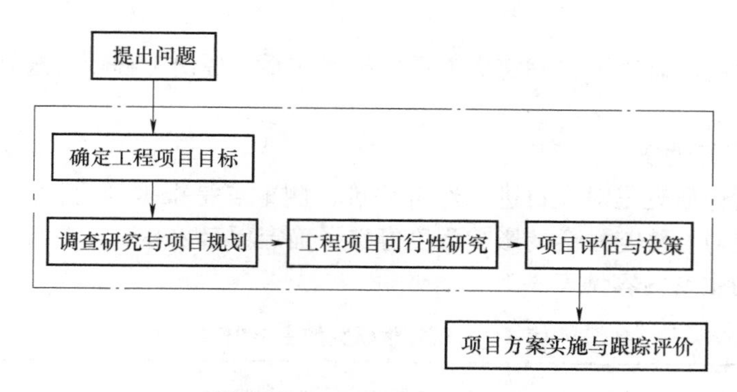

图 3-1 工程决策的基本程序

4）社会目标：对国家或地区发展的影响等。

5）生态目标：环境目标、对污染的治理程度等。

例如，某地区拟修建一条高速公路，该工程的目标系统如图 3-2 所示。

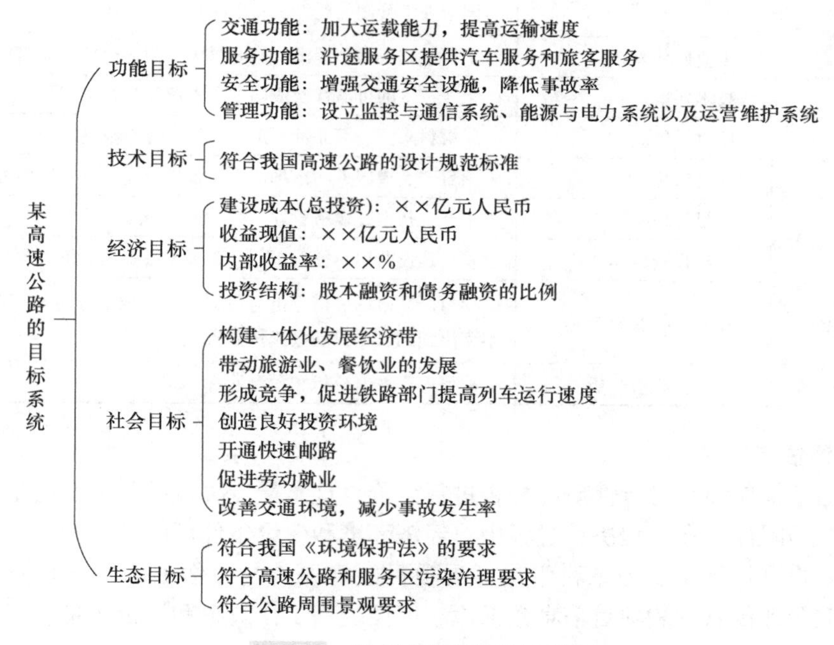

图 3-2 某高速公路的目标系统

2. 调查研究与项目规划

调查研究与项目规划就是系统收集、整理和分析有关工程项目决策方面的信息，帮助决策人员了解投资环境、把握投资机遇、识别投资项目的制约因素和制约条件、制订项目规划方案，为工程项目决策提供依据。调查内容包括：

1）投资环境因素调查，即调查投资的政治法律环境、社会文化环境、科学技术环境、宏观经济环境、行业或地区竞争环境等因素。

2）投资产品需求调查，包括产品调查和需求调查等。

3）投资决策因素调查，即调查投资形式、投资时机、投资规模、投资地点选择等因素。

在上述调查研究的基础上，确定决策评价指标体系，提出工程项目规划方案，包括产品方案和建设规模等。

3. 工程项目可行性研究

工程项目可行性研究是对项目进行经济评价，侧重点是根据项目性质、目标、投资者、财务主体以及项目对经济与社会的影响程度等选择确定项目方案。

可行性研究的主要内容见表3-1。

表3-1　可行性研究的主要内容

外部投资环境	政策性环境	国家法律制度、税收政策 项目对环境的影响和环境保护立法 项目的生产经营许可证或其他政府政策限制 项目获得政治风险保险的可能性
	金融性环境	通货膨胀因素、汇率、利率 国家外汇管制的程度、货币风险及可兑换性
	工业性环境	项目基础设施、能源、水电供应、交通运输、通信等
项目生产要素	技术要素	生产技术的可靠性及成熟度、资源储量及可靠性
	原材料供应	原材料来源、可靠性、进口关税和外汇限制
	项目市场	项目产品或服务的市场需求、价格、竞争性、国内外市场分析
	项目管理	生产、技术、设备管理、劳动力分析
投资收益分析	项目投资成本	项目建设费用、征购土地、购买设备费用、不可预见费用
	经营性收益分析	项目产品市场价格分析与预测、生产成本分析与预测、经营性资本支出预测、项目现金流量分析
	资本性收益分析	项目资产增值分析和预测

4. 项目评估与决策

项目评估就是对项目可行性研究报告进行评价，这是最后决策的关键。由于可行性研究报告难免存在局限性，在工程决策过程中，经济环境和建设条件可能发生变化，因此需要对可行性研究报告进行评价。为了科学地开展项目经济评价与评估工作，应充分利用信息技术，开发和完善评价软件和项目信息数据库，以便提高工作效率和评价质量。

3.1.3 工程决策的管理职能

工程决策的主要参与主体有项目投资人、建设单位、咨询公司和政府主管部门，各参与主体及管理职责见表3-2。

表3-2　工程决策的参与主体及管理职责

参与主体	管理职责
项目投资人	发起项目并提供资金 对工程项目范围的界定予以审核批准 批准项目的策划、规划、计划等关键文件，对需要其决策的问题做出反应

（续）

参与主体	管理职责
建设单位	围绕项目策划、项目可行性研究、项目核准、项目备案、资金申请及相关报批工作开展项目的管理工作
咨询公司	项目策划；编制项目建议书；编制可行性研究报告；编制项目评估报告；协助办理项目审批相关工作
政府主管部门	审批项目建议书和可行性研究报告

1. 项目投资人

项目投资人既可以是单一的投资主体，也可以是各投资主体按照一定的法律关系组成的法人形式。为实现投资目标，项目投资人运用所有者的权力组织或委托有关单位对建设项目进行筹划和实施计划、组织、指挥、协调等工作。项目投资人可以同时是建设单位。

2. 建设单位

建设单位在工程项目决策阶段的主要工作任务是围绕项目策划、项目建议书、项目可行性研究报告等进行项目备案、资金申请、相关的报批工作及项目管理工作，主要包括：①初步确定投资方向和内容；②选择适当的咨询机构；③组织评审工程项目建议书和可行性研究报告，并与投资者和贷款方进行沟通，落实项目建设条件；④根据项目建设规模、内容和国家有关规定对项目进行决策或报请有关部门批准。

3. 咨询单位

咨询单位在这一阶段的主要任务是根据业主的委托，当好业主的参谋，为业主提供科学决策的依据，主要职责包括以下方面：①对项目拟建地区或企业所在地区及项目所属行业情况进行调查分析，对相关产品的市场情况进行研究，在此基础上，根据国家宏观调控政策与规划，就地区发展规划、企业发展战略、行业发展规划等方面提出咨询意见，并与委托方进行交流与沟通，取得共识，完成项目策划书；②对项目的建设内容、建设规模、产品方案、工程方案、技术方案、建设地点、厂区布置、污染处理方案等进行分析，编制项目建议书；③在项目相关方案研究的基础上，根据相关要求，完成项目的融资方案分析、投资估算，以及财务、风险、社会及国民经济等方面的评价，对项目整体或某个单项提出咨询意见，完成可行性研究报告，交付委托方；④按委托方及有关项目审批方的要求，对项目的可行性研究报告进行评估论证，完成评估报告，交付给委托方；⑤根据委托，协助完成项目的有关报批工作。

4. 政府主管部门

政府主管部门在工程项目决策阶段采用法律和行政手段对项目的规模布局、内容等进行引导与调控，以保证国家经济健康有序发展。主管部门对项目决策阶段的监督管理主要是对项目建议书和可行性研究报告的审批工作。根据我国现行的规定，工程项目的性质不同，则项目建议书的审批程序也不同。例如对于基本建设项目，其项目建议书的审批与项目规模有关：对于大中型项目，由国家发改委审批；对于投资额在 2 亿元以上的重大项目，由国家发改委审核后报国务院审批；对于小型项目按隶属关系，由主管部门或省、自治区、直辖市的发改委审批；对于由地方投资建设的学校、医院及其他文教卫生事业的大中型项目，其项目建议书由省、自治区、直辖市和计划单列市发改委审批，并报国家发改委备案。工程项目的规模不同，可行性研究报告的审批程序也不同。对于大中型项目，其可行性研究报告由各主管部门，各省、市、自治区或各全国性专业公司负责预审，报国家发改委审批或由国家发改委委托有关单位审批；对于重大和特殊项目，其可行性研究报告由国家发改委会同有关部门预审，报国务院审批；对于小型项目的可行性研究报告，则按隶属关系由各主管部，各省、市、自治区或全国性专业公司审批。

3.2 工程投资与融资

3.2.1 工程投资与工程投资管理的概念

工程项目投资的概念有广义和狭义之分。广义的工程项目投资是指投资者在一定时期内新建、扩建、改建、迁建或恢复某个工程项目所做的一种投资活动，从这个意义上讲，工程项目建设过程就是工程投资活动的完成过程，工程项目管理过程就是工程投资管理过程。狭义的工程投资就是指进行工程项目建设花费的费用，即工程项目投资额。

工程项目的总投资，一般是指工程建设过程中所支出的各项费用之和，是建设项目按照确定的建设内容、建设规模、建设标准、功能要求和使用要求全部建成并验收合格至交付使用所需的全部费用。生产性建设工程总投资包括建设投资、建设期利息、固定资产投资方向调节税（目前已暂停征收）和流动资产投资，非生产性建设工程总投资只包括建设投资，不包括流动资产投资。建设投资由工程费用（包括设备及工器具购置费和建筑安装工程费）、工程建设其他费用、预备费（基本预备费和涨价预备费）组成，如图 3-3 所示。

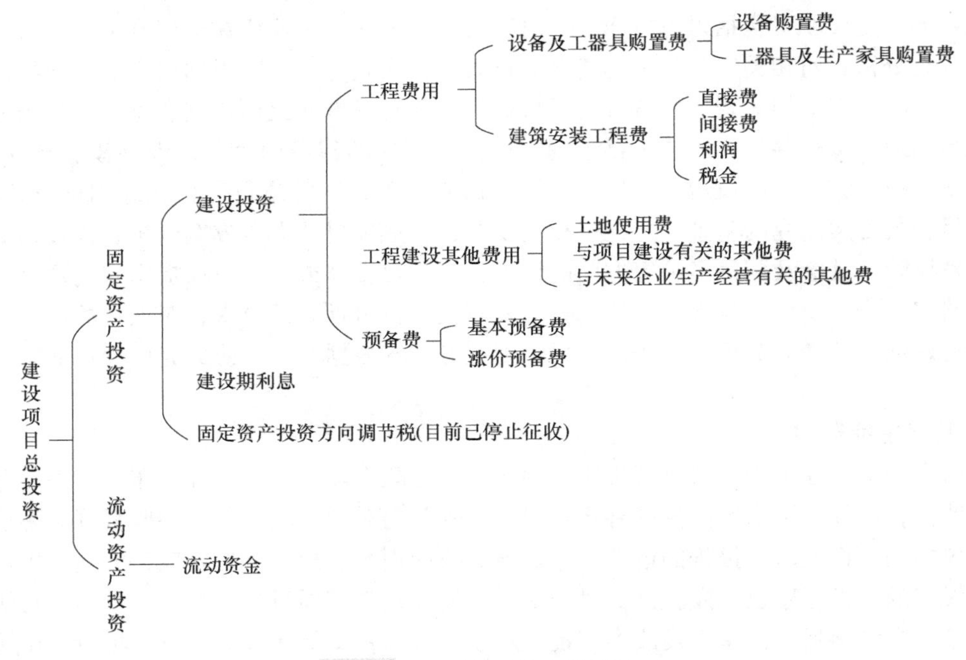

图 3-3　建设项目总投资的构成

设备及工器具购置费是指按照建设项目设计文件要求，建设单位（或其委托单位）购置或自制达到固定资产标准的设备和新扩建项目配置的首套工器具及生产家具所需的费用。

建筑安装工程费是指建设单位支付给从事建筑安装工程施工单位的全部生产费用，包括用于建筑物的建造及有关的准备、清理等工作的费用，以及需要安装的设备安置和装配工程费用。工程建设其他费用是指未纳入以上两项的、由项目投资支付的、为保证工程建设顺利完成和交付使用后能够正常发挥效用而发生的各项费用的总和。建设期利息是指项目建设投资中债务融资部分在建设期内应计的贷款利息。

流动资产投资是指生产经营项目投产后，为了购买原材料、燃料、支付工资及其他经营费用所需的周转资金。

从本质上说，工程项目投资管理的最终目标就是实现项目预期的投资效益，增加价值。因此，投资管理就是为了获得投资的最大收益而对投资活动进行决策、计划、组织、实施和控制的过程。

3.2.2　工程投资管理的基本内容

工程项目投资贯穿于工程项目整个建设过程，通过项目建议书或可行性研究形成投资估算，通过初步设计形成投资概算，通过施工图设计形成投资预算，通过施工招标投标形成合同价，通过工程项目施工过程形成工程结算，通过竣工验收形成竣工决算，如图 3-4 所示。

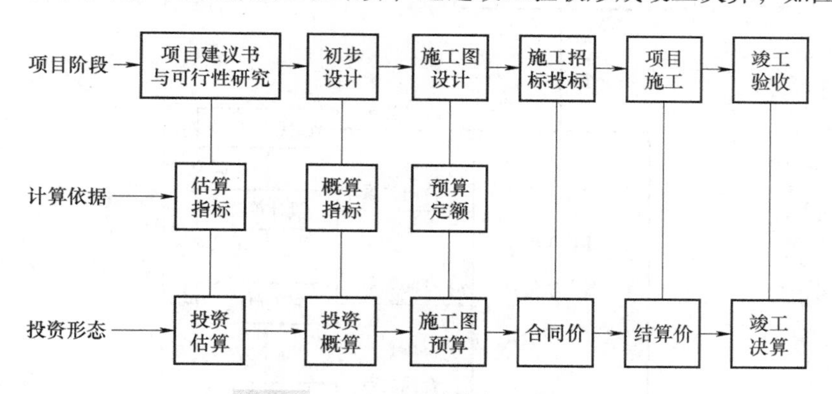

图 3-4　工程项目投资的形成过程

工程建设项目投资管理贯穿于项目从决策阶段到项目竣工验收阶段的全过程，其主要工作如下：

1）在项目建议书阶段与可行性研究阶段，按照规定的投资估算指标、工程造价资料及其他有关参数编制投资估算。投资估算是判断项目可行性和进行项目决策的重要依据之一，也是编制初步设计和概算的投资控制目标。

2）在初步设计阶段，根据相关概算定额或指标编制建设项目总概算。经相关部门批准的总概算是控制拟建项目投资的最高限额。

3）在施工图设计阶段，根据施工图确定的工程量，套用相关预算定额单价、取费率和利税率等编制施工图预算。

4）在施工招标投标阶段，以经济合同形式确定建筑安装工程投资，并作为合同价。

5）在项目施工阶段，按照承包方实际完成的工程量，以合同价为基础，同时考虑因物价上涨及其他因素引起的投资变化，合理确定结算价。

6）在竣工验收阶段，对从筹建到竣工投产全过程的全部实际支出费用进行汇总，编制竣工决算。

工程项目投资的有效控制就是在项目建议书与可行性研究阶段、设计阶段、施工招标投标阶段和项目施工阶段，把工程项目投资额控制在批准的限额以内，并随时纠正发生的偏差，以保证项目投资管理目标实现。工程项目投资的有效控制应遵循以下原则：

1）以设计阶段为重点进行建设全过程投资控制。

2）围绕投资决策目标，对项目各阶段的投资进行主动控制。

3）正确处理技术先进与经济合理之间的对立统一关系。

4）投资、进度和质量三大目标要合理平衡。

3.2.3 工程投资管理的职能

工程投资的主要参与主体以建设单位为主，政府主管部门、造价咨询单位、设计单位、施工单位等共同参与，各参与主体之间的关系如图3-5所示。

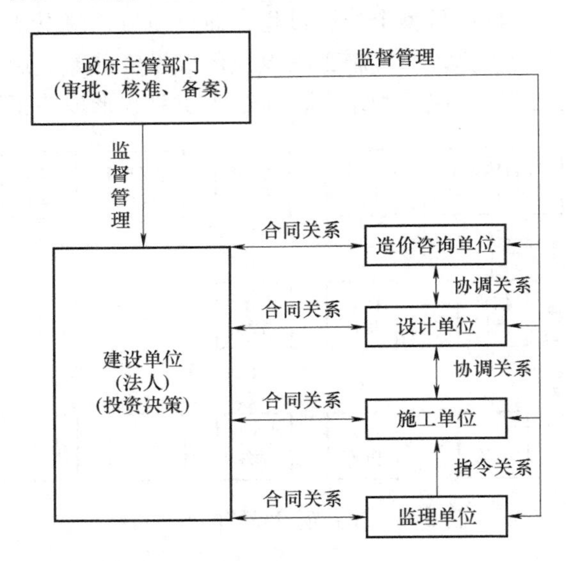

图3-5 工程投资各参与主体之间的关系

工程投资参与主体及其主要管理职责见表3-3。

表3-3 工程投资参与主体及其主要管理职责

参与主体	管理职责
建设单位	编制项目建议书，选择合适的咨询造价单位、设计单位、施工单位和监理单位，与政府主管部门进行对接，对项目进行宏观控制与管理
造价咨询单位	编制可行性研究报告，编制招标投标文件，对项目进行投资估算、概算、决算，为项目的投资提供可靠依据
设计单位	编制初步设计、技术设计和施工图设计，编制设计文件和概预算文件作为项目投资的参考
施工单位	承担工程施工任务，并对施工阶段的项目投资进行合适控制
监理单位	对全过程的项目投资进行监督
政府主管部门	对项目的可行性研究报告、项目规划方案、设计方案和施工方案进行审核和批准，并批准办理用地规划许可证、建设工程规划许可证、施工许可证

1. 建设单位

建设单位在项目的前期策划和实施过程中做战略决策和宏观控制工作，对整个工程的投资规模和理念起到决定性作用，其根本任务是保证建设工程项目整体目标的实现。在项目前期策划阶段，建设单位要根据工程特点和技术要求，编制出项目建议书和项目任务书，按规定选择相应资质等级的咨询造价单位、设计单位和监理单位，并且将可行性研究报告和项目规划方案交给政府审核；在工程设计、施工阶段，建设单位要通过招标选择合适的施工单位，将设计方案和施工方案报审给政府主管部门并办理用地规划许可证、建设工程规划许可证和施工许可证；此外，建设单位还应安排相应的专业人员参与到项目建设的设计和施工之中，以保证整个工程项目不出现对项目总投资有较大影响的情况；待工程项目竣工后，建设单位应及时组织设计、施工、工程监理单位进行施工验收，完成最后的投资结算。

2. 造价咨询单位

造价咨询单位的主要任务是编制可行性研究报告、对工程项目进行投资估算、通过计算工程造价对设计施工过程中发生的投资进行控制。在项目的筹备阶段，造价咨询单位需要对项目的市场需求状况、建设条件、工艺技术设备、投资、经济效益、环境影响及投资风险进行技术经济论证，选择、推荐优化项目方案，并进行项目的投资估算，最终编制成为可行性研究报告。项目可行性研究报告是项目投资决策的最终依据，其质量的高低直接关系到项目投资的成败；在招标投标阶段，造价咨询单位要负责招标标底、投标报价和工程量清单的编制和审核，在工程项目管理中，除了单一来源设备和材料的采购、工程变更和现场签证以外，招标投标几乎囊括了全部的工程项目投资，因此造价咨询单位在这一阶段的工作十分重要，必须予以足够的重视；而在设计、施工阶段，造价咨询单位则需要配合建设单位负责建设工程项目投资概算、预算、结算及竣工决算报告的编制和审核。

3. 设计单位

设计单位在可行性研究报告经批准后，依照批准的可行性研究报告的要求进行方案设计和编制项目概算。设计单位要对项目进行详细的考察、研究、论证，依据工程勘察结果，以可研报告批复的投资估算为控制目标，对工程项目进行设计，通过方案比选、设计优化，确定最终的设计方案和工程概算。设计水平高低和质量好坏是影响工程项目投资的关键，而设计阶段的投资概算对整个工程项目投资控制管理起着十分重要的作用，因此要求设计单位既要在满足设计任务书基础上当好业主参谋，又应该控制好工程造价，处理好设计投资和施工投资的关系。

4. 施工单位

施工单位主要包含总承包商、专业承包商和分包商，其中总承包商负责协调项目任务的分工协作，协同专业承包商和分包商按照各自分工完成项目投资任务。施工单位负责根据施工图设计和与工程配套的设计，将工程蓝图变成建筑实体。与此同时，施工单位还应该以施工图预算或建安工程承包合同价为目标，控制好施工过程中的建安工程造价。最后在工程竣工结算阶段，发包方与承包方需要核算实际完成工程量，确认竣工结算文件，并以此作为最终的工程决算价，竣工结算文件也是核定新增固定资产的重要依据。

5. 监理单位

监理单位在工程投资过程中起到的作用是对全过程的工程投资、造价进行严格把控。监理单位要对工程项目的招标、设计、施工过程进行监督，除了对项目实施过程中工程成本、质量、工期进行监督管理之外，还应该对设计和施工方案进行评价，通过技术经济指标的计算、比较与分析，选取最合理的方案，促使设计单位和施工单位采用先进的技术，以达到控制项目总投资、尽可能减少造价的目的。

6. 政府主管部门

政府主管部门在工程投资过程中负责工程项目的审批、核准和备案工作。在工程决策阶段，政府主管部门要对建设单位提交的可行性研究报告及规划方案进行审批报备并对工程项目进行评估；在设计阶段，政府主管部门要对设计方案进行审批，提出修改意见，并为建设单位办理用地规划许可证；在施工阶段，政府主管部门要对施工图设计进行审核，协助建设单位完成施工招标，并为施工单位办理施工许可证；此外，对于政府投资项目，政府主管部门在整个工程项目实施管理过程中还应起到监督管理的作用，要对工程项目的概算、预算、估算、决算进行审核。

建设工程投资管理关乎建设工程能否顺利施工，所获经济效益能否最大化等，对建设工程投资来说至关重要，高质量的投资管理可以促进建设工程顺利发展，低水平的投资管理徒增资金消耗，不利于建设工程正常发展，因此，做好投资管理工作对于建设工程来说有着非常重要的意义。

3.2.4 工程项目融资的概念

1）美国银行家皮特·内维特（Peter K. Nevitt）在其出版的《项目融资》（第 6 版）中将项目融资定义为：“在向一个经济实体提供贷款时，贷款方查看该经济实体的现金流和收益，将其视为偿还债务的资金来源，并将该经济实体的资产视为这笔贷款的担保物。”

2）《美国财会标准手册》（1999）将项目融资定义为：“是对需要大规模资金的项目采取的金融活动。借款人以项目本身拥有的资金及其收益作为还款来源，并将项目资产作为抵押条件处理。该项目的主体信用能力通常不被作为重要因素来考虑。因为项目主体要么是不具备其他资产的企业，要么对项目主体的所有者（母体企业）不能直接追究责任，两者必居其一。”

3）国家计委与国家外汇管理局共同发布的《境外进行项目融资管理暂行办法》（计外资〔1997〕612 号）中对项目融资的定义是：项目融资是指以境内建设项目的名义在境外筹措外汇资金，并仅以项目自身预期收入和资产对外承担债务偿还责任的融资方式。它应具有以下性质：①债权人对建设项目以外的资产和收入没有追索权；②境内机构不以建设项目以外的资产、权益和收入进行抵押、质押或偿债；③境内机构不提供任何形式的融资担保。

4）由我国著名学者胡代光、高鸿业主编的《西方经济学大词典》中，对项目融资的定义是：为耗资巨大的大型工程项目在国际上融资的重要途径，贷款者所看重的是项目的资产及未来收益在清偿债务上的能力；这种融资手段有别于传统的资金融通，其特点主要是项目为独立法人，资本的绝大部分靠贷款，风险大，需要第三方担保，但风险可通过多种途径转移，融资的发起者所负担的风险有限，其本身的资产负债状况所受影响较小。

尽管项目融资诸定义不同，但都包含了两个基本内容：

1）项目融资是以项目为主体安排的融资。

2）项目融资中的贷款偿还来源于项目本身，即融资项目能否获得贷款取决于项目未来可用于还贷的净现金流量和项目资产价值。

3.2.5　工程项目融资的主要内容

工程项目融资主要包含以下五个阶段的工作，如图 3-6 所示。

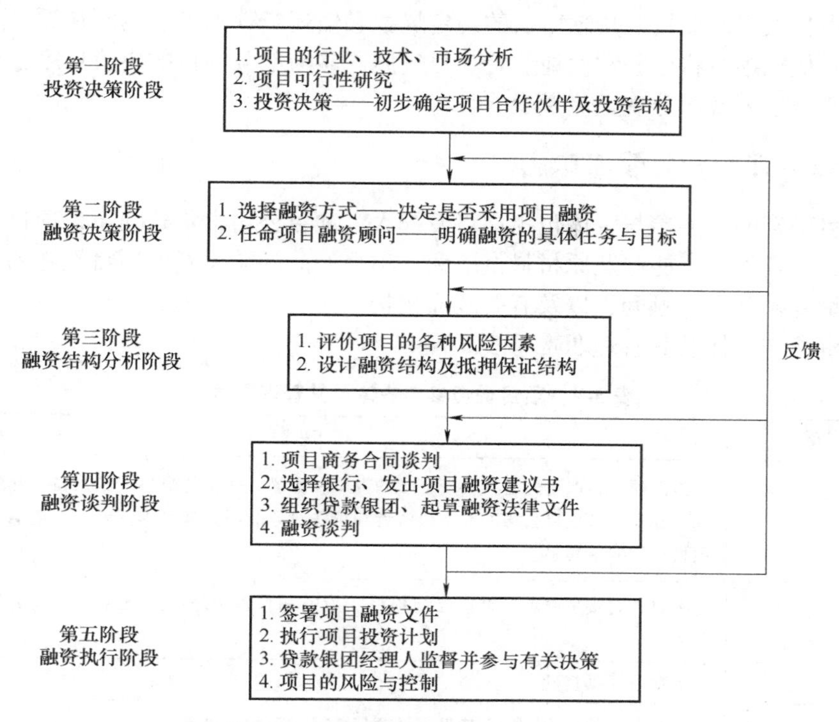

图 3-6　工程项目融资的阶段与主要内容

1. 第一阶段：投资决策阶段

任何投资项目一旦做出投资决策，就要确定项目的投资结构，要考虑的因素包括项目的产权形式、产品的分配形式、决策程序、债务责任、现金流量控制、税务结构和会计处理等内容。

2. 第二阶段：融资决策阶段

项目决策者是否采用项目融资方式，取决于投资者对债务责任分担的要求形式、贷款额要求、时间要求、融资费用要求，以及诸如债务会计处理等方面要求的综合评价。如果选择项目融资方式，投资者就要选择和任命融资顾问，设计、分析和比较项目融资结构。

3. 第三阶段：融资结构分析阶段

设计项目融资结构的一个重要步骤是对项目风险的分析和评估。项目融资信用结构的基础是由项目经济强度及有关利益主体与项目的契约关系和信用保证所构成的。要求项目融资顾问和项目投资者一起对与项目有关的风险因素进行全面分析和判断，确定项目的债务承受能力和风险，设计切实可行的融资方案。

4. 第四阶段：融资谈判阶段

在初步确定了项目融资方案后，融资顾问将有选择地向商业银行或其他一些金融机构发出参加项目融资的建议书（Information Memorandum），组织贷款银团，起草项目融资有关文件。这一阶段经过多次反复谈判，不仅会对有关工作文件做出修改，也会涉及融资结构或资金来源的调整，甚至会修改项目投资结构及相应的文件，以满足贷款银团的要求。

5. 第五阶段：融资执行阶段

在正式签署项目融资法律文件后，项目融资进入执行阶段。传统融资方式一旦进入贷款执行阶段，借款人只需要按照贷款协议的规定提款和偿还贷款本息。然而在项目融资中，贷款银团通过其代理银行将会经常性地监督项目进展，参与部分项目的决策程序，管理和控制项目的贷款资金投入及部分现金流量变化。

3.2.6 工程项目融资的管理职能

工程项目融资的主要参与主体包括项目发起人，项目公司，贷款银行，项目建设承包商或工程公司，项目设备、能源及原材料供应商，项目产品的购买者或项目设施的使用者，保险公司，咨询专家和融资顾问，以及有关政府机构。

项目融资参与主体及其管理职责见表3-4。

表3-4 项目融资参与主体及其管理职责

参与主体	管理职责
项目发起人	提出项目，取得经营项目所必要的许可和协议，并将各当事人联系在一起的实际投资者和主办方；是项目公司的股本投资者和特殊债务的提供者和担保者，从组织上负责监督该项目计划的落实
项目公司	项目的直接主办者，直接参与项目的投资和管理，是承担项目风险和债务责任的法律实体
贷款银行	为项目提供贷款
项目建设承包商或工程公司	负责项目的具体设计和建设，是项目建设成败的关键因素，其技术水平和声誉是能否取得贷款的必要因素
项目设备、能源及原材料供应商	为项目长期提供能源、原材料，为项目融资提供便利条件；在保证项目建设按期竣工和正常运营方面有着重要作用
项目产品的购买者或项目设施的使用者	项目未来收入与收益的提供者，通过与项目公司签订长期购买合同来保证项目产品市场和未来现金流量的稳定性
保险公司	为项目未来面临的风险投保，减少可能发生的损失
咨询专家和融资顾问	通过对融资方案的设计、分析和比较，最终设计一个能最大限度保护投资者利益并且能被贷款银行所接受的融资方案
政府机构	宏观上，为项目建设提供良好的投资环境；微观上，批准特许经营权及相关工作

1. 项目发起人

项目发起人也称项目的实际投资者。通过组织项目融资获得资金，通过项目的投资、经营活动，获得项目投资利润和其他利益。在有限追索的融资结构中，项目发起人除拥有项目公司的全部股权或部分股权、提供一定的股本金外，还应以直接担保或间接担保的形式为项目公司提供一定的信用支持。项目发起人在项目融资过程中主要负责争取和协助项目公司取得项目所需的政府批文及许可证。

2. 项目公司

项目公司也称项目的直接主办方，直接参与项目建设和管理，是承担债务责任的法律实体，是组织和协调整个项目开发建设的核心。在项目融资活动中，设立项目公司具有非常重要的作用：①对于有多国参加的项目来说，建立项目公司就是把项目资产的所有权集中在项目公司上，由于它拥有必备的生产技术、管理、人员等条件，利于集中管理。②通过建立项目公司，将项目融资的债务风险和经营风险大部分限制在项目公司中，项目公司根据其资产负债表承担有限责任，避免将有限追索的融资安排作为债务体现在发起人的资产负债表上，实现非公司负债型融资。③通过建立项目公司吸收其他投资者。在股权式的经营中，如果有新的投资者加入项目，不必重新划分项目资产，只要项目公司发行新股票或转让原有项目公司股份即可。

3. 贷款银行

项目融资的参与者中必不可少的是提供贷款的金融机构。为项目融资提供贷款的机构主要有商业银行、非银行金融机构（如租赁公司、财务公司、某种类型的投资基金等）以及一些出口信贷机构。由于项目融资需求的资金量一般很大，一家银行很难独立承担贷款业务，加上基于对风险的考虑，任何一家银行都不愿意为一个大项目承担全部的贷款，通常情况会由几家银行组成一个银团共同为项目提供贷款，银团贷款可以从一定程度上分担贷款风险，扩大资金的供应量。

贷款银行通常分为安排行、管理行、代理行、工程银行，这些银行都提供货款，但它们又各自承担以下不同的责任：

1）安排行：负责安排融资和银团贷款，通常在贷款条件和担保文件的谈判中起主导作用。

2）管理行：负责贷款项目的文件管理。

3）代理行：协调用款，帮助各方交流融资文件、送达通知和传递信息。

4）工程银行：监控技术实施和项目的进程，并负责项目工程师和独立专家间的联络。工程银行也可能是代理行或安排行的分支机构。

4. 项目建设承包商或工程公司

项目建设承包商受项目公司委托，负责项目的具体实施和建设。其资金状况、工程技术能力、资历和信誉在很大程度上影响贷款银行对项目建设期风险的判断，信誉良好的建设承包商有利于项目按期按质完成，大大降低了贷款的商业风险，是项目融资成功的有力保证。

5. 项目设备、能源及原材料供应商

项目供应商为项目提供必要的投入要素。能源、原材料供应商为了寻找长期稳定的市场，在一定条件下愿意以长期的优惠价格为条件为项目供应能源和原材料。这样有助于减少项目初期以至项目经营期间的许多不确定因素，为项目投资者安排项目融资提供便利条件。

设备供应通过延期付款或者低息优惠出口信贷的安排，可以构成项目资金的一个重要来源。

6. 项目产品的购买者或项目设施的使用者

项目产品的购买者（承购者）在项目融资中发挥着重要作用，是项目未来收入与收益的提供者。在项目建成和运营后，能否有大量稳定的现金流量还本付息，很大程度上取决于项目购买者。一般来讲，他们通过与项目公司签订长期购买合同来保证项目未来稳定的市场和经济效益，为项目贷款提供重要的还款保证。

7. 保险公司

保险是项目融资的重要内容。特别是在贷款方对借款方的资产只有有限追索权的情况下，保险赔款成为贷款方一个最主要的抵押。因为项目融资的巨大资金规模以及未来无法预料的不利因素，项目各方需及时投保，以减少损失。

8. 咨询专家和融资顾问

项目融资是一个非常复杂的结构化融资，涉及工程、环境、金融、法律等领域，虽然项目发起人可能在某一个或几个领域具有丰富的经验，但很少能通晓所有的相关领域，特别是当地的法律等，因此，需要向专家咨询意见。

在项目推荐和融资谈判中，融资顾问通过对融资方案的设计、分析和比较，会最终设计一个能最大限度保护投资者利益并且能被贷款银行所接受的融资方案。

9. 政府机构

项目所在地的政府机构在项目融资中发挥非常重要的作用。微观方面，政府机构可以为项目的开发提供土地、良好的基础设施、长期稳定的能源供应、某种形式的经营特许权，减少项目的建设风险和经营风险。同时，有关政府机构可以为项目提供条件优惠的出口信贷和其他类型的贷款或贷款担保，这种贷款或贷款担保可以作为一种准股本资金进入项目，促进项目融资的完成。宏观方面，政府机构可以为项目建设提供一种良好的投资环境。

案例

北京地铁4号线PPP融资

PPP是工程项目融资中广泛使用的一种模式。PPP广义的概念是指政府与私营企业合作项目的过程中，让私营企业所掌握的资源参与提供公共产品和服务，以协议方式明确各自承担的责任和融资风险，最大限度地发挥各方优势，在实现政府职能的同时也为私营企业带来利益。狭义的概念是指政府与私营企业为建设基础设施、提供公共产品和服务等特殊目的而共同组建特殊目的机构（Special Purpose Vehicle），该机构获得项目一定期限的运营特许权，合作各方共同设计开发，共同承担风险，全过程合作，在运营期内收回投资或获得合理收益，特许权期满后再把项目移交给政府的融资模式。

北京地铁4号线是我国首个采用PPP融资模式建设并获得成功的基础设施项目，也是国内第一条实现特许经营的轨道交通线。2005年2月7日，北京首都创业集团有限公司（简称首创集团）、香港地铁有限公司（简称香港地铁）和北京市基础设施投资有限公司与北京市政府签订《北京地铁4号线特许经营协议》，首创集团、香港地铁联合体获得4号线为期30年的特许经营权。

北京地铁4号线工程投资建设分为A、B两个相对独立的部分：A部分为洞体、车站、隧道等土建工程，投资额约为107亿元，约占项目总投资的70%，由北京市政府国有独资企业京投公司成立的全资子公司四号线公司负责；B部分为车辆、信号、机电等设备部分，投资额约为46亿元，约占项目总投资的30%，由PPP项目公司北京京港地铁有限公司（简称京港地铁）负责。京港地铁由京投公司、香港地铁和首创集团按2:49:49的出资比例组建。

北京地铁4号线项目竣工验收后，京港地铁通过租赁取得四号线公司的A部分资产的使用权。京港地铁负责4号线的运营管理、全部设施（包括A和B两部分）的维护、除洞体外的资产更新，以及站内的商业经营，通过地铁票款收入及站内商业经营收入回收投资并获得合理的投资收益。

30 年特许经营期结束后，京港地铁将 B 部分项目设施完好、无偿地移交给北京市政府指定部门，将 A 部分项目设施归还给四号线公司，具体如图 3-7 所示。

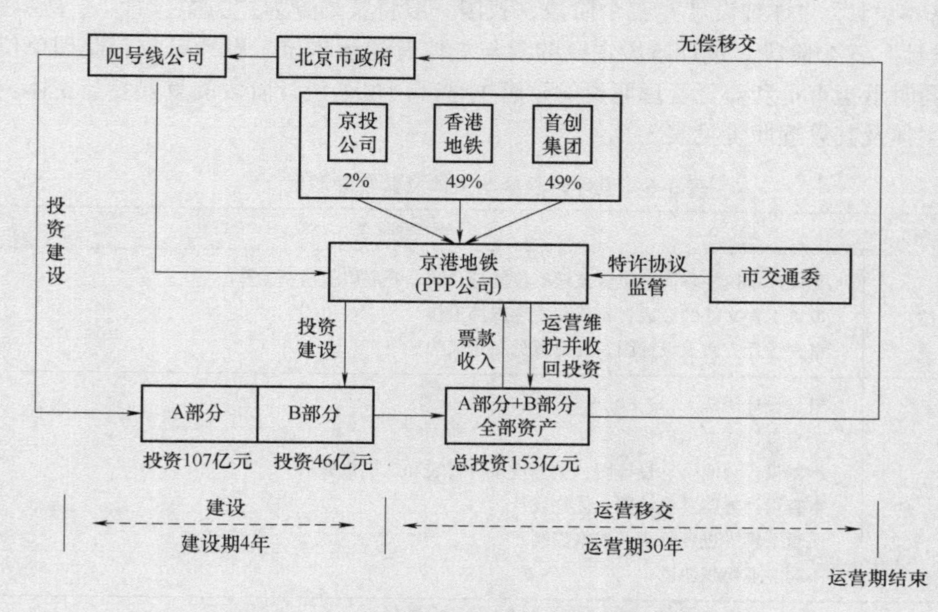

图 3-7　北京地铁 4 号线 PPP 融资模式

在 PPP 模式下，北京地铁的融资、运营和管理分而治之，其优势主要体现在：①引进了香港地铁的先进经验；②引进了市场竞争机制；③分散部分投资风险；④由政府定价，承担票价风险；⑤投资方承担客流量风险。香港地铁的进入不仅带来了社会投资，减轻了政府财政负担，更重要的是打破了北京地铁多年来的垄断经营格局，通过在公共事业领域建立适度竞争的市场机制，为市民提供了更好的服务，引进了全新管理和运营模式，使地铁运营能够盈利。

3.3 工程建造

3.3.1 工程设计的概念

工程设计是根据建设工程的要求，对建设工程所需要的技术、经济、资源、环境、艺术性等因素进行综合分析和论证，为工程项目的建设编制有技术依据的设计文件，并提供相关服务的整个活动过程。

工程设计是建设项目进行整体规划、体现具体实施意图的重要过程，是处理技术与经济关系的关键性环节，是确定与控制工程造价的重点阶段。工程设计活动是一种群体行为，涉及建筑、结构、给水排水、暖通、电气、技术经济等多个专业领域，需要充分发挥每一位参与者的专业技能和聪明才智，使设计达到最大功效，因此，必须对工程设计进行有效的管理。

3.3.2 工程设计管理职能

设计阶段是工程项目进行全面规划和详细设计的阶段，国际上一般将其划分为“概念设计”“基本设计”“详细设计”三个阶段，我国一般将其划分为“方案设计”“初步设计”“施工图设计”三个阶段。设计阶段主要的参与主体有建设单位、设计单位、监理单位、咨询单位，同时承担审批和监督管理职责的政府主管部门也是设计阶段的重要参与主体。设计阶段参与主体及其管理职责见表3-5。

表3-5 设计阶段参与主体及其管理职责

参与主体	管理职责
建设单位	与设计单位、咨询单位、监理单位签订合同，开展组织协调工作 负责工程文件的形成、积累和立卷归档工作 审查设计方案及设计图，提出意见和建议
设计单位	组建设计团队 制定设计任务书 编制设计说明书、设计图、主要设备材料表和工程概算书 审查设计方案及设计图，优化设计 质量管理、进度管理、成本控制 不同专业组织协调
监理单位	设计阶段质量控制 设计阶段进度控制 设计阶段投资控制
咨询单位	实施设计进度、设计质量管理 核算施工图造价 组织施工图审查工作
政府部门	审核设计方案 审批设计文件

1. 建设单位

建设单位在设计阶段主要负责组织协调及文件整理工作，包括组织、监督和检查设计、监理等单位的工程文件形成、积累和立卷归档工作。在工程设计的开始及进行过程中，建设单位须与设计单位、监理单位、施工单位等签订协议，协议中对工程文件的套数、费用、质量、移交时间等做出明确要求，同时，建设单位应当向参与工程建设的各单位提供与工程建设有关的原始资料，原始资料必须真实、准确、齐全。此外，建设单位也参与设计方案的评审工作，对设计方案及设计图提出意见和建议。

2. 设计单位

设计单位是该阶段的主要实施主体。在签订合同后，首先要组建设计团队（如某保险大厦项目的设计团队如图3-8所示），并编制设计任务书（如某高级酒店的设计任务书如图3-9所示）。在方案设计阶段，设计单位的主要职责是提出设计方案。设计单位需要根据设计任务书的要求和收集到的信息，综合考虑技术经济条件和建筑艺术的要求，对建筑总体布置、空间组合进行合理安排，提出两个或两个以上方案供建设单位选择。在初步设计阶段，设计单位的主要职责有：编制设计说明书、设计图、主要设备材料表和工程概算书。在施工图设计阶段，设计单位需要在初步设计的基础上，综合建筑、结构、设备各工种，相互交底，核实核对，深入了解材料供应、施工技术、设备等条件，把满足工程施工的各项具体要求反映在施工图中，做到整套施工图齐全、统一，准确无误。同时，还要根据合同要求进行成本控制、进度管理和质量管理，组织协调各专业的分工与合作。

建筑设计	KPF建筑师事务所 (Kohn Pedersen Fox Associates, KPF)
结构设计	Thornton Tomasetti 结构师事务所(TT)
机电设计	香港JRP (M&E Group) 公司
国内设计院	CCDI 悉地国际
消防设计	奥雅纳 (Arup)
景观设计	易道环境设计公司 (EDAW)
幕墙设计	艾勒泰建筑工程咨询有限公司 (ALT)
交通设计	弘达交通咨询有限公司 (Martin and Vorhees Associates, MVA)
灯光设计	朗恩设计 (Leo's Planners & Architects, LPA)
声学设计	康冠伟
LEED顾问	奥雅纳 (ARUP)
风洞顾问	加拿大 RWDI 工程顾问公司(Rowan Williams Davies and Irwin Inc.)
基坑设计	深圳地质建设工程公司

图 3-8　某保险大厦项目的设计团队

序号	名称
1	方案设计竞赛要求 (任务书) 文件
2	方案设计优化要求 (任务书) 文件
3	初步设计要求 (任务书) 文件
4	施工图设计要求 (任务书) 文件
5	专业深化设计要求 (任务书) 文件
5.1	外立面幕墙工程设计要求 (任务书) 文件
5.2	室内精装修工程设计要求 (任务书) 文件
5.3	智能化工程设计要求 (任务书) 文件
5.4	室外景观工程设计要求 (任务书) 文件
5.5	厨房工艺工程设计要求 (任务书) 文件
5.6	声学音响工程设计要求 (任务书) 文件
5.7	泛光照明工程设计要求 (任务书) 文件
5.8	CI 标识工程设计要求 (任务书) 文件
5.9	……

图 3-9　某高级酒店的设计任务书文件

3. 监理单位

监理单位应该依据设计合同及项目总体计划要求审查各专业、各阶段设计进度计划，检查设计进度计划执行情况，督促设计单位完成设计合同约定的工作内容。审核设计单位提交的设计费用支付申请，对于符合要求的，签认设计费用支付证书，并报建设单位。审查设计单位提交的设计成果，并提出评估报告。审查设计单位提出的新材料、新工艺、新技术、新设备在相关部门的备案情况。审查设计单位提出的设计概算、施工图预算，提出审查意见，并报建设单位。协助建设单位组织专家对工程设计成果进行评审。

4. 咨询单位

咨询单位可以在符合资质要求的前提下完成设计工作，也可以依据国家现行的设计规范、地方的规划要求，对设计单位的设计成果进行复核及审查，纠正偏差和错误，提出优化建议，出具咨询报告。具体工作内容视与甲方的协议内容确定。

5. 政府部门

对于政府投资项目，政府主管部门要对项目的设计方案、设计深度、重大技术问题处理措施及设计概算进行审查。对于非政府投资项目，政府主管部门审查工程项目设计所采用的程序、方法、标准、规范等是否符合强制性标准。

3.3.3 工程施工管理的概念

工程施工管理是指业主、设计单位、承包商、供应商等工程施工参与方，围绕着特定的建设条件和预期的建设目标，遵循客观的自然规律和经济规律，应用科学的管理思想、管理理论、组织方法和手段，进行从工程施工准备到竣工验收等全过程的组织管理活动，实现生产要素的优化配置和动态管理，以控制成本，确保工程质量和实施进度，提高工程建设的经济效益、社会效益和环境效益。

工程施工管理贯穿于工程施工全过程的各个环节，覆盖了计划、组织、控制、指挥和协调等各项管理职能，主要内容包括施工管理模式的选定、承发包模式选择、组织结构设置、施工方案选择、施工现场布置、施工现场指挥和协调等。

3.3.4 工程施工管理的职能

施工阶段是工程建设的重要阶段。在此阶段，项目各参与主体必须按照工程设计和施工组织设计以及施工验收规范的要求，在既定的时间、计划的投资额度内使拟建的项目达到规定的质量标准要求。在建筑工程项目的施工阶段，项目参与主体主要有建设单位、施工单位、勘察设计单位、监理单位以及政府主管部门等。多方参与主体之间相互协作，其间主要存在三种关系：建设单位与勘察设计单位、监理单位、施工单位等参与方之间的合同关系，监理单位与施工单位之间的指令关系，以及勘察设计单位和施工单位的协调关系，如图3-10所示。各参与主体在建设项目的合同框架和组织系统下为完成项目任务相互协作，依靠有关单位之间的合同及指令共同实现项目目标。

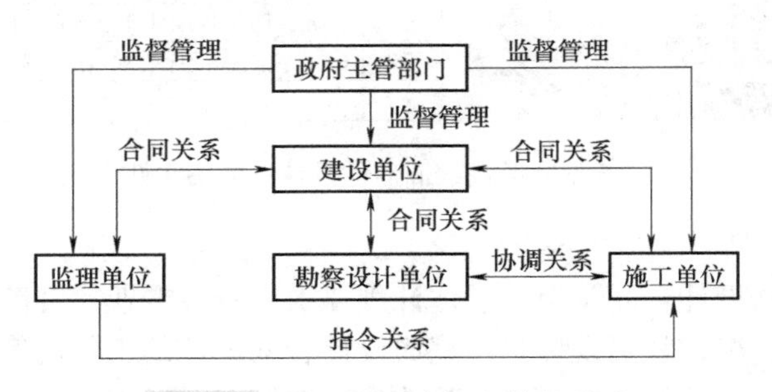

图3-10 施工阶段参与主体的关系

各参与主体及其管理职责与工程的三大管理目标（成本、质量、进度）密切相关，具体见表 3-6。

表 3-6　工程施工的参与主体及其管理职责

参与主体	管理职责		
	成　本	质　量	进　度
建设单位	协助项目进行成本控制，监督项目施工成本	建立健全质量管理体系，参与工程施工过程中的工程质量检查	审核施工单位进度计划并监督其执行，保证工程按计划实施
施工单位	编制工程量及材料预算明细，编制工程进度产值，参与现场设计变更等预结算的调整	建立健全质量检验制度，严格各工序的质量控制	检查施工实际进度，分析进度偏差原因，合理修改进度计划
勘察设计单位	—	对设计文件问题进行处理与变更，参与设计中重点工程的验收	—
监理单位	制订资金使用计划，审核签发付款账单，负责经济签证工作	监督巡视施工单位生产情况，对施工中存在的质量问题进行上报	参与审核施工单位阶段性计划，协助、监督施工单位按进度计划施工
政府主管部门	—	对施工阶段的文件进行审核，参与工程检查、验收工作	—

1. 建设单位

建设单位是建设项目施工阶段参与主体中对项目实施影响最大的一方，因为关于工程项目质量等级、工期、设计要求、投资额等主要目标是由业主决策的，业主处于项目开展的中心位置，在主要参与方的协同管理中处于主导地位。

建设单位的动机和期望一般是在投资成本约束条件下，趋向于建设工程质量、设计质量与建筑功能的最优化。在造价管理方面，建设单位根据工程项目总施工预算书，收集项目造价相关信息，协助项目成本控制，严格监督控制工程项目施工成本；另外负责跟踪项目施工现场，参加工程现场的经济签证、技术核定单、认价单以及施工方进度款等的审查确认，确保工程项目成本控制目标的实现。在质量管理方面，建设单位负责建立健全施工质量检查体系，根据工程特点建立质量管理机构和质量管理制度；负责对工程质量进行检查，同时需主动接受质量监督机构对工程质量的监督检查；工程完工后，应负责及时组织有关单位进行工程质量验收及签证。在进度管理方面，建设单位相关专业人员负责编制施工进度控制计划，审核施工单位的总进度计划、月进度计划、周进度计划，以及掌握施工单位的施工队伍组织、承包方式以及人工、材料、机械的组织到场情况。另外建设单位还负责在人、材、机不足的情况时及时督促施工单位，保证施工工作按进度计划实施。

2. 施工单位

施工单位又称承建单位，是建筑安装工程施工单位的简称，是指承担基本建设工程施工任务，具有独立组织机构并实行独立经济核算的单位。

施工单位的期望是圆满地履行合同，并获得合同约定的价款。它的主要目标是完成合同范围内的工程任务，在施工过程中降低成本消耗，以争取最大的工程收益。在造价管理方面，施工单位负责参加图纸会审，并负责提供工程量以及编制材料预算价格明细表，编制工程进度款申请表，进行进度成本报审。在有分包单位的情况下，负责审核分包、劳务层的工程进度预算。如工程存在变更、调价等，则负责根据现场设计变更和签证及时调整预、结算。在进度管理方面，施工单位在执行该计划的施工中，负责日常施工实际进度情况的检查，并将其与计划进度相比较，对出现偏差的情况分析产生的原因和对工期的影响程度，并制定必要的调整措施，合理修改原计划。在质量管理方面，施工单位负责按照工程设计要求、施工技术标准和合同约定施工，建立、健全施工质量的检验制度，严格工序管理，针对工程中的建筑材料、建筑构配件、设备和商品混凝土进行质量检验，对建设工程的施工质量负责。

3. 勘察设计单位

勘察设计单位是工程建设的重要参与主体，勘察设计的好坏直接影响建设工程的投资效益和质量安全。设计方的动机是设计出高水平的建筑。在施工阶段，勘察设计单位最为关注的是设计落地和施工质量。在质量管理方面，勘察设计单位负责勘察、设计文件在现场施工中存在的问题，内容有重大变化时，负责按照规定对原设计文件进行变更。另外，设计单位负责验收设计文件中的重点部位及分部、分项、单位工程，并且参加建设工程的竣工验收。

4. 监理单位

监理单位在施工阶段的中心任务就是帮助业主在保证质量、安全的前提下，按计划的投资额和工期完成工程项目建设，使工程项目如期投入使用、产生效益。监理单位通常把质量管理作为其最根本的职责，也把质量控制作为监理是否成功最重要的评价指标。而在进度管理方面，监理单位往往认为进度是由施工单位通过人员调配和合理组织来实现的，并不是监理工作重点管理的目标，甚至在建设与施工单位出现抢进度的倾向时，监理仍会以质量管理为重，不会为了抢进度而放松自身职责内的质量监督。而对于投资管理，监理单位一般认可其由建设单位实施，自身仅负责对施工单位提交的设计变更进行预算实施审核，而并不能有效地管理整个工程的总造价。因此，监理单位的动机和期望是以质量管理为中心的，对于其他目标管理，不将其列为自己的重点控制指标。

在质量管理方面，监理单位应负责全程监督巡视施工单位工作人员、施工设备、材料使用、工艺方法、施工环境等，做好质量监督工作。如若在施工的过程中发现质量隐患问题，负责及时上报与整改，发现情节严重的施工质量问题，有权让建设单位责令限期整改。为保证工程质量，还应负责工程的预检工作。在进度管理方面，监理单位负责协助施工单位按照进度计划施工，并随时监督、检查施工进度计划的执行情况，及时收集有关进度数据、信息；若实际进度与计划进度产生偏差，监理单位需负责及时分析产生偏差的数量、原因，评价和预测该进度偏差将对后续工程施工进度带来的影响，并提出应对措施的建议。另外监理单位还需负责根据经批准的总进度计划，检查审核施工单位各种阶段性进度计划。在造价管理方面，监理单位负责制订施工阶段资金使用计划，严格进行付款控制，并及时复核工程付款账单，签发付款证书。另外还应做好工程经济签证工作，对于实际施工中存在变更的情况，负责收集变更中的所有材料，为正确处理可能发生的索赔提供依据。对于合同以外的工作内容，监理单位负责及时会同设计单位与质监部门研究处理方案，并对增减项目进行会签。

5. 政府主管部门

在施工阶段，政府主管部门的主要工作内容是监督检查执行建设程序，确保建设工程质量。政府是监督工程质量的主要机构，以监督管理施工质量为主要工作。在质量管理方面，政府有关部门负责对建设工程所有参与方进行管理监督，参与建设工程在施工阶段的检查及整改工作，并参与工程竣工验收工作，保证工程质量水平。另外，在施工前政府有关部门负责对过程文件进行审核，若发现存在未依法取得施工许可证擅自从事建设活动的，接到举报或检查发现后，立即进行查封和取缔，并给予行政处罚。在成本及进度管理工作方面，政府同样扮演监督者的角色，保证建设工程能够按资如期完成。

3.4 工程运营与维护

3.4.1 工程运营与维护的概念

工程建设是一项综合性的经济活动，是固定资产投资的过程。运营与维护是对已建成的设施进行运营，并根据需要对其进行维护以确保正常运营的过程。

近年来，随着我国国民经济和城市化建设的快速发展，特别是随着人们生活和工作环境水平的不断提高，建筑实体功能多样化的不断发展，使得运营与维护管理成为一门科学，其内涵已经超出了传统定性描述和评价的范畴，发展成为整合人员、设施以及技术等关键资源的管理系统工程。对于建筑工程，运营与维护管理是针对建筑的全寿命周期的过程管理，是对建筑设施设备进行高效、科学的管理。运营与维护管理可从两个方面来理解：

1）运营，即保证设施正常运行，并实现其指定的功能。典型功能包括能源的供应，以及供热、通风和空气调节等，还包括与建筑有关的建筑系统设备的维修操作，以保障项目正常运行所需的环境和各种条件等。

2）维护，包括对固定资产和设施设备的保养、定期或临时检查，以延长资产或设备的使用年限等。

3.4.2 工程运营与维护的管理职能

工程进入运营与维护阶段后，主要的管理主体是使用单位（业主）、建设单位与承包单位。运营与维护的参与主体及其管理职责见表 3-7。

表 3-7　运营与维护的参与主体及其管理职责

参与主体	管理职责
使用单位（业主）	按操作程序对建筑物合理使用，发现问题及时报送物业管理单位
建设单位（物业管理单位）	自行承担建设运营费用和商业运营风险，组建运营团队，建立运营日志，遵循有关部门的规定并积极接受监督，对出现的问题协调施工单位解决
承包单位	在项目保修期内对竣工移交的工程进行回访，听取了解使用单位对施工单位施工质量的评价和改进意见，发现问题及时解决

1. 使用单位（业主）

使用单位（业主）在运营与维护阶段的主要管理职责是严格按操作程序合理使用建筑物，防止外部因素对工程造成损害，不能对建筑物有任何损害性改造、改装，而且要承担正常运行过程中的维护和修理责任。发现由于施工质量造成的使用问题后，及时报送建设单位（物业管理单位）进行维护维修。

2. 建设单位（物业管理单位）

建设单位在工程运营与维护阶段的主要管理职责包括以下三个方面：①在工程试运营阶段，按照设计文件中的工程使用说明制定出操作运行规章制度，并严格执行，避免出现危害工程质量和安全的操作事故；②试运行期间业主应全面监督检查工程的运行状况，发现工程质量缺陷，及时通知承包单位修复，并监督承包商的修复工作；③在工程质量保修阶段，对于使用单位（业主）反馈的由于施工质量造成的使用问题，及时协调施工单位进行维修。

3. 施工单位

按照《建设工程质量管理条例》的相关规定，施工单位对竣工移交的项目在保修期内有回访和保修缺陷部位的义务。承包单位在向业主提交竣工验收报告时，应向业主出具质量保修书，明确工程保修范围、期限和责任。工程项目建成后，应制定合理的运营与维护方案，确保工程项目能够正常运行。在工程项目竣工验收后，承包单位必须根据“工程质量保修书”的规定对工程使用状况和质量对用户进行回访。工程发生质量问题，承包单位应及时派人修理，并承担相应的责任。在工程合理使用寿命期限内，承包单位应保证基础设施、地基基础工程和主体结构的质量。因承包单位原因使工程在合理使用期限内造成人身和财产损害的，承包单位应承担赔偿责任。

3.4.3 工程运营与维护的发展趋势

随着信息技术的发展和建筑信息模型（Building Information Modeling，BIM）技术的推广应用，构建智能化运营与维护管理平台，实现对各类设备的智能化监控和智能化处理，可以有效提高工程运营与维护管理效率。智能化运营与维护平台具备实现运营与维护中发现问题、原因分析、问题智能处理和解决的一整套流程，另外还可以通过智能化运营与维护平台对整套系统进行智能检测，完成自我修复和运营与维护管理，同时各个模块之间可以扩展，通过配置和管理这一基础，将运营与维护分析系统、监控系统、流程系统、自动化操作系统、日志生成归档等平台实现有机结合，实现运营与维护工具和流程一体化，最终建立集组织、流程、工具于一体的智能化运营与维护管理体系。BIM 技术在运营与维护管理中的应用主要包括以下几个方面：

1. 实现运营与维护数据集成与共享

BIM 集成了从设计、建设施工、运营与维护直至使用周期终结的全寿命周期内的各种相关信息，包含勘察设计信息、规划条件信息、招标投标和采购信息、建筑物几何信息、结构尺寸和受力信息、管道布置信息、建筑材料与构造等信息，将规划、设计、施工、运营与维护等各阶段包含的项目信息、模型信息和构件参数信息的数据，全部集中于 BIM 数据库中，为计算机维修管理系统（Computer Maintenance Management System，CMMS）、计算机辅助设施管理（Computer Aided Facilities Management，CAFM）、电子文档管理系统（Electronic Document Management System，EDMS）、能源管理系统（Energy Management System，EMS）以及楼宇自动化系统（Building Automation System，BAS）等常用运营与维护管理系统提供信息数据，使得信息相互独立的各个系统达到资源共享和业务协同。

2. 实现运营与维护管理可视化

在调试、预防和故障检修时，运营与维护管理人员经常需要定位建筑构件（包括设备、材料和装饰等）在空间中的位置，同时查询到其检修所需要的相关信息。这些设备一般在顶棚之上、墙壁里面或者地板下面等难以直接看见的位置。从维修工程师和设备管理者的角度来看，设备的定位是一项重复的、耗费时间和劳动力的、低效的任务，尤其是在紧急情况下或运营与维护管理公司对工程设计不熟悉时，快速定位工作变得尤其重要。运用竣工三维BIM模型则可以快速确定机电、暖通、给水排水和强弱电等建筑设施设备在建筑物中的位置，同时能够传送或显示运营与维护管理的相关内容，极大地提高了运营与维护管理效率。

3. 应急管理决策与模拟

应急管理所需要的数据都是具有空间性质的，它存储于BIM中，并且可从其中搜索到。BIM可以协助应急响应人员定位和识别潜在的突发事件，并且可以通过图形界面准确确定其危险发生的位置。此外，BIM中的空间信息也可以用于识别疏散线路和环境危险之间的隐藏关系，从而降低应急决策制定的不确定性。根据BIM在运营与维护管理中的应用，BIM可以在应急人员到达之前，向其提供详细的信息。在应急响应方面，BIM不仅可以用来培养紧急情况下运营与维护管理人员的应急响应能力，也可以作为一个模拟工具来评估突发事件导致的损失，并且还可以对响应计划进行讨论和测试，提高应急管理水平，降低突发事件造成的人员伤亡和财产损失。

复 习 题

1. 工程决策的参与主体有哪些？各自的职责是什么？
2. 工程投资管理的职能有哪些？各参与主体的关系是怎样的？
3. 工程项目融资与一般工程融资的区别有哪些？结合案例说明工程项目融资的优点。
4. 工程设计管理的内容有哪些？各阶段的管理重点是什么？
5. 工程施工管理的参与主体有哪些？参与主体的关系是怎样的？各自的职责是什么？
6. 结合实际工程案例，谈一下工程运营与维护的新的发展趋势及意义。

第 4 章

工程管理的核心知识与能力要求

4.1 工程管理的知识体系

根据工程管理需要解决的问题而构建的工程管理知识体系有五个平台，分别是工程技术平台、经济平台、管理平台、法律平台和信息平台。此外，在学习这“五个平台”知识之前，学生应该学习掌握工程类大学生应该具备的数理化、外语、计算机基础、工程图学、测量学等基本知识，为学习“五个平台”知识打好基础；在“五个平台”知识之后则还应安排各平台知识有机融合的工程管理核心知识与能力，如图 4-1 所示。

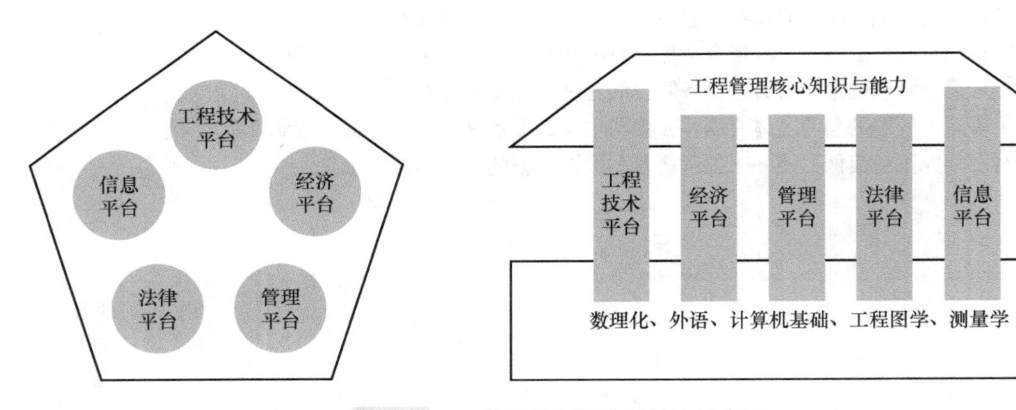

图 4-1 工程管理知识体系结构示意图

4.1.1 工程管理的“五个平台”知识体系

1. 工程技术平台

工程技术是根据工程实践经验和自然科学原理而发展成的各种生产工艺、作业方法、操作技能、设备装置的总和，是工程管理专业人才必备的专业基础知识。工程技术依据完成的建筑产品的不同而划分成不同的专业技术，包括房屋建筑工程、道路桥梁工程、水利工程、铁路工程、地下工程等。

我国的工程管理专业绝大部分是依托土木工程专业兴办的，房屋建筑工程是土木工程的主要产品，其涉及的技术领域包括土木工程技术、建筑学、水暖电气等细分专业技术。对于工程管理专业人士，学习掌握工程技术的目的并不是让学生毕业后去做纯粹技术工种工作，而是要成为懂技术的管理者，能够为技术方案选择与决策打好基础，因此并不需要精通土木工程技术或建筑学技术，只要掌握基本的土木工程专业和建筑学专业的技术就可以了。这些技术涉及的内容包括：

1）土木工程技术：工程力学（理论力学、材料力学、结构力学）、工程结构（混凝土结构、钢结构）、建筑材料（砖石、钢材、混凝土、木材、陶瓷、玻璃、塑料、涂料等）、土力学与地基基础、土木工程施工。

2）建筑学技术：房屋建筑学、房屋建筑构造、城市规划初步。

3）水暖电气：给水排水、供热空调、燃气、建筑电气设备等初步。

由于工程技术内容广泛，对工程管理者最重要，因此，通常其学习的时间在“五个平台”中占的比重最大。

2. 经济平台

经济学是研究人类经济活动的规律即研究价值的创造、转化、实现的规律，也就是研究经济发展规律的科学。在工程领域的经济平台就是研究在工程活动中价值的实现规律。经济平台知识主要是回答“怎样做才经济合理”，即选择何种技术方案能使工程项目在经济方面最合理，取得最佳的经济效益。经济平台的内涵主要体现在以一定的资金预算安排实现工程的预定目标，并达到工程项目技术与经济的辩证统一，是工程管理的必备知识。

工程管理应用的经济学知识包括宏观经济学、微观经济学、统计学、建筑经济学、工程经济学、工程估价、项目评估等课程，在工程管理知识体系中所占比例不算高但很重要。其中：

1）宏观经济学和微观经济学是经济学的基础理论。

2）统计学是研究如何收集、整理、分析反映事物总体信息的数字资料，并以此为依据，对总体特征进行推断的原理和方法。

3）建筑经济学研究如何对建筑业进行宏观管理。

4）工程经济学则是以工程项目为主体，以技术/经济系统为核心，研究如何有效利用资源，充分发挥各种技术的优势，并以最小的投入获得预期产出，以及如何用最低的生命周期成本实现产品、作业以及服务的必要功能，是工程管理的重要专业课程之一。

5）工程估价是在投资项目建设程序中，对可行性研究阶段、方案设计阶段、规划设计阶段、详细设计阶段及招标投标阶段的投资所做的测算，是工程管理专业人才的必备知识和技能之一。

6）项目评估是在项目完成后对项目进行财务效果评估、国民经济效益评估、环境影响评估、社会评估以及项目不确定性评估，并进行项目的总评估，以总结经验教训。

3. 管理平台

管理平台知识主要是研究采取一定的管理手段和管理措施来实现工程目标，是回答“怎样完成工程任务并实现目标”，即采取一定的工程计划把预定目标分解成具体、可执行的子目标，组织人员、配置资源予以实施，进而对工程建设的各参与主体进行工程协调，对实施过程中的各阶段做好事前、事中和事后控制，并及时纠偏。管理平台包括工程计划、组织、协调与控制等内容，是工程管理的核心内容，涉及的知识和课程也较多。

管理平台的课程包括：①管理学基础；②运筹学；③系统工程学；④组织行为学；⑤工程财务会计；⑥工程信息管理；⑦工程合同管理；⑧工程质量与安全管理；⑨工程成本管理；⑩国际工程管理；⑪房地产开发管理；⑫建筑企业管理。

实际教学中，以上提到的课程在各校的课程设置中存在一定差异。

4. 法律平台

工程建设法规是调整国家管理机关、企业、事业单位、经济组织、社会团体以及公民在工程建设活动中所发生的社会关系的法律规范的总称，包括三个方面：①工程建设活动中的工程建设管理关系，如国家建设行政管理机关与建设、勘察设计、施工、监理等单位的管理与被管理的关系；②工程建设活动中的工程建设协作关系，这种关系是平等主体之间的关系，如建设单位（发包人）与施工单位（承包人）之间的关系等；③从事建设活动的主体内部劳动关系，如订立劳动合同、规范劳动纪律等。从立法层次上，可以分为法律、行政法规、地方法规、部门规章和地方政府规章四个层次。

工程管理的工程建设法规知识包括法学基础、经济法规、合同法规、建设工程法规和房地产法规等几方面。

法学是个大的学科门类，内涵广泛，作为工程管理人员要具备一定的法律知识和对法律法规的理解认识能力，能够为本企业或项目的进展提供一定的法律咨询，能够明确法与非法的界限，能够利用法律法规知识保护企业自身合法权益，但通常极少有人能成为精通法律的专业人士（律师），因此法律法规类知识在几个平台中通常是占比最小的。

5. 信息平台

信息平台是随着近些年信息技术快速发展而产生出的并对管理学科产生重要影响的新平台。在现代信息社会，先进的管理与先进的信息技术总是密不可分的。

由于信息技术发展速度很快，因此信息平台的内容也不断更新，日新月异。工程管理的信息平台大致包括以下几方面内容：

1）应用信息技术的工程估价和过程管理。

2）信息管理系统。用于工程项目进度、质量、成本、安全、合约及生产要素等管理。

3）BIM 技术及其工程应用。将 BIM 建模应用于估价、进度、成本管理和设计检查、统计分析、日常运营管理等。

4）工程日常沟通管理与协调平台。

5）与新兴的硬件结合，应用于建设生产自动化、建筑机器人、3D 打印、电子标签和传感器、远程监控、无人机等智能建造领域。

目前信息技术已经渗透到工程管理的每个领域，与工程管理技术、业务、商务等密切结合，成为工程管理不可缺少的一部分。目前各校课程设置存在差异，但大部分都开设有数据库管理、工程信息管理与信息系统、工程管理软件应用、BIM 技术与应用等课程。

4.1.2　工程管理的基础知识体系

基础知识体系是指工科类大学生应学习、掌握的数理化、外语、计算机基础、工程图学、测量学等基本知识，以及丰富学生文化生活、提高素质修养的音乐、体育、美术类课程，对于工程管理专业大学生来说，这些知识要求通常与工科类其他专业没有太大的差别，是大学的通识课程，主要包括：

1）数学类：数学分析、线性代数、概率与统计、复变函数、离散数学等。

2）外语：英语、日语、俄语、德语、法语、西班牙语等。

3）理化类：普通物理、普通化学。

4）计算机类：计算机基础、计算机语言、计算机网络、数据库、办公软件等。

5）思想政治类：马克思主义哲学、毛泽东思想概论、邓小平理论等。

6）工程图学类：画法几何、工程制图。

7）力学类：理论力学、材料力学、结构力学等。

8）测量学。

9）体育类。

10）艺术类：音乐、美术、文学、书法等。

11）其他兴趣爱好类。

不同类型高校对基础知识部分的要求不一样。研究型大学强调“厚基础、宽口径、创新性”教育，对基础知识部分的要求较高，学时安排较多，而应用型、技能型学校对基础知识部分的要求较低，学时安排较少、难度也较低。

4.1.3　工程管理的核心知识体系

工程管理核心知识与能力是指将工程管理的五个平台知识有机融合，形成的工程管理专业独有的综合性的知识体系与能力。例如各校工程管理专业均开设的“工程项目管理”课程就属于核心知识课程。这类课程大多以管理类课程的形式出现，往往容易与管理平台知识混同，而且此类知识往往与实践结合紧密，如毕业设计、工程管理综合设计等。目前除“工程项目管理”外，这类综合性的课程数量并不多。工程管理核心知识体系还应开设哪些课程以及该如何建立此类课程的知识体系等还在思考之中。

图 4-2 为某高校工程管理专业课程知识体系结构和开课时序安排。

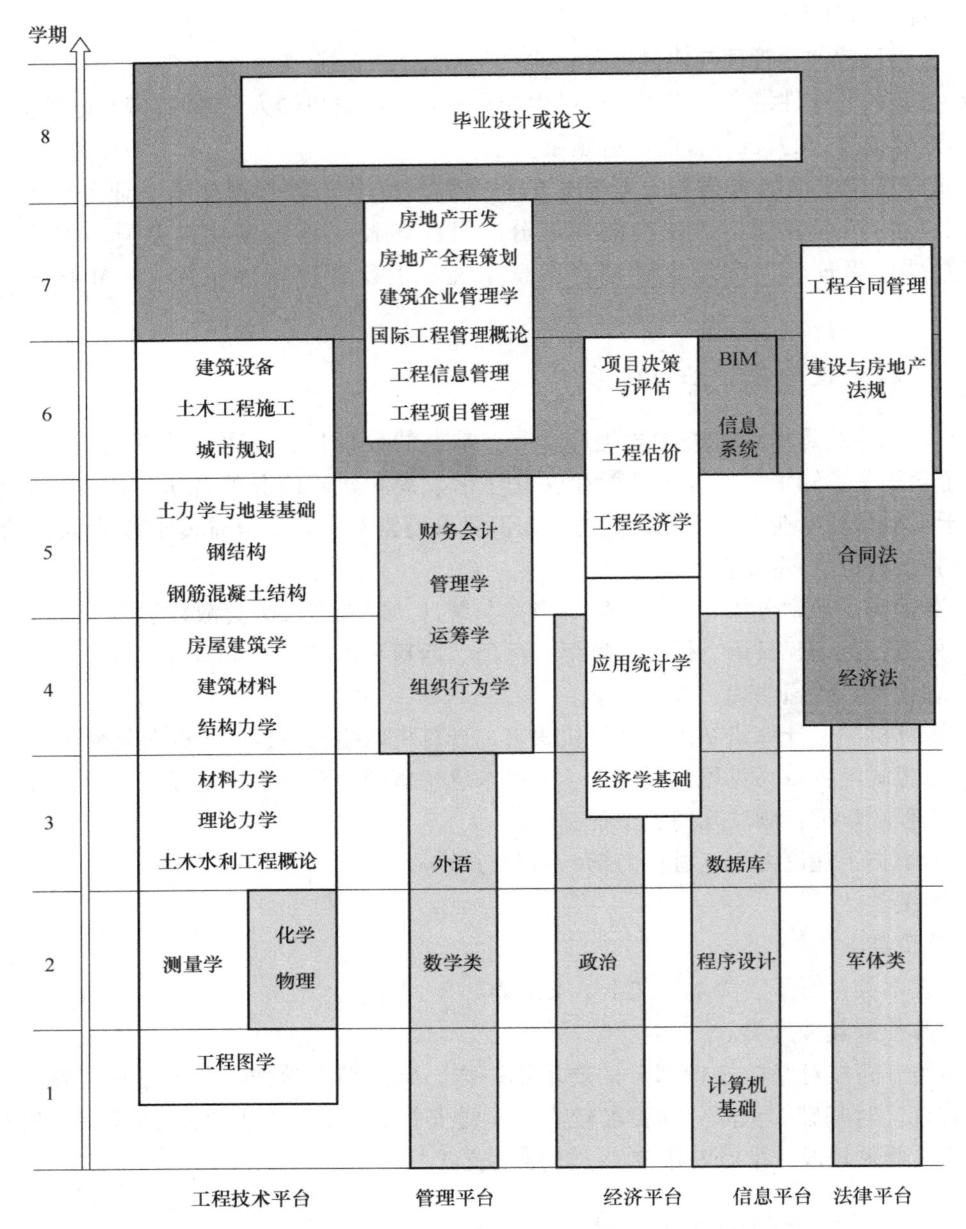

图 4-2　某高校工程管理专业课程知识体系结构和开课时序安排

4.2　工程管理的理论和方法

4.2.1　系统工程理论和方法

1. “系统”的定义

系统一词在古希腊就已使用。它来自拉丁语 syatema，由词头“共同”和词尾“位于”

组合而成，表示共同组成的群或是集合的概念。它是工程界应用最广的基本概念。许多专家学者试图用最简单的语言对它下定义。

一般系统论的创始人贝塔朗菲认为："系统可以定义为相互关联的元素的集合。"

钱学森等学者对系统的定义是："系统是由相互作用和相互依赖的若干组成部分结合而成的具有特定功能的有机整体。"

对于这些定义，尽管表述不同，但是共同地指出了系统的三个基本特征：

1）系统是由元素所组成的。

2）元素间相互影响、相互作用、相互依赖。

3）由元素及元素间关系构成的整体具有特定的功能。

系统是要素的组合，但这种组合不是简单叠加和堆积，而是按照一定的方式或规则进行的，其目的是更大限度地提高整体功能，适应环境的要求，以更加有效地实现系统的总目标。

依据上述定义可以看出，系统是一个涉及面广、内涵丰富的概念，它几乎无所不在。我们就处在由各种系统所构成的客观世界，如国民经济系统、城市系统、环境系统、企业系统、教育系统等。

任何工程都是一个系统，它又是由各种子系统（系统）构成的。工程可以从许多角度进行系统描述，例如：

1）从技术的角度，整个工程、工程的某个功能面、每个专业工程都是系统。对工程技术系统而言，一个工程有主体结构系统、给水系统、强电系统、通信系统、景观系统、智能化系统等。

2）从参与者的角度，工程组织系统由投资者、业主、工程管理公司、承包商、设计单位、供应单位等组成。

3）从工程的全生命期的角度，包括前期策划、设计和计划、施工、运行等工程的过程系统。

4）从工程管理的角度，包括各个职能子系统，如计划管理子系统、合同管理子系统、质量管理子系统、成本管理子系统、进度管理子系统、资源管理子系统等。

工程的各个系统要素紧密配合、互相联系、互相影响，共同构成一个工程系统整体。

2. 系统工程方法概述

系统工程是以有人参与的复杂大系统为研究对象，按照一定的目的对系统进行分析与管理，以期达到总体效果最优的理论与方法。

1975 年，《美国科学技术辞典》对系统工程解释为："系统工程是研究复杂系统设计的科学，该系统由许多密切联系的元素所组成。设计该复杂系统时，应有明确的预定功能及目标，并协调各元素之间及元素和总体之间的有机联系，以使系统能从总体上达到最优目标。在设计系统时，要同时考虑到参与系统活动的人的因素及其作用。"

1978 年，钱学森给出系统工程的定义："系统工程是组织管理系统的规划、研究、设计、制造、试验和使用的科学方法，是一种对所有系统都具有普遍意义的方法。"

3. 系统工程方法在工程管理中的应用

系统工程方法是处理工程问题的最有效方法。它贯穿于工程相关的各专业的理论和方法中。

1）任何工程的参加者，包括工程管理者和工程技术人员首先必须确立基本的系统工程观念。在解决各种工程问题时，人们都采用系统工程方法，从“总体”上去考察、分析与研究问题，制定解决方案，做全面的整体的计划和安排，减少系统失误。在采取措施，做出决策和计划并付诸实施时都要考虑各方面的联系和影响。

例如，在工程中要修改某一部分建筑方案，必须考虑该方案的修改对相邻部分建筑和整个建筑方案的影响，还要考虑对工程结构方案的影响，考虑对其他专业工程（如给水排水管道工程、装饰工程、综合布线等）的影响，考虑对工程价格的影响，对工程实施计划的修改（如采购计划）等。

2）追求工程的整体最优化，强调系统目标的一致性，强调工程的总目标和总效果，而不是局部优化。这个整体常常不仅是指整个工程建设过程，而且是指工程的全生命期，甚至还包括对工程的整个上层系统（如国家、地区、企业）的影响。

3）在工程管理的各门专业课程中都体现了系统工程方法的应用。例如工程项目分解结构（Work Breakdown Structure，WBS）、工程界面管理、工程成本（费用）分解结构（Cost Breakdown Structure，CBS）、工程合同分解结构（Contract Breakdown Structure，CBS）、工程计划系统、工程管理信息系统、工程实施控制系统等。

4. 工程管理的集成化

现代工程规模大、范围广、投资大；有新知识新工艺的要求，技术复杂、新颖；由成百上千个单位共同协作；由许多功能面和专业工程子系统构成；由成千上万个在时间和空间上相互影响、互相制约的活动构成；受多目标限制，如资金限制、时间限制、资源限制、环境限制等，是复杂的大系统，只有通过集成化的管理方法才能取得成功。

工程集成化管理是将工程全生命周期、全部管理职能、工程组织各方、所有专业工程子系统和功能区（单体建筑）纳入一个统一的管理系统中，以保证管理的连续性和一致性。它的关键问题是工程全生命期的目标系统设计、统一的责任体系，保持组织责任的连续性和一致性。在工程管理中，可以在以下方面进行集成化管理：

1）将工程的整个生命期，从工程构思到工程拆除的各个阶段综合起来，形成工程全生命期一体化的管理过程。

2）把工程的目标、各专业子系统、资源、信息、活动及组织整合起来，使之形成一个协调运行的综合体。

3）将工程管理的各个职能，如成本管理、进度管理、质量管理、合同管理、信息管理、资源管理、组织管理等综合起来，形成一个有机的工程管理系统。

4）对业主、承包商、设计单位、工程管理公司、供应商和运行维护单位等各方面管理系统进行集成化和一体化。

集成化的工程管理要求进行工程全生命期的目标管理，进行综合计划、综合控制、良好的界面管理、良好的组织协调和信息沟通。

工程管理集成化也使工程管理学科的各门课程之间互相渗透，其界限在逐渐淡化。

工程管理的集成化是目前工程管理领域研究和应用的热点之一。

4.2.2 控制理论和方法

“控制”一词，英文为control，本意为掌舵手，后转化用于表述管理系统、管理人、管理国家等意思。控制理论和方法在许多学科领域，特别在工程技术和工程管理领域中得到了广泛的应用，发挥了重要作用。

直观地说，所谓控制是指施控主体（如工程管理者）对受控客体（即被控对象，如工程、工程组织和工程实施过程）的一种能动作用，这种作用能够使受控客体根据预定目标运动，并最终实现这一目标。控制的目的就是保证预定目标的实现。

工程中的控制是综合性的控制过程，其理论与方法介绍如下。

1. 多目标控制

工程中的控制范围非常广泛，对工程成功的各个影响因素都必须进行控制，如工程范围控制、质量控制、时间控制、成本（投资）控制、合同控制、风险控制、环境控制、安全控制等。

2. 综合采用事前控制、事中控制和事后控制方法

（1）事前控制

事前控制就是在工程活动之前采取控制措施，如详细调查并分析研究外部环境条件，以确定影响目标实现和计划实施的各种有利和不利因素，并将这些因素考虑到计划和各个管理职能之中。当根据已掌握的可靠信息预测出工程实施将要偏离预定的目标时，就采取纠正措施，以便使工程的建设和运行不发生偏离。

事前控制也称为前馈控制。在工程中编制切实可行的计划，对参加者进行资格预审，签订有利、公平和完备的合同，建立完备的工程管理程序等都是前馈控制。

（2）事中控制

事中控制是指在工程实施过程中确保工程依照既定方案（或计划）进行。它通过对工程的具体实施活动的跟踪，防止问题的出现。

例如，在工程施工过程中进行旁站监理，现场检查，防止偷工减料，就是事中控制。

（3）事后控制

事后控制是指根据当期工程实施结果与预定目标（或计划）的分析比较，提出控制措施，在下一轮生产活动中进行控制的方式。它是利用实际实施状况的信息反馈对工程过程进行控制，控制的重点是今后的生产活动。其控制思想是总结过去的经验与教训，把今后的事情做得更好。

事后控制是一种反馈控制，在工程中有着广泛的应用，例如对现场已完工程进行检查，对现场混凝土的试块进行检验以判定工程施工质量，在月底对工程的成本报表进行分析等。

3. 采用主动控制和被动控制相结合的方法

（1）主动控制

1）主动控制就是预先分析目标偏离的可能性，并拟定和采取各项预防性措施，以保证计划目标得以实现。主动控制是对未来的控制，它可以尽可能地改变偏差已经成为事实的被动局面，从而减少损失，使控制更有效。

2）从组织的角度上，要求工作完成人发挥自己的主观能动性，严格自律，自己做好工作，能自我控制。例如在工程施工质量管理中，首先要求施工人员进行自我控制，开展质量自检。

（2）被动控制

它是从工程活动的完成情况分析中发现偏差，对偏差采取措施及时纠正的控制方式。其过程包括：

1）对计划的实施进行跟踪，收集实施情况的信息。

2）对工程信息进行加工、整理，再传递给控制部门。

3）控制部门从中发现问题，找出偏差，寻求并确定解决问题和纠正偏差的方案。

4）实施纠偏方案，使得工程实施一旦出现偏离目标的情况就能得到纠正。

5）通过工程参与者之间的制衡，以及他人的监督检查进行控制。

（3）主动控制和被动控制的关系

对工程管理人员而言，主动控制与被动控制都是实现工程目标所必须采用的控制方式。有效的控制系统是将主动控制与被动控制紧密地结合起来，尽可能加大主动控制过程，同时进行定期、连续的被动控制。只有这样，才能取得工程的成功。

4. 采用循环过程的闭合回路控制方法——PDCA 循环法

工程控制是一个循环往复、持续改进的过程。美国管理专家戴明首先提出的 PDCA 循环管理法，就体现了这种管理理念。

PDCA 是英文 Plan（计划）、Do（实施）、Check（检查）、Action（处理）四个词的第一个字母的缩写。它的基本原理，就是做任何一项工作，或者任何一个管理过程，一般都要经历四个阶段（图 4-3）：

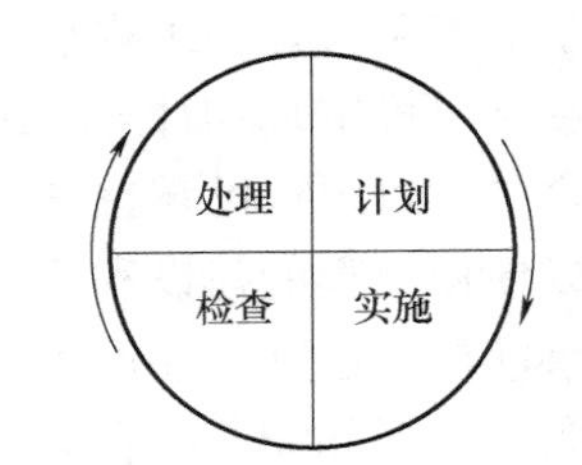

图 4-3 PDCA 循环的四个阶段

1）首先提出设想，根据设想制订计划。

2）然后按照计划规定实施。

3）在实施中以及实施后要检查实施情况和结果。

4）总结经验和教训，寻找工作过程中的缺陷，并提出改进措施，最后通过新的工作循环，一步一步地提高水平，把工作越做越好。这是做好一切工作的一般规律。

PDCA 循环法有以下几方面的特点：

1）每一个循环系统过程包括“计划——实施——检查——处理”四个阶段，它靠工程管理组织系统推动，周而复始地运动，中途不得中断。一次循环解决不了的问题，必须转入下一轮循环解决。这样才能保证工程管理工作的系统性、全面性和完整性。

2）一个工程本身是一个 PDCA 大循环系统；内部的各阶段，或组织的各部门，甚至某一个职能管理工作都可以看作一个中循环系统；基层小组，或个人，或一项工程活动都可以看作一个小循环系统。这样，大循环套中循环，中循环套小循环，环环扣紧；小循环保中循环进而保大循环，推动大循环。把整个工程管理工作有机地联系起来，相互紧密配合，协调地共同发展，如图 4-4 所示。

3）PDCA 循环是螺旋式上升和发展的。每循环一次，都要有所前进和有所提高，不能停留在原有水平上。通过每一次总结，都要巩固成绩，改掉缺点；通过每一次循环，都要有所创新，从而保证工程管理持续改进，管理水平不断地得到提高，如图 4-5 所示。

4.2.3 信息管理理论与方法

1. 信息管理概述

工程信息化水平的高低是衡量工程相关产业现代化程度的标志。工程的决策、设计和计划、施工及运行管理方式随着信息技术的发展而发生了重大的变化，很多传统的方式已被信息技术所代替。通过信息管理可以有效地整合信息资源，充分利用现代信息技术，促进信息的共享和有效的信息沟通，从而实现优化资源配置、提高工程管理效率、规避工程风险，保证工程的成功。具体地说，通过信息管理可以：

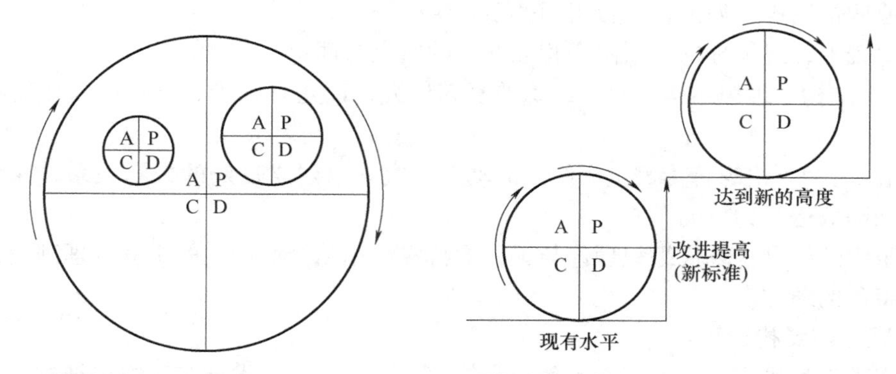

图 4-4 PDCA 循环过程嵌套　　图 4-5 DPCA 循环过程的持续改进

1）使上层决策者能及时准确地获得决策所需的信息，能够有效、快速决策。

2）实现工程组织成员之间信息资源的共享，消除信息孤岛现象，防止信息的堵塞，达到高度协调一致。

3）有效地控制和指挥工程的实施。

4）让外界和上层组织了解工程实施状况，更有效地获得各方面对工程实施的支持。

2. 工程信息管理的任务及方法

工程信息管理就是对工程的信息进行收集、整理、储存、传递与应用的总称。工程管理者承担着工程信息管理的任务，具体包括如下主要内容：

1）按照工程实施过程、工程组织、工程管理工作过程建立工程管理信息系统，在工程实施中保证这个系统正常运行，并保证信息的传递和流通渠道的畅通。

2）组织工程基本情况的信息并系统化，对各种工程报告及各种资料做出规定，例如报告和各种资料的格式、内容、数据结构要求。

3）通过各种信息渠道收集信息，如现场记录、调查询问、观察、试验等，并进行各种信息处理工作。

高科技为现代工程的信息收集提供了许多新的方法和手段，如现场录像、互联网系统、各种专业性的数据采集系统技术、全球定位系统（Global Positioning System，GPS）和地理信息系统（Geographic Information System，GIS）等。

4）文档管理工作。通过文档系统，有条理地储存和提供信息。

信息管理作为工程管理的一项职能，通常在工程组织中要设置信息管理人员，一些大型工程和企业中还设有信息中心。但信息管理又是一项十分普遍的、基本的工程管理工作，是每一个参与工程的组织单位或人员的一项基本工作责任，即他们都要担负收集、处理、提供和传递信息的任务。

4.2.4 组织理论和方法

“组织”一词，其含义比较宽泛，人们通常所用的“组织”一词一般有两个意义：

1）组织工作，表示对一个过程的组织，对行为的策划、安排、协调、控制和检查。例如组织一次会议、组织一次活动、组织一个工程施工过程。

2）组织结构（或机构），这是人们（单位、部门）为某种目的，按照某些规则形成的职务结构或职位结构，如工程项目组织、企业组织等。

在此基础上，组织理论包括两个相互联系的研究方面：

1）组织结构。组织结构侧重于组织的静态研究，以建立精干、合理、高效的组织结构为目的。

2）组织行为。组织行为侧重于组织的动态研究，以建立良好的人际关系，保证组织有效的沟通和高效运行为目的。

工程组织理论是将现代组织理论与工程的特殊性相结合而产生的工程管理理论，是工程管理最富特色的地方。

1. 工程组织结构设计

为了实现工程目标，使人们在工程中高效率地工作，必须设计工程组织结构，并对工程组织的运作进行有效的管理。

（1）工程组织结构的含义

工程组织结构是指工程组织内部分工协作的基本形式或框架。它反映了：

1）工程各参与者（单位、个人和部门等）的一系列的正式的任务安排，即工程实施和管理工作在各个部门与组织成员之间的分配。

2）工程中正式的指令和报告关系，即谁向谁负责、权力的分配、决策责任、权力分层的数量（管理层次）以及管理人员的控制范围（管理幅度）等。

3）工程组织的内部协调机制。工程组织为了保证跨部门合作，要设计一套有效解决信息传输和组织协调的体系。

（2）工程组织的形式

工程组织形式通常有独立的工程项目组织、职能型组织、矩阵型组织等。在现代高科技工程中还有网络式组织和虚拟组织等形式。

工程组织形式的选择与工程的资本结构、工程承发包方式、工程管理模式、工程的规模、复杂程度、同时管理工程的数量、工程目标的重要性等因素有关。

（3）工程组织结构的组成

工程组织结构包括管理层次、管理跨度、管理部门和管理职责四个因素。这些因素相互联系、相互制约。在进行工程组织结构设计时，应考虑这些因素之间的平衡与衔接。

1）管理层次。管理层次是指从组织的最高管理者到最底层操作者的等级层次的数量。合理的层次结构是形成合理的权力结构的基础，也是合理分工的重要方面。

管理层次多，信息传递就慢，而且会失真，决策效率也很慢。同时所需要的管理人员和设施数量就越多，协调的难度就越大，管理费用越高。

通常工程越大，工程参加单位越多，工程分包越细，工程组织的层次就越多。

2）管理跨度。管理跨度是指一个上级管理者直接管理下属的数量。跨度大，管理人员的接触关系增多，处理人与人之间关系的数量随之增大，他所承担的工作量也增多。

对一个具体的工程，管理跨度与管理层次相互联系、相互制约，二者成反比例关系，即管理跨度越大，则管理层次越少；反之，管理跨度越小，则管理层次越多。

工程组织管理跨度与管理者所处的层次、被管理者素质、工作性质、管理者的意识、组织群体的凝聚力、工程的信息化程度等因素相关。

在现代大型工程及大型工程企业中，由于同时管理的工程范围很大或数量很多，因此大多数采用少层次、大跨度的组织形式。

3）管理部门。管理部门是指组织中主管人员为完成规定的任务有权管辖的一个特定的领域，在工程建设阶段主要是指项目经理部。划分管理部门，一方面是工程管理专业化要求；另一方面是为了确定组织中各项任务的分配与责任的归属，以求分工合理、职责分明，从而有效地实现组织的目标。通常在一个工程项目经理部中要设立计划、财务、技术、材料、机械设备、合同、质量、安全、综合事务等管理部门。

4）管理职责。职责是指某项职位应该完成的任务及其责任。职责的确定应目标明确，有利于提高效率，而且应便于考核。同时应授予与职责相应的权力和利益，以保证和激励管理部门完成其职责。

工程组织中通常采用责任矩阵、工作说明表等分配管理职责。

（4）工程组织结构设计的原则

1）目的性原则。虽然工程是分阶段实施的，工程组织成员隶属于不同的单位（企业），具有不同的利益，因此会有不同的目标，但他们都应坚持“一切为了确保工程的成功”这一根本目的。

2）责权利平衡的原则。在工程组织设置和运行过程中，例如，确定工程投资者、业主、工程管理公司、承包商和其他相关者之间的关系，确定工程项目经理部部门之间的关系，确定项目经理部与企业的关系，以及在起草合同、制订计划、制定组织规则时，都应符合责权利平衡的原则。

3）适用性和灵活性原则。工程组织结构是灵活的、多样的，没有普遍适用的工程组织形式，应按照工程规模、范围、工程组织的大小、环境条件及工程的实施战略选择。即使一个企业内部，不同的工程也有不同的组织形式；甚至一个工程在不同阶段，也可以采用不同的组织形式，进行不同的授权。

4）组织制衡原则。由于工程和工程组织的特殊性，要求组织设置和运作中必须有严密的制衡措施，它包括任何权力须有相应的责任和制约；设置责任制衡和工作过程制衡体系；加强过程的监督；保持组织界面的清晰等。

5）合理授权和分权的原则。工程组织设置必须形成合理的组织职权结构和职权关系。在工程组织中，投资者对业主、业主对项目管理公司、承包企业对施工项目经理部分别进行授权管理。授权过程应包括确定预期的成果、委派任务，并授予下属足够的职权完成任务。企业内部门与工程项目经理部之间是分权管理。合理的分权既可以保证指挥的统一，又可以保证各方面有相应的权力来完成自己的职责，能发挥各方面的主动性和创造性。

2. 工程组织行为

由于工程的特殊性，人们在工程组织中的行为也是特殊的：

1）由于工程是一次性的常新的，在工程组织中特别容易产生短期行为，工程的组织摩擦大，人们的归属感和组织安全感不强，组织凝聚力较弱，组织成员之间的沟通存在障碍。

2）工程任务是由许多企业共同承担的，业主、承包商、供应商、项目管理公司都属于不同的企业，他们在工程组织中承担不同的角色，有不同的目标、组织文化，由此导致不同的组织行为。

3）工程的组织形式影响组织行为。人们在独立式组织中的行为与在矩阵式组织中的行为是不同的。

4）由于工程必须得到高层的支持，工程上层组织的组织模式、管理机制、上层领导者的管理风格等，会影响工程的组织行为。

5）合同形式影响工程的组织行为。例如，承包商与业主签订的合同形式会影响承包商对工程控制的积极性。

3. 工程组织协调

工程组织协调就是连接、联合及调和所有的活动和力量，目的是处理好工程内外的大量复杂关系，调动协作各方的积极性，使之协同一致、齐心协力，从而提高工程组织的运作效率，保证工程目标的实现。

工程组织协调是实现工程目标必不可少的方法和手段。在工程的实施过程中，组织协调的主要内容有：

（1）工程组织与外部环境协调

工程组织与外部环境协调包括：

1）与政府管理部门的协调，如规划、城建、市政、消防、人防、环保、城管等部门的协调。

2）与资源供应部门方面的协调，如供水、供电、供热、电信、通信、运输和排水等方面的协调。

3）与工程生产要素（如土地、材料、设备、劳动力和资金等）供应各单位的协调。

4）与工程社区环境方面的协调等。

（2）工程参与单位之间的协调

工程参与单位之间的协调主要包括业主、监理单位、设计单位、施工单位、供货单位等之间的协调。

（3）工程项目经理部内部的协调

工程项目经理部内部的协调指一个工程项目经理部内部各部门、各层次之间及个人之间的协调。

4.2.5 最优化理论和方法

1. 最优化理论的概念

最优化理论即运筹学，广泛应用于工业、农业、交通运输、商业、国防、建筑、通信、政府机关等各个部门、各个领域。它主要解决最优生产计划、最优分配、最佳设计、最优决策、最佳管理等最优化问题。掌握最优化思想和方法并善于对遇到的问题进行优化处理，是工程管理专业人员必须具备的基本素质。

“运筹”在中文意义上即运算筹划、以策略取胜的意思。运筹学是在第二次世界大战中，盟军科学家在研究如何有效地使防空作战系统运行，合理配置雷达站，使整个空军作战系统协调配合来有效地防御德军飞机入侵的过程中发展起来的。战后，运筹学在社会经济领域迅速发展，在工程中应用也取得了许多成果。

运筹学是用数学方法研究经济、社会和国防等部门，以及工程在内外环境的约束条件下合理调配人力、物力、财力等资源，使系统有效运行的科学技术。它可以用来预测系统发展趋势、制定行动规划或优选可行方案。

2. 最优化理论的主要内容

最优化理论研究的内容十分广泛，主要分支有线性规划、非线性规划、整数规划、几何规划、动态规划、图论、网络理论、博弈论、决策论、排队论、存储论、搜索论等。

3. 运筹学在工程管理中的应用

主要体现在以下几方面：

1）施工计划。如施工作业的计划、日程表的编排、合理下料和配料问题、物料管理等。

2）库存管理。包括多种物资库存量的管理，库存方式、库存量优化等。

3）运输问题。如确定最小成本的运输线路、物资的调拨、运输工具的调度及建厂地址的选择等。

4）人事管理。如对人员的需求和使用的预测，确定人员编制、人员合理分配，建立人才评价体系等。

5）财务和会计。如经济预测、贷款和成本分析、定价、现金管理等方面。

6）其他。如设备维修、更新改造、项目选择、评价、工程优化设计与管理等。

4.3 工程管理所需能力

工程管理不仅需要系统全面的知识，还需要将这些知识融合应用的能力。工程管理所需能力可以划分为三个层次：基本能力、专业能力和综合管理能力，如图 4-6 所示。能力通常需要在实践中培养，与前述的知识体系有一定的对应关系。此外不同类型的学校对能力的要求也有较大差别。

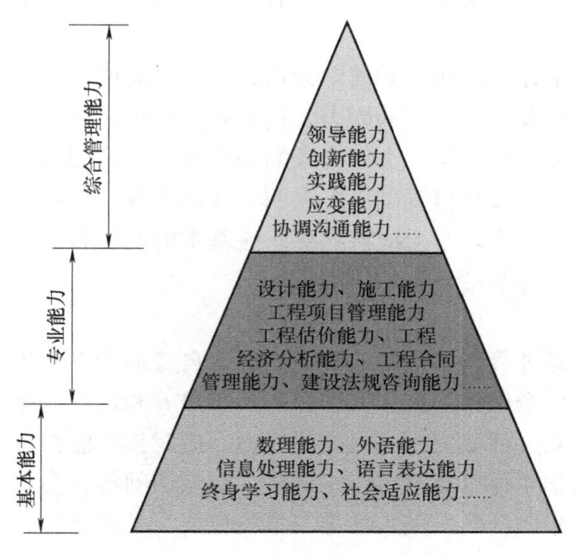

图 4-6 工程管理所需的三个层次能力

4.3.1 基本能力

基本能力是指工科类专业大学生毕业后应具有的基本学习、工作、生活的能力，包括外语能力、数理能力、语言表达能力、信息处理能力、社会适应能力、终生学习能力等。基本能力与所学专业关系不大，是工科类大学生都应具备的基本能力。基本能力与大学所学的基础知识具有一定的对应关系，也有些基本能力是在日常学习生活中培养锻炼出来的。

1. 数理能力

具备数理能力是对工科大学生的基本要求。数理能力涉及数学计算能力，声学、光学、电子、电力、电气、电信、力学等学科的实验能力。大学开设的高等数学、线性代数、概率与统计、物理、化学、生物等课程及附带的实验，目的就是培养学生基本的科学素养和实际动手能力。

2. 外语能力

工科大学生普遍要求具有一定的外语读说听写能力，能够借助工具书查阅和翻译专业外文资料，或者具有一定的口译能力，能在国际工程中与国外伙伴进行口语或文字交流。学生在校期间要求通过一定的外语水平考试（如国家四级或六级外语考试）才能毕业。除了这些考试，大学生在校期间还应主动提高自己的水平和能力，主要途径有参加外语沙龙、外语竞赛、外语演讲等活动。

3. 语言表达能力

语言表达能力是大学生综合素质的突出体现，也是素质教育不可或缺的重要方面。具有良好的语言表达能力，包括口头语言和书面语言能力是高素质人才的重要标志，对个人融入社会和长远发展具有重要的推动作用。

目前来看，人才市场的用人标准越来越注重求职者的表达能力和交际水平，这已经成为学校教育不可忽视的一个问题。学校应多举办体育比赛、演讲比赛等集体活动，为学生创造多与他人交流的机会与环境，使其有自信心、有意识地培养和锻炼语言表达能力。

4. 信息处理能力

信息处理能力是指工作、科研等活动中为达到一定目的或完成某项具体任务，应具备的收集、加工、处理、利用及交流信息的能力，信息处理是指通过一定的手段、方法和步骤对收集到的信息进行加工和创新，使其更符合人们的需要，并为创新和终身学习创造条件。高校开设的信息检索类课程、计算机基础、互联网、数据库等课程以及附带的上机实验等都是为了加强学生的信息处理能力。学生应该熟练掌握基本的办公软件、沟通交流软件、信息检索软件以及计算机、手机等终端设备的使用方法。

5. 社会适应能力

社会适应能力是指随外界环境条件的改变而改变自身的特性和生活方式的能力。提高社会适用能力有利于大学生个性的形成和完善，有利于培养和发展健康的心理。社会适应能力包括自我认知能力、独立生活能力、与人交往能力、应对挫折能力等多方面。社会适应能力主要靠个人自我培养。学生可以通过实习、调研、交流访问等社会实践活动以及做家教、义工、志愿者等方式主动接触社会、融入社会，学校也要为学生培养和提升社会适应能力创造条件。

6. 终身学习能力

终身学习能力是指为适应社会发展和实现个体发展需要而具备的贯穿于人的一生的、持续更新知识的学习能力，这种能力也是大学生必须具备的能力。大学所学知识毕竟有限，不可能受用一生，随着社会发展进步，新的知识不断涌现，必须要具备持续更新知识的能力才能跟上时代步伐，支撑个人职业生涯的发展，不被时代淘汰。

终身学习能力主要体现在自学能力上。自学是独立获得知识和技能，培养能力、锻炼品德的自觉的学习活动。学生培养终身学习能力就是要实现从“学会”到“会学”的转变。另外，接受继续教育也是提高终身学习能力的良好途径之一。

4.3.2　专业能力

专业能力是指个人必须具备的胜任某种特定职业的专业知识才能，在进入职场后表现为专业素质和职业资格。专业能力是一个工程技术（或管理）人员的核心能力或者说是看家本领，是人力市场上用人单位能够雇用某专业大学毕业生的基本着眼点，是与就业后的工作岗位直接相关的。大学专业教育主要是要培养学生的专业能力。

由于专业各有分工，不同的专业要求的专业能力不同。建筑学专业主要培养学生建筑设计能力，学生毕业后成为专业的建筑师；土木工程专业培养学生结构设计和施工能力，学生毕业后成为专业的结构设计师或土木工程师；工程管理专业培养学生工程估价、技术经济分析和项目管理能力，学生毕业后要成为建造师、造价工程师或监理工程师。不能要求建筑学专业的学生必须掌握工程估价或合同管理，这不是该专业培养目标和专业能力要达到的范畴，但工程管理专业的学生必须具备这种能力。

专业能力的培养与专业课程有较强的对应关系，如工程估价能力的培养与工程估价课程具有直接的对应关系。而且为培养专业能力，通常要在所学课程之后附带课程设计、上机实践或者专业实习，使学生把学过的知识应用于实践。

工程管理专业要求学生在毕业后具备的专业能力有设计能力、施工能力、工程项目管理能力、工程估价能力、工程经济分析能力、建设法规咨询能力等。当然对上述能力的要求也有强弱之分。

1. 设计能力

对工程管理专业学生并没有特别高的设计能力要求，但他们需要具备一定的工程设计能力，能够完成一些简单工程的设计任务。具备这种能力，学生可以完成简单的工程设计或规划设计、方案设计，也有助于对设计方案进行评价与决策。高校开设房屋建筑学、工程结构、工程力学、工程材料等课程并附加一些课程设计等都是在培养学生具备初步的设计能力。

2. 施工能力

施工能力是指按照设计图、设计任务以及工程合同等要求，组织人力、财力、物力，按照工程目标要求建成可供使用的建筑工程产品的能力，具体包括进行现场施工管理、施工方案编制、工程质量检查、成本管控、工程联络、技术交底等工作的能力。施工能力是工程管理专业学生必备的技能，而且是一项包含技术与组织管理的综合性较强的能力。这种能力的培养紧密依靠大学阶段建筑设计、结构设计、工程施工等相关课程的学习以及专业实习的锻炼。

3. 工程项目管理能力

工程项目管理是综合的管理，它包括工程的计划、组织、实施的过程控制等，培养学生对工程项目进行有效管理的能力是工程管理专业的首要培养目标。工程项目管理能力可以细化为五种能力：设计管理能力、计划管理能力、合约管理能力、招标采购能力、施工协调能力。

（1）设计管理能力

设计管理，特别是深化设计是业务管理的龙头。没有设计图和深化设计图，就无法确定工程所需的各种材料、设备，无法进行招标采购、施工工艺、安排进度等，后续工作也无从谈起。

（2）计划管理能力

计划管理是项目各项管理的龙头，计划管理包括工程总承包商计划管理、业主单位计划管理、设计单位计划管理、分包商计划管理和其他利益相关方的计划管理五个方面。

实施计划管理时，工程总承包商除了要安排好自身的计划外，还应将业主、分包商和供应商纳入其中，包括设计图提供、材料设备审批、资金安排、重要检查验收等，以便业主团队据此安排设计单位、监理单位、第三方检测机构等相关方的工作计划。

（3）合约管理能力

合约管理能力是指合理、灵活、有效地运用合约赋予的权利来实施工程项目管理，维护自身合理合法权益的能力。这与依靠行政手段来实施管理完全不同。

工程管理专业学生应能够依据相关的法律、法规和相关的建设工程资料，组织完成某些特定工程的合同文件拟订工作，具备参与或组织工程施工招标投标、参加合同谈判以及进行工程索赔的能力，并为此培养一定的人际交往能力和组织管理能力。

（4）招标采购能力

招标采购，不仅仅是合约管理的延伸，更是工程项目团队计划管理水平、技术水平、统筹组织能力和资源整合能力的综合体现。工程项目管理者要在招标采购上树立“共赢”理念，保证资源计划的合理有效，保证所选择的分包商和供应商具备与项目相匹配的实力，守法诚信，所采购的材料设备能充分满足工程建设品质；同时，要能够科学合理地划分招标采购的范围，约定各方之间的责权利等。

（5）组织协调能力

组织协调能力是指具备工程管理工作中计划布置、组织分工协作、人际沟通协调等活动的能力。优秀的组织协调能力有利于处理好建设方、施工方、监理方、设计方、材料供应方、分包方、地方政府等之间的关系，是工程项目顺利进展的有力保证。

4. 工程估价能力

工程管理专业学生应具备应用设计图和设计说明书、相关定额和指标等，熟练使用基于BIM技术的工程建模软件编制工程招标投标文件及工程量清单、估算工程造价的能力，以及对工程建设全过程进行造价管理的能力。工程估价、工程造价管理等课程及其课程设计等就是为培养这些能力而设置的。

5. 工程经济分析能力

工程管理专业学生应具备：进行工程项目策划和可行性研究的能力，对工程设计方案和施工方案进行技术经济分析的能力，应用价值工程等方法进行方案比选和优化的能力。

6. 建设法规咨询能力

工程管理专业学生应系统掌握工程项目建设相关的法律法规及房地产经营管理方面的法律法规，应具备运用建设工程及房地产相关法律法规解决工程中纠纷和矛盾的能力，以及运用相关法律知识争取和维护企业合法权益的能力。

7. 房地产策划与开发的综合能力

工程管理专业的学生还应熟悉并了解房地产开发的全过程，掌握房地产全程策划的方法，了解房地产市场细分方式、项目市场定位和目标市场选择方法，掌握房地产项目产品策划、定价策划、广告策划、销售策划的方法，具备初步的房地产策划能力、房地产估价能力、房地产开发与决策能力，为以后从事房地产开发工作打好基础。

4.3.3 综合管理能力

综合管理能力是工程管理专业学生在上述两种能力的基础上，通过学习、锻炼培养起来的对工程技术、组织、人员、财物等资源进行分配，同时控制、激励和协调群体活动过程，使之相互融合，从而实现工程管理目标的能力，是管理者成功有效地完成工程建设目标的重要保证，是对工程管理人才更高层次的要求。综合管理能力可分为领导能力、协调沟通能力、创新能力、实践能力和应变能力。

1. 领导能力

管理大师德鲁克说过，领导能力是把握组织的使命及动员人们围绕这个使命奋斗的一种能力。领导能力是个人的潜能，它的养成最终取决于个人的品质和个性，而不是仅仅依靠教育，但实践中的学习和历练对于提升领导能力是有很大帮助的。领导能力可以体现在决策能力、组织能力、授权能力、冲突处理能力、激励下属能力等方面。

2. 协调沟通能力

协调沟通能力是指管理者在日常工作中妥善处理好上级、同级、下级等各种关系，减少相互摩擦，调动各方面工作积极性的能力。一个优秀的管理者，要想做到下级安心、上级放心、同级热心、内外齐心，必须要有良好的协调沟通能力。协调能力包括人际关系协调能力和工作协调能力。沟通能力是保证思想一致、减少摩擦争执与意思分歧的重要手段。沟通能力包含表达能力、争辩能力、倾听能力等。

3. 创新能力

创新能力是技术和各种实践活动领域中不断提供具有科学价值的新思想、新理论、新方法和新发明的能力，包括学习能力、分析能力、综合能力、想象能力、批判能力、创造能力、解决问题的能力、动手能力、管理能力以及整合能力等。创新能力是衡量人才水平的重要标志，是管理者必备的素质。创新能力来源于扎实基础、良好素质、创新思维和科学的训练。

4. 实践能力

实践能力指的是实际动手能力或者理论应用于实际工作的能力，具体包括知识积累、信息收集、发现问题、分析问题、实践体验、合作交流、思维判断、解决问题等一系列过程的能力。实践能力的体现小到学习模仿、动手操作，大到科学发现、团队组建、协作攻关、工程实践、总结提升等，是一个跨度较大的综合能力。

5. 应变能力

应变能力是指当环境、条件、对手等发生变化时，能够及时采取措施迅速加以应对的能力。应变能力表现在能在变化中产生应对的创意和策略、审时度势、随机应变、在变动中辨明方向。应变能力包括应对危机的灵活度、做决定的果断力、解决问题的化解力、面对困难的意志力等。良好的应变能力需要必要的知识、出色的智慧、敏捷的头脑和丰富的经验，也是一个成功管理者必备的能力。

上述能力划分有些部分会有一些重叠。

综合管理能力在相当程度上与专业技术类课程关系不大，不是从技术课程里能够学习而成的，它应是在日常生活、学习实践以及日后的工作实践中逐渐培养出来的。因此，对于一般工科技术类专业，专业能力和综合管理能力通常是截然分开的，但对于管理类专业，由于专业课程主要就是学习管理方法，如工程项目管理等，培养的就是综合管理能力，因此专业能力和综合管理能力往往很难分隔开来。

复 习 题

1. 请简述工程管理知识体系的五个平台。
2. 工程管理信息平台主要包含哪些内容？
3. 请简述你对工程管理核心知识与能力的理解。
4. 请简述工程管理所需的三个层次能力。
5. 工程管理所需要的专业能力有哪些？

第5章

工程建设法律法规体系与管理制度

5.1 工程建设的相关法律法规体系

5.1.1 概述

1. 了解法律法规体系的必要性

为最大限度地保障建筑业的健康发展，为人们创造良好的工作、生活以及生产环境，国家通过制定和实施建设法律法规来规范建筑市场和强化工程管理的职能、职责，维护建设市场秩序。法律法规作为政府进行行业管理的重要手段，在建筑市场中起着不可估量的监督和规范作用，具有协调整个建筑市场的有效运转、促进建筑行业健康发展的重要功能。

由于工程项目投资额大，资金回收期长，加之工程结构复杂、参与主体众多等特点，较之其他生产行业，工程建设所具有的社会风险、技术风险、政策风险和信用风险等都相对较大。这也决定了管理者在工程建设目标的实现过程中必须具有较强的法律意识和法律法规实际运用能力，用法律手段维护工程实施的正常秩序和工程参与方的合法权益。

在工程项目实施全过程中，前期工作涉及土地审批和城市规划等方面，中期工作涉及勘察设计、工程施工、监理等方面，后期工作涉及验收、评估、产权、物业管理、税收征管等方面，这些工作都需要在相应的法律法规指导规范下实施执行。另外，工程实施过程因占道、拆迁、噪声、扬尘等因素，难免会对交通及水、电、气、通信保障等原有设施设备的正常运行和人们的日常生活造成一定的影响。为了控制工程实施产生的不利影响，各地政府相继出台了一系列规章和条例，针对工程建设的设计、施工、监理、行政监督等环节，提出了切实有效的控制措施。显然，从事工程管理工作必须了解和把握与工程实施过程相关的各项法律法规。

2. 工程建设法律法规体系定义

法律法规体系是指一个国家全部现行法律规范分类组合为不同的法律部门而形成的有机

联系的统一整体。简单地说，法律法规体系就是部门法体系。其中，部门法（又称法律法规部门）是根据一定标准、原则所制定的同类规范的总称。

当代世界存在大陆法系、英美法系、伊斯兰法系三大法系。我国曾借鉴过大陆法系，并在此基础上逐渐形成了具有中国特色的社会主义法律法规体系。当代中国法律法规体系是在宪法的统领下，由三个结构要素（公法、私法和社会法）构成。划分为若干个法律法规部门，主要包括政治法、行政法、刑法、民法、商法、亲属法、经济法、社会保障法、环境与资源法等。

工程建设法律法规体系是指由国家制定或认可，并由国家强制力保证实施的，旨在调整在建设工程的新建、扩建、改建和拆除等有关活动中产生的社会关系的法律法规系统。它是按照一定的原则、功能、层次所组成的相互联系、相互配合、相互补充、相互制约、协调一致的有机整体，是针对建设工程的专业性法律法规。

建设法律法规体系是构成社会主义法律法规体系的一部分，但其自身也是由不同法律法规部门形成的有机联系的统一整体。

3. 工程建设法律法规体系历史变革

改革开放初期，国务院及其相关行政主管部门制定并颁布了许多有关工程建设方面的规定，但未形成完整的体系，更无一部建设法律，工程建设立法工作还远远不能适应改革开放和社会主义现代化建设的需要。当时，工程建设立法工作依然处于“少、慢、差”的状态。所谓“少”，就是说建设领域缺少法律法规，许多方面仍无法可依，特别是缺少高层次的法律和行政法规。所谓“慢”，就是说工程建设立法工作进展缓慢，立法速度滞后于实际工作的需要，尤其是过去的工程建设立法偏重于实体法，而忽略了程序法的制定，致使存在执法程序不健全、手续不严格等问题。所谓“差”，就是说建设立法工作缺乏科学性、系统性，立法质量不高。不仅当时实行的法律、行政法规和部门规章之间存在着不配套、条文的可操作性差等问题，而且大量的是法规性文件，法律效力差。

因此，1989 年建设部组织了建设法律法规体系的研究、论证工作，并于 1990 年制定出《建设法律体系规划方案》。该方案的核心思想是通过立法，确保建设事业沿着社会主义方向健康发展，使建筑业、房地产业、市政公用事业成为支撑国民经济持续发展和改善城乡人民工作环境、生活环境的强大支柱，使工程建设、城市建设、村镇建设与国民经济协调稳定发展，最大限度地满足人民日益增长的物质和文化生活需要。该方案的提出减少了法律规范之间的不协调、交叉重复甚至相互矛盾的弊病，使我国建设立法工作走上科学化、系统化的轨道。

我国现行的工程建设法律法规体系是以若干并列的专项法律共同组成体系框架的顶层，然后对每部建筑工程专项法律依序再配置相应的行政法规和部门规章作补充，形成若干相互联系又相对独立的小体系，从而构成完整的建筑工程法律法规体系，即梯形结构方案，如图 5-1所示。

5.1.2 建设法律法规体系基本框架

如图 5-2 所示，我国工程现设法律法规体系可以从两个维度来诠释。

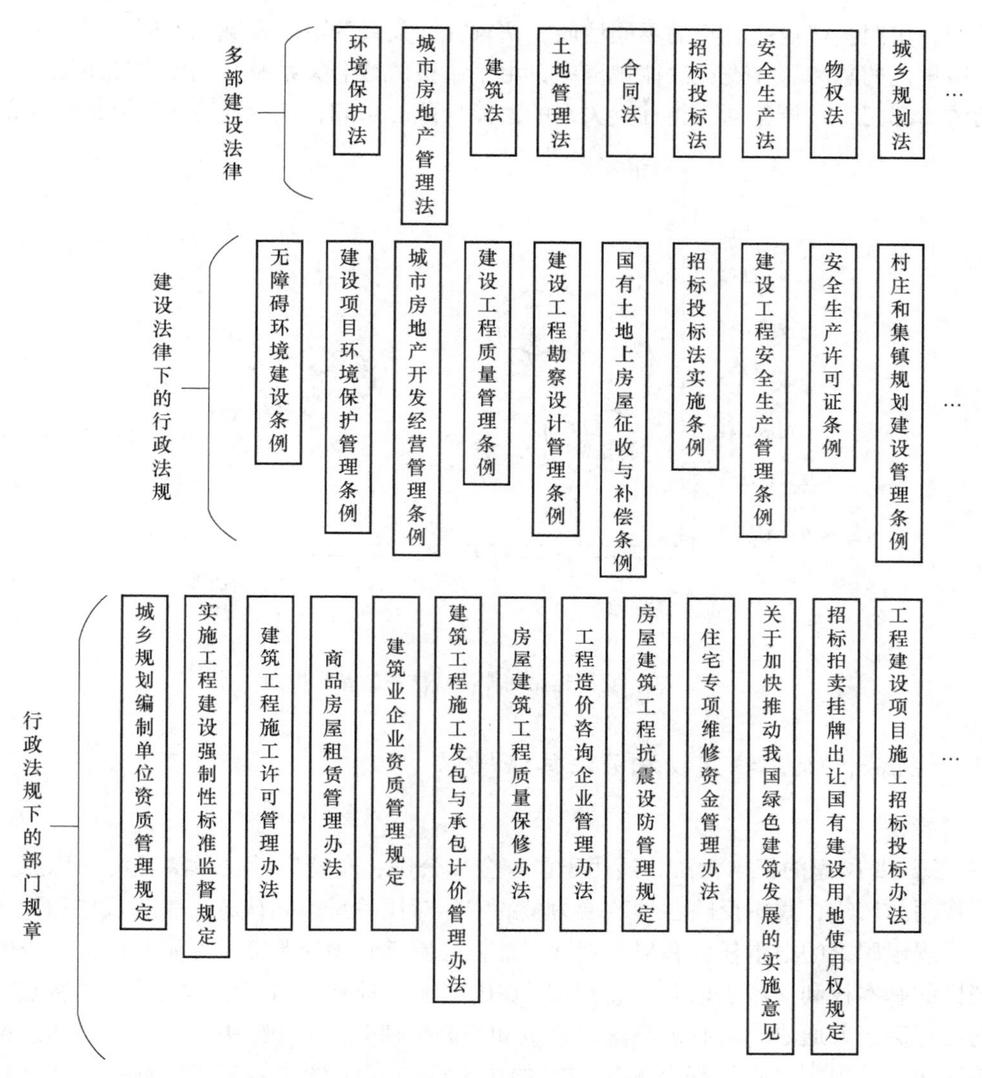

图 5-1　工程建设法律法规体系的梯形结构形式[㊀]

1. 纵向

根据立法机关的地位以及法律适用范围大小，可将建设法律法规体系划分为不同的层次，分别为宪法、法律、行政法规、部门规章、司法解释、地方性法规、地方政府规章。在纵向建设法律法规体系中，地方性法规和规章不能违反上层次的法律法规，行政法规也不能违反法律，从上至下法律法规的数量越来越多，效力范围越来越小，形成一个统一的法律法规体系。

2. 横向

根据建设法律法规隶属法律部门的不同层次划分横向层次。法律部门即是根据一定的标

㊀ 自 2021 年 1 月 1 日起，《中华人民共和国民法典》施行，《合同法》《物权法》同时废止。有关物权、合同的法律规定见《中华人民共和国民法典》的第二编和第三编。

准和原则，按照法律规范自身的不同性质，调整社会关系的不同领域和不同方法等所划分的同类法律规范的总和。在现行法律规范中，由于调整的社会关系及其调整方法不同，可分为不同的法律部门，凡调整同一类社会关系的法律规范的总和，就构成一个独立的法律部门。

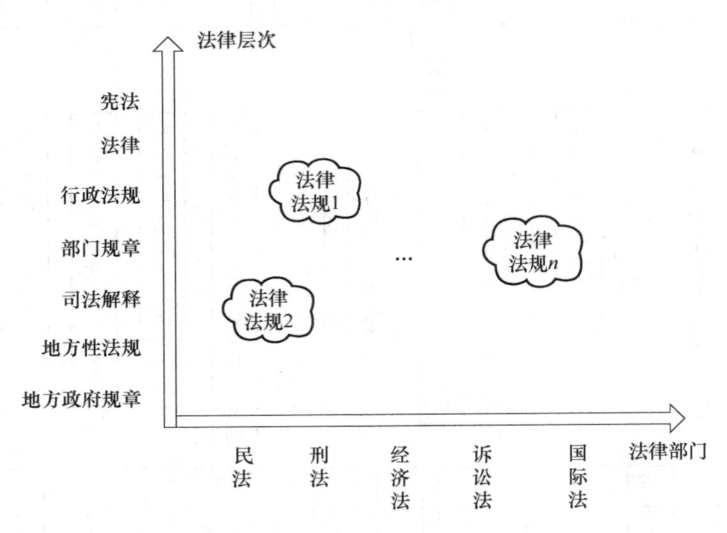

图 5-2　我国建设法律法规体系的基本框架

5.1.3 《宪法》及工程建设相关法律法规

1. 《宪法》

《宪法》是国家的根本大法，适用于国家全体公民，是特定社会政治经济和思想文化条件综合作用的产物，集中反映各种政治力量的实际对比关系，确认革命胜利成果和现实的民主政治，规定国家的根本任务和根本制度，即社会制度、国家制度的原则和国家政权的组织以及公民的基本权利义务等内容。《宪法》在内容上所具有的国家根本法的这一特点，决定了它的法律高于普通法，具有最高法律权威和最高法律效力。《宪法》是制定普通法律的依据，普通法律的内容都必须符合《宪法》的规定。与《宪法》内容相抵触的法律无效。我国的《宪法》由我国的最高权力机关——全国人民代表大会制定和修改。中华人民共和国成立后，曾于 1954 年 9 月 20 日、1975 年 1 月 17 日、1978 年 3 月 5 日和 1982 年 12 月 4 日通过四个《宪法》，现行宪法为 1982 年《宪法》，并历经 1988 年、1993 年、1999 年、2004 年、2018 年五次修订。

《宪法》作为国家根本大法，也包含与工程建设相关的法律条文，为工程建设的管理及立法奠定了基础，指明了方向。例如，《宪法》第一章第十条规定："城市的土地属于国家所有。农村和城市郊区的土地，除由法律规定属于国家所有的以外，属于集体所有；宅基地和自留地、自留山，也属于集体所有。国家为了公共利益的需要，可以依照法律规定对土地实行征收或者征用并给予补偿。任何组织或者个人不得侵占、买卖或者以其他形式非法转让土地。土地的使用权可以依照法律的规定转让。一切使用土地的组织和个人必须合理地利用土地。"这条法律规定了国家各类土地的属性和所有权，奠定了工程建设合法性的前提条件。

《宪法》是制定普通法律的依据，普通法律的内容都必须符合《宪法》的规定。因此，各类建设法律都是在宪法的基础上建立起来的，建设法律的内容必须符合《宪法》的规定。

2. 工程建设相关法律

《宪法》规定国家的根本任务和根本制度，即社会制度、国家制度的原则和国家政权的组织以及公民的基本权利义务等内容。由此可见，《宪法》具有高度凝练的特点，其内容是规定国家最根本的方面，并不能满足对某一行业进行严格规范的要求。如若想要对工程建设领域进行规范，仅仅靠《宪法》是不够的。建设法律便是用来解决这一需求的工具。

工程建设法律是指由全国人民代表大会及其常务委员会审议颁布的属于工程建设方面的各项法律，它是工程建设法律法规体系的核心。我国建设法律法规体系中最核心的几部法律，简单介绍如下：

（1）《中华人民共和国环境保护法》

为了保护和改善生活环境与生态环境，防治污染和其他公害，保障人体健康，促进国民经济各部门在发展经济与保护环境之间寻求和谐共赢的发展关系，中华人民共和国第七届全国人民代表大会常务委员会第十一次会议于 1989 年 12 月 26 日通过《中华人民共和国环境保护法》（简称《环境保护法》），并于当天公布实施。该法律主要内容有环境监督管理、保护和改善环境、法律责任等。

《环境保护法》对建设工程项目的基本要求有：

1）开发利用自然资源的项目，必须采取措施保护生态环境。

2）建设工程现场环境应满足项目所在区域环境质量、相应环境功能区划和生态功能区划标准或要求。

3）对环境可能造成重大影响、应当编制环境影响报告书的建设工程项目，可能严重影响项目所在地居民生活环境质量的建设工程项目，以及存在重大意见分歧的建设工程项目，环保部门可以举行听证会，听取有关单位、专家和公众的意见，并公开听证结果，说明对有关意见采纳或不采纳的理由。

4）建设工程在施工过程中应尽量减少建设工程施工中所产生的干扰周围生活环境的噪声。

5）建设工程项目中防治污染的设施，必须与主体工程同时设计、同时施工、同时投产使用。防治污染的设施必须经原审批环境影响报告书的环境保护行政主管部门验收合格后，该建设工程项目方可投入生产或者使用。防治污染的设施不得擅自拆除或者闲置，确有必要拆除或者闲置的，必须征得所在地的环境保护行政主管部门同意。

2014 年 5 月 24 日，第十二届全国人民代表大会常务委员会第八次会议审议通过该法修订案。本次修改增加了政府、企业各方面责任和处罚力度，被专家称为“史上最严的环保法”。新修订的《环境保护法》贯彻了中央关于推进生态文明建设的要求，最大限度地凝聚和吸纳了各方面共识，是现阶段最有力度的环保法。

（2）《中华人民共和国城市房地产管理法》

为了加强对城市房地产的管理，维护房地产市场秩序，保障房地产权利人的合法权益，促进房地产业的健康发展，1994 年 7 月 5 日第八届全国人民代表大会常务委员会第八次会议通过《中华人民共和国城市房地产管理法》（简称《城市房地产管理法》），自 1995 年 1 月 1 日起施行。法律内容包括房地产开发用地、房地产开发、房地产交易、房地产权属登记管理、法律责任等。

2019 年 8 月 26 日第十三届全国人民代表大会常务委员会第十二次会议通过《关于修改〈中华人民共和国土地管理法〉、〈中华人民共和国城市房地产管理法〉的决定》，这是第三次修正，将“城市规划区内的集体所有的土地，经依法征用转为国有土地后，该幅国有土地的使用权方可有偿出让”改为“城市规划区内的集体所有的土地，经依法征收转为国有土地后，该幅国有土地的使用权方可有偿出让，但法律另有规定的除外”，即“征用”改为“征收”，原因是“征用”不改变集体土地所有权性质，而“征收”是将集体土地所有权收归国有，变为国有土地。

(3)《中华人民共和国建筑法》

为了加强对建筑活动的监督管理，维护建筑市场秩序，保证建筑工程的质量和安全，促进建筑业健康发展，中华人民共和国第八届全国人民代表大会常务委员会第二十八次会议于 1997 年 11 月 1 日通过《建筑法》，自 1998 年 3 月 1 日起施行。法律内容包括建筑许可、建筑工程施工许可、从业资格、建筑工程发包与承包、建筑工程监理、建筑安全生产管理、建筑工程质量管理、法律责任等。

随着我国国民经济和社会的快速发展，建筑市场环境、工程建设参建各方的利益格局等都发生了较大变化，《建筑法》的一些条款已经不相适应，需要进行不断调整。最近一次修改在 2019 年 4 月 23 日，第十三届全国人民代表大会常务委员会第十次会议通过《关于修改〈中华人民共和国建筑法〉等八部法律的决定》，缩短了审批时限，优化了营商环境。

(4)《中华人民共和国土地管理法》

为了加强土地管理，维护土地的社会主义公有制，保护、开发土地资源，合理利用土地，切实保护耕地，促进社会经济的可持续发展，1986 年 6 月 25 日第六届全国人民代表大会常务委员会第十六次会议通过《中华人民共和国土地管理法》(简称《土地管理法》)，1987 年 1 月 1 日开始实施。法律内容包括土地的所有权和使用权、土地利用总体规划、耕地保护、建设用地、监督检查、法律责任等。

最近一次修正在 2019 年 8 月 26 日，第十三届全国人民代表大会常务委员会第十二次会议通过《关于修改〈中华人民共和国土地管理法〉、〈中华人民共和国城市房地产管理法〉的决定》。

(5)《中华人民共和国合同法》

为了保护合同当事人的合法权益，维护社会经济秩序，促进社会主义现代化建设，1999 年 3 月 15 日第九届全国人民代表大会第二次会议通过《中华人民共和国合同法》，自 1999 年 10 月 1 日起施行。法律内容分为总则和分则两个部分。总则是一般规定，包括合同的订立、合同的效力、合同的履行、合同的变更和转让、合同的权利义务终止、违约责任等；分则部分是各类型合同的具体规定，包括买卖合同、供用电（水、气、热力）合同、赠与合同、借款合同、租赁合同、融资租赁合同、承揽合同、建设工程合同、运输合同、技术合同、保管合同、仓储合同、委托合同、行纪合同、居间合同等。

《合同法》中有很多关于建设工程的法律规定。例如，第二百六十九条规定：建设工程合同是承包人进行工程建设，发包人支付价款的合同；建设工程合同包括工程勘察、设计、施工合同。第二百七十二条规定：发包人可以与总承包人订立建设工程合同，也可以分别与勘察人、设计人、施工人订立勘察、设计、施工承包合同；发包人不得将应当由一个承包人完成的建设工程肢解成若干部分发包给几个承包人；总承包人或者勘察、设计、施工承包人经发包人同意，可以将自己承包的部分工作交由第三人完成；第三人就其完成的工作成果与总承包人或者勘察、设计、施工承包人向发包人承担连带责任；承包人不得将其承包的全部建设工程转包给第三人或者将其承包的全部建设工程肢解以后以分包的名义分别转包给第三人；禁止承包人将工程分包给不具备相应资质条件的单位；禁止分包单位将其承包的工程再分包；建设工程主体结构的施工必须由承包人自行完成。第二百七十三条规定：国家重大建设工程合同，应当按照国家规定的程序和国家批准的投资计划、可行性研究报告等文件订立。

2021 年 1 月 1 日起《中华人民共和国民法典》开始施行，《合同法》同时废止。关于合同的法律规定见《中华人民共和国民法典》第三编，其中对建设工程合同的规定有：

第七百八十八条　建设工程合同是承包人进行工程建设，发包人支付价款的合同。

建设工程合同包括工程勘察、设计、施工合同。

第七百九十一条　发包人可以与总承包人订立建设工程合同，也可以分别与勘察人、设计人、施工人订立勘察、设计、施工承包合同。发包人不得将应当由一个承包人完成的建设工程支解成若干部分发包给数个承包人。

总承包人或者勘察、设计、施工承包人经发包人同意，可以将自己承包的部分工作交由第三人完成。第三人就其完成的工作成果与总承包人或者勘察、设计、施工承包人向发包人承担连带责任。承包人不得将其承包的全部建设工程转包给第三人或者将其承包的全部建设工程支解以后以分包的名义分别转包给第三人。

禁止承包人将工程分包给不具备相应资质条件的单位。禁止分包单位将其承包的工程再分包。建设工程主体结构的施工必须由承包人自行完成。

第七百九十二条　国家重大建设工程合同，应当按照国家规定的程序和国家批准的投资计划、可行性研究报告等文件订立。

（6）《中华人民共和国招标投标法》

为了规范招标投标活动，保护国家利益、社会公共利益和招标投标活动当事人的合法权益，提高经济效益，保证项目质量，1999 年 8 月 30 日中华人民共和国第九届全国人民代表大会常务委员会第十一次会议通过《中华人民共和国招标投标法》，自 2000 年 1 月 1 日起施行。法律内容包括招标、投标、开标、评标、中标，以及法律责任等。该法规定大型基础设施、公用事业等关系社会公共利益、公众安全的项目，全部或者部分使用国有资金投资或者国家融资的项目，以及使用国际组织或者外国政府贷款、援助资金的项目，实行强制招标投标。只有涉及国家安全、国家机密、抢险救灾或者属于利用扶贫资金实行以工代赈、需要使用农民工等特殊情况及规模较小的工程可以不进行招标，而采用直接发包的方式。

为了推行招标投标电子化，加大违法招标投标的惩罚力度，进一步规范招标投标程序，在 2017 年 12 月 27 日第十二届全国人民代表大会常务委员会第三十一次会议通过《关于修改〈中华人民共和国招标投标法〉、〈中华人民共和国计量法〉的决定》。

（7）《中华人民共和国安全生产法》

为了加强安全生产监督管理，防止和减少生产安全事故的发生，保障人民群众生命和财产安全，促进经济发展，中华人民共和国第九届全国人民代表大会常务委员会第二十八次会议于 2002 年 6 月 29 日通过《中华人民共和国安全生产法》（简称《安全生产法》），自 2002

年 11 月 1 日起施行。法律内容包括生产经营单位的安全保障、从业人员的权利与义务、安全生产的监督管理、生产安全事故的应急救援与调查处理、法律责任等。建设项目在生产的过程中，安全是第一要位的，施工单位必须在保证安全的前提下进行施工。因此，《安全生产法》对建设工程安全生产的方方面面进行了规范。

为了进一步规范安全生产环节，更好地管理生产经营单位进行安全生产，《安全生产法》于 2014 年进行了修订，在管理理念、方针，生产经营单位的安全责任，安全生产监管等方面，都有一些新思路、新措施。进一步落实了生产经营单位安全主体责任，明确了政府安全监管定位及加强基层执法力量，加大了安全生产责任追究力度。

（8）《中华人民共和国物权法》

为了维护国家基本经济制度，维护社会主义市场经济秩序，明确物的归属，发挥物的效用，保护权利人的物权，2007 年 3 月 16 日，第十届全国人民代表大会第五次会议以高票通过了《中华人民共和国物权法》，自 2007 年 10 月 1 日起施行。法律内容分为五篇：第一编是总则，包括物权的基本原则，物权的设立、变更、转让和消灭等；第二编是所有权，包括国家所有权和集体所有权、私人所有权、业主的建筑物区分所有权、相邻关系、共有、所有权取得的特别规定等；第三编为用益物权，主要有土地承包经营权、建设用地使用权、宅基地使用权、地役权等；第四编为担保物权，内容有抵押权、质权、留置权等：第五编内容是物权占有。

《物权法》规定了土地使用权，这与建设工程息息相关。2021 年 1 月 1 日起《中华人民共和国民法典》开始施行，《物权法》同时废止。关于物权的法律规定见《中华人民共和国民法典》第二编。在土地使用权方面，《中华人民共和国民法典》中规定了土地承包经营权、建设用地使用权与宅基地使用权。这三种不同的土地使用权在权利的设立、利用等方面具有较大的区别，权利人的权利义务也不尽相同，涉及建设工程的各个阶段，为工程建设的土地使用提供了合法性要求。

（9）《中华人民共和国城乡规划法》

为了加强城乡规划管理，协调城乡空间布局，改善人居环境，促进城乡经济社会全面协调可持续发展，中华人民共和国第十届全国人民代表大会常务委员会第三十次会议于 2007 年 10 月 28 日通过《中华人民共和国城乡规划法》，自 2008 年 1 月 1 日起施行。根据 2015 年 4 月 24 日第十二届全国人民代表大会常务委员会第十四次会议《关于修改〈中华人民共和国港口法〉等七部法律的决定》第一次修正，根据 2019 年 4 月 23 日第十三届全国人民代表大会常务委员会第十次会议《关于修改〈中华人民共和国建筑法〉等八部法律的决定》第二次修正。《中华人民共和国城乡规划法》的内容包括城乡规划的制定、城乡规划的实施、城乡规划的修改、监督检查、法律责任等。

除此之外，建设工程管理工作中还涉及其他法律，如《中华人民共和国民法典》《中华人民共和国消防法》《中华人民共和国保险法》《中华人民共和国标准化法》《中华人民共和国税收征收管理法》《中华人民共和国环境影响评价法》《中华人民共和国节约能源法》《中华人民共和国水法》《中华人民共和国固体废物污染环境防治法》《中华人民共和国环境噪声污染防治法》《中华人民共和国公司法》《中华人民共和国个人所得税法》《中华人民共和国反不正当竞争法》《中华人民共和国劳动法》《中华人民共和国行政许可法》《中华人民共和国仲裁法》《中华人民共和国民事诉讼法》《中华人民共和国刑法》等。

3. 建设行政法规

建设行政法规是指由国务院依法制定或批准发布的属于建设方面的法规。行政法规及其发布形式有两种：一是直接以国务院令的形式发布；二是由国务院批准，由国家建设行政主管部门或者与国务院相关部门联合发布。

为什么要在法律的基础上加设行政法规，这是配套立法的问题。配套立法是指基于全国人民代表大会及其常务委员会制定的法律中的一些概括性和不具有可操作性的条款，国务院和其他地方立法主体对该法律制定实施细则、办法，对其进行补充细化完善的立法现象。配套立法是独具中国特色的一种立法模式，在新中国成立初期就开始出现并运用，它是对上位法律的补充和细化，是我国法律法规体系的重要组成部分。

配套立法包含配套立法条款和配套立法文件两个构成要素。配套立法在主体范围、启动方式和行为性质上区别于职权立法，具有附属性、多样性和灵活性的特征。配套条款属于"义务性要求"，因此配套立法具有"义务"的属性，制定配套文件是各个配套主体的职责所在。虽然目前我国社会主义法律法规体系已经基本形成，但是有些法律无法得以顺利施行，需要大量的配套文件来予以配套实现，这就对配套立法工作提出了很高的要求。这也是在诸多建设相关法律的基础上增加建设行政法规的根本原因。

建设工程管理主要涉及的建设行政法规如下：

（1）《建设工程质量管理条例》

为了加强对建设工程质量的管理，保证建设工程质量，保护人民生命和财产安全，《建设工程质量管理条例》于 2000 年 1 月 31 日公布并实施。它是建设工程领域最重要的法规之一，对工程质量管理从建设程序、建设单位、勘察和设计单位、施工单位、工程监理单位等方面规定了质量责任和义务，并明确了建设工程保修制度以及各个工程部位具体的最低保修年限。

1）立法目的。立法目的是保证建设工程质量和安全，是《建筑法》的主要配套立法。《建筑法》对建筑施工许可、建筑工程发包与承包、建筑安全生产管理、建筑工程质量管理等主要方面做出了原则规定，对加强建筑工程质量管理发挥了积极的作用。为了对《建筑法》确立的一些制度和法律责任做出更进一步的规定，对参与建筑活动的各方主体的责任和义务予以明确，对处罚的额度予以明确，以更便于实际执行，进一步增强执法的力度，有必要制定《建设工程质量管理条例》。

2）制定依据。制定依据是《建筑法》。

3）适用范围。本条例的适用范围是在中华人民共和国境内从事的建设工程活动和监督管理活动。对于建设工程活动来讲，无论投资主体是谁，也无论建设工程项目的种类，只要在中华人民共和国境内实施，都要遵守本条例。适用范围对应的主要调整对象为从事建设工程的新建、扩建、改建等有关活动和实施对建设工程质量监督管理这两个方面活动的主体。还包括对建设活动实施监督管理的政府及主要部门，或其委托的有关机构。以上部门或机构在实施对建设工程进行监督管理活动时，必须按照本条例所规定的职责和权限进行，依法行政，不能滥用职权。

（2）《建设工程安全生产管理条例》

《建设工程安全生产管理条例》于 2003 年 11 月 24 日公布，并于 2004 年 2 月 1 日起施行。它规定：建设单位、勘察单位、设计单位、施工单位、工程监理单位及其他与建设工程安全生产有关的单位，必须遵守安全生产法律、法规的规定，保证建设工程安全生产，依法承担建设工程安全生产责任。

1）立法目的。第一，加强对建设工程安全生产的监督管理，就是说政府通过一系列的管理制度和管理措施，对建设工程的安全生产活动进行规范和约束，这主要体现了政府对市场的监督管理职能。这里需要强调的是，政府的监督管理重在确立制度，而不是设立更多的许可、收取更多的费用，这种监督管理与企业日常的生产活动也是有区别的，政府不能为企业包办代替，安全生产的责任还是在企业身上。第二，保障人民群众生命和财产安全，安全生产关系到人民群众的生命和财产安全，加强对安全生产的监督管理，提高安全生产的水平，就是保障了人民群众的生命和财产安全。

2）制定依据。制定依据是《建筑法》《安全生产法》。

3）适用范围。地域上的适用范围即指中华人民共和国境内。行为适用范围包括两个方面：建设工程的新建、扩建、改建和拆除等有关活动；政府及其有关部门实施的对建设工程安全生产的监督管理活动。《建设工程安全生产管理条例》是国务院制定的行政法规，所调整的社会关系是在从事工程建设活动中所发生的社会关系；这些社会关系是由建设单位、勘察单位、设计单位、施工单位、工程监理单位以及政府的主管部门参与建设工程的活动引起的，为本条例的调整对象。

（3）《建设工程勘察设计管理条例》

《建设工程勘察设计管理条例》于2000年9月25日公布并实施。2017年10月23日公布的《国务院关于修改部分行政法规的决定》对条例进行了修改。它就从事建设工程勘察、设计活动的单位的资质管理，勘察、设计工作发包与承包，勘察、设计文件的编制与实施，以及对勘察、设计活动的监督管理等内容做了规定，以保证建设工程勘察、设计质量，保护人民生命和财产安全。

1）立法目的。立法目的是加强对建设工程勘察、设计活动的管理，保证建设工程勘察、设计质量，保护人民生命和财产安全。

2）制定依据。制定依据是《建筑法》。

3）适用范围。从事建设工程勘察、设计活动，必须遵守本条例。本条例所称建设工程勘察，是指根据建设工程的要求，查明、分析、评价建设场地的地质地理环境特征和岩土工程条件，编制建设工程勘察文件的活动。本条例所称建设工程设计，是指根据建设工程的要求，对建设工程所需的技术、经济、资源、环境等条件进行综合分析、论证，编制建设工程设计文件的活动。

（4）《村庄和集镇规划建设管理条例》

《村庄和集镇规划建设管理条例》于1993年5月7日通过，自1993年11月1日起施行。该条例规定村庄、集镇规划建设管理应当坚持合理布局、节约用地的原则，全面规划，正确引导，依靠群众，自力更生，因地制宜，量力而行，逐步建设，实现经济效益、社会效益和环境效益的统一；地处洪涝、地震、台风、滑坡等自然灾害易发地区的村庄和集镇，应当按照国家和地方的有关规定在村庄、集镇总体规划中制定防灾措施。

1）立法目的。立法目的是加强村庄、集镇的规划建设管理，改善村庄、集镇的生产、生活环境，促进农村经济和社会发展。

2）制定依据。制定依据是《城乡规划法》。

3）适用范围。制定和实施村庄、集镇规划，在村庄、集镇规划区内进行居民住宅、乡（镇）村企业、乡（镇）村公共设施和公益事业等的建设，必须遵守本条例。但是，国家征用集体所有的土地进行的建设除外。在城市规划区内的村庄、集镇规划的制定和实施，依照《城乡规划法》执行。

（5）《城市房地产开发经营管理条例》

《城市房地产开发经营管理条例》于 1998 年 7 月 20 日公布并施行。条例从设立房地产开发企业的条件、商品房预售办理登记的文件、住宅质量保证书等方面做出了规定。

1）立法目的。立法目的是规范房地产开发经营行为，加强对城市房地产开发经营活动的监督管理，促进和保障房地产业的健康发展。

2）制定依据。制定依据是《城市房地产管理法》。

3）适用范围。房地产开发经营必须遵守本条例。房地产开发经营是指房地产开发企业在城市规划区内国有土地上进行基础设施建设、房屋建设，并转让房地产开发项目或者销售、出租商品房的行为。

（6）《安全生产许可证条例》

《安全生产许可证条例》于 2004 年 1 月 13 日公布并施行，2014 年国务院对其进行修订。按照该条例的规定：国家对矿山企业、建筑施工企业和危险化学品、烟花爆竹、民用爆炸物品生产企业实行安全生产许可制度。企业未取得安全生产许可证的，不得从事生产活动。

1）立法目的。严格规范安全生产条件，是制定本条例的基本目的之一。实现安全生产，除了必须严格规范安全生产条件外，还需要加大安全生产监管力度。因此，本条例的另一个重要立法目的是“进一步加强安全生产监督管理”。当然，无论是严格规范安全生产条件，还是进一步加强安全生产监督管理，都不是最终目的。本条例的最终目的，是防止和减少生产安全事故，确保人民群众生命和财产安全，保证国民经济持续、健康发展，维护社会稳定的大局。

2）制定依据。制定依据是《安全生产法》。

3）适用范围。安全生产许可制度的适用范围，也就是安全生产许可证的发放范围问题。根据本条例的规定，安全生产许可证的发放范围是五类企业：矿山企业、建筑施工企业和危险化学品、烟花爆竹、民用爆炸物品生产企业。

（7）《建设项目环境保护管理条例》

《建设项目环境保护管理条例》于 1998 年 11 月 29 日公布并实施，最近一次修改是在 2017 年。该条例规定：建设产生污染的建设项目，必须遵守污染物排放的国家标准和地方标准；在实施重点污染物排放总量控制的区域内，还必须符合重点污染物排放总量控制的要求。改建、扩建项目和技术改造项目必须采取措施，治理与该项目有关的原有环境污染和生态破坏。

1）立法目的。第一，是加强生态文明建设的需要。十八大以来，随着经济建设、政治建设、社会建设、文化建设、生态文明建设“五位一体”总体布局的确立，生态文明建设的重要性日益凸显。第二，是落实国务院“放管服”改革精神的需要。十八大以来，国务院有关单位贯彻李克强总理“简政放权”的要求，持续推进行政许可清理，精简、下放审批事项，行业许可与投资审批“串联改并联”，工商执照登记与行业许可“证照分离”。具体到建设项目环境保护领域而言，该条例关于建设项目需要在可行性研究阶段编制环评文件报批、环评文件需要经过行业部门预审、建设项目试生产批准、环保设施要经过环保部门验收合格、编制环评文件单位需要取得资质、环境影响登记表审批等许可事项均在清理之列。为此，2017 年及时修订了该条例，将国务院改革精神落实到法律制度上。

2）制定依据。制定依据是《环境保护法》《环境影响评价法》。

3）适用范围。作为国务院发布的行政法规，适用于中华人民共和国领域，即我国主权所及的全部领陆、领水和领空内建设对环境有影响的建设项目。

（8）《对外承包工程管理条例》

《对外承包工程管理条例》于 2008 年 5 月 7 日国务院第八次常务会议通过，自 2008 年 9 月 1 日起施行，现行版本根据 2017 年 3 月 21 日发布的《国务院关于修改和废止部分行政法规的决定》修订。条例规定：开展对外承包工程，应当维护国家利益和社会公共利益，保障外派人员的合法权益，同时应当遵守工程项目所在国家或者地区的法律，信守合同，尊重当地的风俗习惯，注重生态环境保护，促进当地经济社会发展；对外承包工程应取得一定的资格；对外承包工程的单位应当按照国务院商务主管部门和国务院财政部门的规定及时存缴备用金；对外承包工程的单位与境外工程项目发包人订立合同后，应当及时向中国驻该工程项目所在国使馆（领馆）报告。

1）立法目的。对外承包工程，是实施“走出去”战略的主要形式之一。但近年来，随着我国对外承包工程的发展，一些对外承包工程的单位在资金、技术、管理能力以及商业信誉等方面的条件难以适应开展对外承包工程的需要，守法意识和严格履约的意识薄弱；对外承包工程的质量和安全生产管理以及安全保障有待进一步加强；侵害外派人员合法权益的现象时有发生。这些问题不仅直接影响我国对外承包工程的健康发展，也关系到我国的国际声誉以及与工程项目所在国家的政治、经贸关系。国务院为了规范对外承包工程，促进对外承包工程健康发展，便制定了本条例。

2）制定依据。制定依据是《中华人民共和国对外贸易法》。

3）适用范围。对外承包工程必须遵守本条例。对外承包工程是指中国的企业或者其他单位承包境外建设工程项目的活动。

（9）《民用建筑节能条例》

《民用建筑节能条例》于 2008 年 10 月 1 日起施行。该条例对新建建筑和已有建筑的节能方式以及建筑用能系统的运行节能做出了规定，并明确了违反条例应承担的法律责任。

1）立法目的。第一，加强民用建筑节能管理。目前，我国民用建筑节能工作面临着一些突出问题：一是新建建筑尚未能全部执行民用建筑节能标准，二是既有建筑节能改造举步维艰，三是公共建筑特别是政府办公建筑和大型公共建筑耗电量巨大。降低民用建筑使用过程中的能源消耗源利用效率。降低能源消耗对于保证我国能源可持续利用，缓解人口、资源、环境矛盾具有十分重要的意义。为此，条例将降低民用建筑使用过程中的能源消耗作为立法目的之一。第二，提高能源利用效率。节约能源是我国的基本国策，而节约能源的关键在于采取技术上可行、经济上合理以及环境和社会可以承受的措施，提高能源利用效率。为此，条例将提高能源利用效率作为重要的立法目的之一，并做了一系列规定来保障这一目的的实现。

2）制定依据。制定依据是《中华人民共和国节约能源法》。

3）适用范围。第一，条例适用于民用建筑节能，不调整工业建筑节能（我国房屋建筑分为民用建筑和工业建筑）。第二，条例调整民用建筑使用过程中的节能活动，不调整民用建筑生产建设环节中的节能。减少建筑生产建设环节的资源消耗，比如节地、节水、节材等虽然也十分重要，但是国家已有相关的法律和规定，因此不在本条例调整范围之内。第三，条例不调整节能行为。主要原因在于节能行为属于个人日常行为，如“随手关灯”，可以通过市场机制加以解决，即依靠价格杠杆的调控作用去实现，如缴纳电费。

（10）《国有土地上房屋征收与补偿条例》

《国有土地上房屋征收与补偿条例》于 2011 年 1 月 19 日通过，2011 年 1 月 21 日公布，自公布之日起施行。与同时废止的《城市房屋拆迁管理条例》相比，这部条例有很多新的内容。例如，条例中规定：保障被征收房屋所有权人的合法权益；补偿决定应当公平，应当先补偿、后搬迁。条例中还规定：任何单位和个人不得采取暴力、威胁或者违反规定中断供水、供热、供气、供电和道路通行等非法方式迫使被征收人搬迁；禁止建设单位参与搬迁活动等。这些变化引人关注，这部条例与国家的发展和每个人的利益都息息相关。

1）立法目的。第一，规范国有土地上房屋征收与补偿活动。房屋征收是政府行为，主体是政府。但房屋征收与补偿又不仅仅涉及政府，也涉及房屋被征收群众和各种社会组织，并且征收活动历时时间长、范围广、法律关系复杂，因此，有必要通过立法，对政府的征收行为以及各方的权利义务等予以规范，从而保证房屋征收与补偿工作依法、有序地进行。这是立法的重要目的之一。第二，维护公共利益。目前我国正处在工业化、城镇化快速发展的重要阶段。工业化、城镇化是经济社会发展、国家现代化的必然趋势，符合最广大人民群众的根本利益，是公共利益的重要方面。无论是公共利益的界定，还是房屋征收与补偿工作的开展，都必须考虑我国的国情，切实维护公共利益的需要，实现国民经济和社会的可持续发展。因此，制定该条例的另一个重要目的就是在依法保障被征收人合法权益的同时，必须保证公共利益的需要。第三，保障被征收房屋所有权人的合法权益。依法保障被征收人的合法权益，是制定本条例的又一个核心内容。在房屋征收与补偿过程中，只有切实保障被征收人的居住条件有改善，生活水平不降低，按照市场价格进行评估确定货币补偿金额，即对被征收房屋价值的补偿金额，不得低于房屋征收决定公告之日被征收房屋类似房地产的市场价格，同时对被征收人的搬迁、临时安置和停产停业损失予以补偿，保证被征收人所得补偿在市场上能买到区位、面积类似的住房，并依法赋予被征收人征收补偿方案和房屋征收评估办法制定参与权、房地产价格评估机构的选择权、补偿方式选择权、回迁权以及相应的行政救济权和司法救济权，才能最大限度地维护好房屋被征收群众的利益，才能将群众的当前利益与长远利益统一起来，才能真正做到统筹兼顾，从而为我国经济社会发展，为实现全国人民最根本、最长远的利益创造良好的条件。

2）制定依据。制定依据是《土地管理法》《民法典》。

3）适用范围。适用于征收国有土地上单位、个人的房屋，不适用于集体土地征收。国有土地上的房屋征收和集体土地征收是分别由条例和《土地管理法》调整的。根据《宪法》和《民法典》的有关规定，城市的土地属于国家所有。法律规定属于国家所有的农村和城市郊区的土地，属于国家所有。本条例适用于国有土地上房屋征收活动，但不限于城市规划区内。

（11）《招标投标法实施条例》

《招标投标法实施条例》于2011年11月30日公布，自2012年2月1日起施行，根据2017年3月1日《国务院关于修改和废止部分行政法规的决定》第一次修订，根据2018年3月19日国务院令第698号令《国务院关于修改和废止部分行政法规的决定》第二次修订，根据2019年3月2日《国务院关于修改部分行政法规的决定》第三次修订。本条例针对当前突出问题，主要细化、完善了保障公开公平公正、预防和惩治腐败、维护招标投标正常秩序的规定。

1）立法目的。第一，进一步明确应当公开招标的项目范围。针对一些应当公开招标的项目以法律规定不明确为借口规避公开招标的问题，本条例规定：凡属国有资金占控股或者主导地位的依法必须招标的项目，除因技术复杂、有特殊要求或者只有少数潜在投标人可供选择等特殊情形不适宜公开招标的以外，都应当公开招标；负责建设项目审批、核准的部门应当审核确定项目的招标范围、招标方式和招标组织形式，并通报招标投标行政监督部门。第二，充实细化防止虚假招标的规定。针对这一问题，该条例充实细化了禁止以不合理条件和不规范的资格审查办法限制、排斥投标人的规定，不得对不同的投标人采取不同的资格审查或者评标标准，不得设定与招标项目具体特点和实际需要不相适应或者与合同履行无关的资格审查和中标条件，不得以特定业绩、奖项作为中标条件，不得限定特定的专利、商标、品牌或者供应商等。第三，禁止在招标结束后违反招标文件的规定和中标人的投标承诺订立合同，防止招标人与中标人串通搞权钱交易。条例中规定：招标人和中标人应当依照《招标投标法》和条例的规定签订书面合同，合同的标的、价款、质量、履行期限等主要条款应当与招标文件、中标人的投标文件的内容一致；招标人和中标人不得再行订立背离合同实质性内容的其他协议。第四，完善防止和严惩串通投标、弄虚作假骗取中标行为的规定。本条例在对串通投标行为和弄虚作假骗取中标行为的认定做出明确具体规定的同时，依据《招标投标法》进一步充实细化了相关的法律责任，规定有此类行为的，中标无效，并没收违法所得，处以罚款；对违法情节严重的投标人取消其一定期限内参加依法进行招标的项目的投标资格，直至吊销其营业执照；构成犯罪的，依法追究刑事责任。

2）制定依据。制定依据是《招标投标法》。

3）适用范围。工程以及与工程建设有关的货物、服务，适用本条例。前款所称工程，是指建设工程，包括建筑物和构筑物的新建、改建、扩建及其相关的装修、拆除、修缮等；所称与工程建设有关的货物，是指构成工程不可分割的组成部分，且为实现工程基本功能所必需的设备、材料等；所称与工程建设有关的服务，是指为完成工程所需的勘察、设计、监理等服务。

（12）《无障碍环境建设条例》

《无障碍环境建设条例》于2012年6月13日通过，自2012年8月1日起施行。条例中与工程建设具有密切关系的规定有：城镇新建、改建、扩建的道路、公共建筑、公共交通设施、居住建筑、居住区，应当符合无障碍设施工程建设标准；乡、村庄的建设和发展，应当逐步达到无障碍设施工程建设标准；无障碍设施工程应当与主体工程同步设计、同步施工、同步验收投入使用；新建的无障碍设施应当与周边的无障碍设施相衔接；对城镇已建成的不符合无障碍设施工程建设标准的道路、公共建筑、公共交通设施、居住建筑、居住区，县级以上人民政府应当制定无障碍设施改造计划并组织实施。

1）立法目的。为了创造无障碍环境，保障残疾人等社会成员平等参与社会生活，制定本条例。

2）制定依据。制定依据是《中华人民共和国残疾人保障法》。

3）适用范围。本条例所称无障碍环境建设，是指为便于残疾人等社会成员自主安全地通行道路、出入相关建筑物、搭乘公共交通工具、交流信息、获得社区服务所进行的建设活动。

4. 建设部门规章

建设部门规章是指由国家建设行政主管部门根据国务院规定的职责范围，根据法律和行政法规制定并发布的各项规章，包括国家建设行政主管部门与国务院相关部门联合制定并发布的规章。为什么要在行政法规的基础上加设部门规章，也是配套立法的问题。

由住建部公布实施的重要部门规章有《城乡规划编制单位资质管理规定》《实施工程建设强制性标准监督规定》《商品房屋租赁管理办法》《房屋建筑和市政基础设施工程施工招标投标管理办法》《建筑工程施工许可管理办法》《建筑业企业资质管理规定》《建筑工程施工发包与承包计价管理办法》《房屋建筑工程质量保修办法》《工程造价咨询企业管理办法》《房屋建筑工程抗震设防管理规定》等。

另外，还有住建部与财政部联合签署的《住宅专项维修资金管理办法》《关于加快推动我国绿色建筑发展的实施意见》，原国土资源部颁布的《招标拍卖挂牌出让国有建设用地使用权规定》，国家发改委、工信部、财政部、住建部等共同公布并实施的《工程建设项目施工招标投标办法》等。

建设部门规章的主要作用就是补充和解释那些建设法律和建设法规未规定的事情。从上述建设部门规章的名字可以看出，每一部建设部门规章都有其专门的、具体的职责，如对获取资质（《城乡规划编制单位资质管理规定》《建筑业企业资质管理规定》）、申请施工许可（《建筑工程施工许可管理办法》）、发承包计价（《建筑工程施工发包与承包计价管理办法》）等建设过程中涉及的具体程序进行规范。

5. 司法解释

在我国，司法解释特指由最高人民法院和最高人民检察院根据法律赋予的职权，对审判和检察工作中具体应用法律所做的具有普遍司法效力的解释。最高人民法院所做的解释对所有的下级法院具有约束力，但是违背宪法与法律的司法解释无效。

工程领域比较典型的几个司法解释是：2004 年公布的《最高人民法院关于审理建设工程施工合同纠纷案件适用法律问题的解释》、2003 年制定的《最高人民法院关于审理商品房买卖合同纠纷案件适用法律若干问题的解释》、2009 年公布的《最高人民法院关于审理建筑物区分所有权纠纷案件具体应用法律若干问题的解释》、2019 年施行的《最高人民法院关于审理建设工程施工合同纠纷案件适用法律问题的解释（二）》。

建设司法解释的主要作用是填补建设法律、法规、部门规章的漏洞。法律即使再完备，也难以避免“法律漏洞”现象。在法律存在着漏洞的情况下，司法解释具有填补漏洞的作用。实际上，由于法律规则乃是对复杂的社会现象进行归纳、总结而做出的一般的、抽象的规定，因此人们对规则的含义常常有可能从不同的角度进行理解。而每一个法官在将抽象的规则运用于具体案件的时候，都要对法律规则的内涵及适用的范围根据自身的理解做出判断，而此种判断实际上就是一种对法律的解释。更何况成文法本身不是完美无缺的，总是存在着这样或那样的漏洞，因此，法律解释对任何法律的适用都是必不可少的。尤其是在司法过程中，更需要对法律规范做出明确的解释，从而正确地适用法律和公正地裁判案件。

例如《最高人民法院关于审理建设工程施工合同纠纷案件适用法律问题的解释》第八条，规定了发包人的解除权。承包人具有下列情形之一，发包人请求解除建设工程施工合同的，应予支持：明确表示或者以行为表明不履行合同主要义务的；合同约定的期限内没有完工，且在发包人催告的合理期限内仍未完工的；已经完成的建设工程质量不合格，并拒绝修复的；将承包的建设工程非法转包、违法分包的。已有建设法律对发包人的解除权的规范不够明确，这部分规定便是根据相关法律法规和审理建设工程施工合同纠纷案件的经验对其进行补充解释。

6. 地方性建设法规

地方性建设法规是指在不与宪法、法律、行政法规相抵触的前提下，由省、自治区、直辖市人大及其常委会制定并发布的建设方面的法规，包括省会（自治区首府）城市和经国务院批准的较大的市人大及其常委会制定的，报经省、自治区、直辖市人大或其常委会批准的各种法规。地方性法规在其行政区域内有法律效力。

地方性建设法规是针对地方特点、因地制宜地对建设方面进行规范，具有较强的针对性，但不具有普适性。例如 2019 年颁布的《湖州市美丽乡村建设条例》，是国内首部地方性美丽乡村建设法规，经浙江省第十三届人大常委会第十一次会议表决通过。该条例充分反映了实施“千万工程”以来湖州市农村基础设施建设、村容村貌整治、“三治融合”等成功实践。针对群众反映突出的农村垃圾分类、污水处理、管线架设、产业发展要素瓶颈等问题，创设了很多具有地方特色的制度规定，为行政执法、农村自治管理提供法律依据，推动解决老百姓身边的“关键小事”。

7. 地方政府建设规章

地方政府建设规章是指省、自治区、直辖市以及省会（自治区首府）城市和经国务院批准的较大的市的人民政府，根据法律和国务院的行政法规，制定并颁布的建设方面的规章。各省、自治区、直辖市根据国家有关法律、法规，结合当地工作实际，颁布、实施了一大批地方政府建设规章，如《北京市建筑工程施工许可办法》（2003 年 11 月 25 日北京市人民政府第 139 号令颁布）。

地方政府规章可以规定的事项包括：①为执行法律、行政法规、地方性法规的规定需要制定规章的事项。例如，《北京市建筑工程施工许可办法》第五条规定：市住房城乡建设行政主管部门是本市建筑工程施工许可的主管机关，区住房城乡建设行政主管部门按照规定职责负责本行政区域内建筑工程施工许可工作。②属于本行政区域具体行政管理的事项。例如，《北京市建筑工程施工许可办法》第七条规定：施工许可证应当以建设项目为单位领取；但房屋建筑工程可以以一个或者若干单项工程为单位分别领取；线状市政基础设施工程可以分段领取；按照前款规定建设项目分别领取施工许可证的，各单项工程、分段工程的工程投资额或者建筑面积不得低于本办法第二条规定的限额；各单项工程、分段工程的建设规模、工程投资额总和应当分别与建设项目的总建设规模和总工程投资额一致。

地方政府规章的效力低于法律和行政法规，也低于同级或上级地方性法规。

地方性法规与部门规章之间对同一事项的规定不一致，不能确定如何适用时，由有关机关依照下列规定的权限做出裁决：

1）同一机关制定的新的一般规定与旧的特别规定不一致时，由制定机关裁决。

2）地方性法规与部门规章之间对同一事项的规定不一致，不能确定如何适用时，由国务院提出意见，国务院认为应当适用地方性法规的，应当决定在该地方适用地方性法规的规定；认为应当适用部门规章的，应当提请全国人民代表大会常务委员会裁决。

3）部门规章之间、部门规章与地方政府规章之间对同一事项的规定不一致时，由国务院裁决。

根据授权制定的法规与法律规定不一致，不能确定如何适用时，由全国人民代表大会常务委员会裁决。

5.2 工程建设的管理体制和制度

5.2.1 工程项目管理体制和制度的历史变革

中华人民共和国成立以来，我国建设工程管理体制的变迁历程如图 5-3 所示，大致经历了三个阶段。

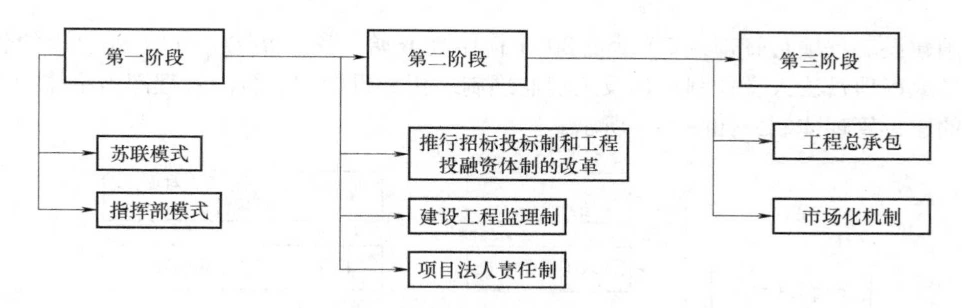

图 5-3 我国建设工程管理体制的变迁历程

第一阶段是从 1953 年至 20 世纪 80 年代初。最初学习苏联模式，以建设单位为主的甲、乙、丙三方制，甲方（建设单位）由政府主管部门负责组建，乙方（设计单位）和丙方（施工单位）分别由各自的主管部门进行管理。后期采用工程指挥部模式，由项目主管部门从本行业、本地区所管辖的单位中抽调专门人员组成临时指挥部，负责建设期间的设计、采购、施工的管理，项目建成即解散。政府在以上两种模式中直接负责工程管理和协调决策工作。

第二阶段从 20 世纪 80 年代初到 2003 年，逐步推行招标投标制和工程投融资体制的改革、建设工程监理制和项目法人责任制。制度变迁是一个错综复杂、边际调整的过程，大的制度环境决定了一系列制度安排及其变迁，一系列制度变迁也促使制度环境不断改善。建设工程项目管理体制的制度变迁是随着我国政治经济体制的变革而发生的。在以行政命令和指令性计划为特征的计划经济体制向以市场为导向的市场经济体制转变的过程中，原有建设工程项目管理体制的乏力和低效率不断凸现，为适应转轨时期的经济环境就必须对原有的项目建设管理制度进行改革。20 世纪八九十年代末期的“三项制度”，就是在这样的背景下形成的。

随着经济体制改革的深化，又迫切需要不断完善“三项制度”，创新现有的建设工程项目管理体制。于是2003年以后，建设工程项目管理体制的改革进入了第三阶段。这一阶段以2003年《建设部关于培育发展工程总承包和工程项目管理企业的指导意见》和2004年国务院《关于投资体制改革的决定》的颁布为标志。该阶段与第二次改革完全改变了工程项目管理机制不同，这次改革旨在巩固、推动第二阶段建立的工程项目管理机制。其中，工程项目管理体制的改革属于强制式的制度变迁方式，即由政府在其中起主导作用，采用立法、建立规章等方式推进招标投标、建设监理和项目法人责任制的实施；工程项目投资体制的变迁属于强制式和诱致式相结合的制度变迁方式，即政府主导和推动，促进工程建设的市场化机制逐步形成，增强以企业为投资主体的市场化竞争能力。

总之，我国建设工程项目管理在特定的社会历史背景和经济发展条件下延伸发展至今，已形成以工程招标投标制、建设工程监理制、项目法人责任制和合同管理制为核心的具有中国特色的建设管理体制。实践证明，现行建设工程管理体制与计划经济时期相比，在建立与社会主义市场经济体系相适应的建设市场体系、提高建设工程投资效益方面起到了积极的作用。但从发展的观点看，我国建设工程管理还有待于不断改革、发展和创新。

5.2.2 我国现行工程项目管理体制和制度

我国建设工程项目管理从20世纪80年代中期开始，逐步借鉴西方工程建设的管理模式，已形成以项目法人责任制、建设工程监理制、招标投标制、合同管理制为主体的具有中国特色的建设管理体制，如图5-4所示。

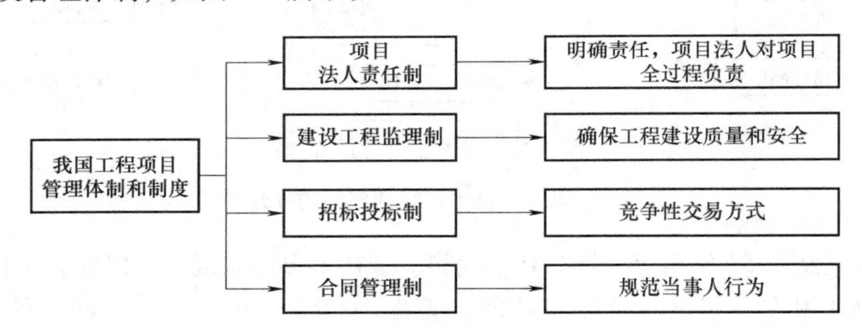

图5-4 具有中国特色的工程项目管理体制

1. 项目法人责任制

（1）项目法人责任制的意义与地位

建设管理“四制”中，最关键、最核心的是项目法人责任制。招标投标、建设监理、合同管理围绕项目法人展开，只有在项目法人责任制落实的基础上，其他三种制度才能发挥出真实效力。

20世纪80年代前，我国政府投资工程项目的建设模式是，工程立项后成立建设单位，由它负责工程建设期的管理。工程建成后建设单位将工程移交给使用单位，工程建设单位（实质上就是现在的业主）就解散。这种模式产生了许多弊病，例如，建设单位仅以完成建设任务为宗旨，没有企业自身的利润要求，因此，浪费现象越来越重。

从20世纪80年代中期开始，我国就试行政府投资项目法人责任制，对经营性建设项目，规定由项目法人对项目的策划、资金筹措、工程建设、生产经营、债务偿还和资产的保值增值实行全过程负责。这对于深化投资体制改革，建立投资风险责任约束机制，有效地控制投资规模，规范项目法人行为，明确其责、权、利，提高投资效益有很大作用。

（2）项目法人责任制的重要性

项目法人责任制的重要性有以下几点：

1）规定了项目法人是项目实施的全过程责任主体。1996 年，国家计委颁布的《关于实行建设项目法人责任制的暂行规定》指出，项目法人对项目的策划、资金筹措、建设实施、生产经营、债务偿还和资产的保值增值，实行全过程负责。可以看出，项目法人参与并负责项目建设的全部环节，要求其必须具备筹措资金、组织策划、项目管理、生产经营等各方面能力，同时具备较强的主观能动性，保障项目的实施效果。

2）规定了项目法人是招标采购活动的组织者。项目法人作为招标人，相较于投标人、招标代理、行政监督等招标投标活动参与方，占据绝对的核心地位。根据《招标投标法》等现行法律法规，招标人具有选择招标代理、编制和澄清修改招标文件、组织现场踏勘、设置标底、主持开标、组建评标委员会、根据评标报告确定中标人等权力，是能否选择到优秀中标人的关键因素。

3）规定了项目法人是合同管理的执行者。合同管理是项目管理的核心，管项目主要是管合同，而管合同主要由项目法人来执行。因此，项目法人责任制不落实，合同管理就缺失了主体，合同管理自然无从谈起。只有项目法人具备较强的合同意识，才能签订好合同，并依据合同管好设计、监理、施工等参建各方，进而管好项目。

4）规定了项目法人是建设监理的监督者。监理单位作为一个受托人，受项目法人的委托，对工程质量、安全、进度、造价等进行专业化监督管理，如果缺少项目法人的监督和考核，就很难保证监理能认真履行其职责。

因此，项目法人责任制是工程建设管理的关键。项目法人的素质和能力，关系到工程建设的安全、质量、进度和造价，没有一个优秀的项目法人做支撑，招标投标将陷于混乱，合同管理将形同虚设，建设监理将流于形式。例如凤凰县沱江大桥坍塌事故，就是一起典型的由于项目法人责任制落实不到位而造成的质量安全事故，根据事故调查报告，建设单位项目管理混乱，对发现的施工质量问题未认真督促施工单位整改，同时对监理单位人员不到位、设计单位违规将勘察项目分包给个人等情况熟视无睹，为了赶工期，甚至要求监理不要上桥检查，最终造成了事故。

2. 建设工程监理制

（1）建设工程监理制的产生

建设工程监理是商品经济发展的产物。工业发达国家的资本占有者，在进行一项新的投资时，需要一批有经验的专家进行投资机会分析，制定投资决策；项目确立后，又需要专业人员组织招标活动，从事项目管理和合同管理工作。建设工程监理业务便应运而生，而且随着商品经济的发展，不断得到充实完善，逐渐成为建设程序的组成部分和工程实施惯例。推行建设工程监理制度的目的是确保工程建设质量和安全，提高工程建设水平，充分发挥投资效益。

建设工程监理是指具有相应资质的工程监理企业，接受建设单位的委托，承担其工程监督管理工作，并代表建设单位对承包商的建设行为进行监控的专业化服务活动。

我国从 1988 年开始监理试点，1996 年全面推行监理制度。《建筑法》《建设工程质量管理条例》《建设工程监理范围和规模标准规定》对实行强制性监理的工程范围做了具体规定：

1）国家重点建设工程。

2）大中型公用事业工程，如总投资额在一定额度以上的供水、供电、供气、供热等市政工程，科技、教育、文化、体育、旅游、商业等工程，卫生、社会福利和其他公用工程。

3）成片开发建设的住宅小区工程。

4）利用外国政府或者国际组织贷款、援助资金的工程，包括使用世界银行、亚洲开发银行等国际组织贷款资金的工程，使用国外政府及其机构贷款资金的工程，使用国际组织或者国外政府援助资金的工程。

5）国家规定必须实行监理的其他工程，如总投资额在3000万元以上关系社会公共利益、公众安全的交通运输、水利建设、城市基础设施、生态环境保护、信息产业、能源等基础设施工程，以及学校、影剧院、体育场馆工程。

（2）建设工程监理的工作任务

建设工程监理的工作任务主要是三控制、三管理、一协调。

1）三控制。三控制包括的内容有：投资控制、进度控制、质量控制。

建设工程项目投资控制，就是在建设工程项目的投资决策阶段、设计阶段、施工阶段以及竣工阶段，把建设工程投资控制在批准的投资限额内，随时纠正发生的偏差，以保证项目投资管理目标的实现，力求在建设工程中合理使用人力、物力、财力，取得较好的投资效益和社会效益。

进度控制是指对工程项目建设各阶段的工作内容、工作程序、持续时间和衔接关系，根据进度总目标及资源优化配置的原则，编制计划并付诸实施，然后在进度计划的实施过程中经常检查实际进度是否按计划进行，对出现的偏差情况进行分析，采取有效的补救措施，修改原计划后再付诸实施，如此循环，直到建设工程项目竣工验收交付使用。

质量控制是指为保证和提高工程质量，使得工程满足建设单位需要，并符合国家法律、法规、技术规范标准、设计文件及合同规定，运用一整套质量管理体系、手段和方法所进行的系统管理活动。

2）三管理。三管理指的是合同管理、安全管理和风险管理。

① 合同管理。合同是工程监理中最重要的法律文件。订立合同是为了证明一方向另一方提供货品或者劳务，它是订立双方责、权、利的证明文件。施工合同的管理是项目监理机构一项重要的工作，整个工程项目的监理工作即可视为施工合同管理的全过程。

② 安全管理。建设单位施工现场安全管理包括两层含义：一是指工程建筑物本身的安全，即工程建筑物的质量是否达到了合同的要求；二是施工过程中人员的安全，特别是与工程项目建设有关各方在施工现场施工人员的生命安全。

监理单位应建立安全监理管理体制，确定安全监理规章制度，检查指导项目监理机构的安全监理工作。

③ 风险管理。风险管理是对可能发生的风险进行预测、识别、分析、评估，并在此基础上进行有效的处置，以最低的成本实现最大目标保障。工程风险管理是为了降低工程中风险发生的可能性，减轻或消除风险的影响，以最低的成本取得对工程目标保障的满意结果。

3）一协调。一协调主要指的是施工阶段项目监理机构的组织协调工作。

工程项目建设是一项复杂的系统工程。在系统中活跃着建设单位、承包单位、勘察设计单位、监理单位、政府行政主管部门以及与工程建设有关的其他单位。

在系统中监理单位具备最佳的组织协调能力。主要原因是：监理单位是建设单位委托并授权的，代表建设单位，并根据委托监理合同及有关的法律、法规授予的权力，对整个工程项目的实施过程进行监督并管理。监理人员都是经过考核的专业人员，他们有技术，会管理，懂经济，通法律，一般有着较高的管理水平、管理能力和监理经验，通过监督推动工程项目建设过程的有效实施运行。监理单位对工程建设项目进行监督与管理，根据有关的法令法规有自己特定的权力。

（3）建设工程监理制的不足

目前工程监理已经成为我国基本建设的一项重要的法定制度，成为我国建设工程管理的重要环节。工程监理制度能够确保工程建设质量和安全，提高工程建设水平，充分发挥投资效益。但目前这项制度也存在一些问题。

1）监理工作管理不全面。管理不全面主要表现在监理工作中没有将相应的权力合理赋予监理人员，从而对监理人员的业务活动范围造成一定限制。

2）监理人员素质不高。在监理人员的配备方面，一般存在以下三方面问题：一是年龄分布不合理，二是素质不高，三是不稳定。首先对年龄分布情况进行分析，通常监理人员的主要负责人都是返聘的退休领导或专家，主要原因是他们的施工经验比较丰富，不过随着现代信息化技术的日新月异，他们原有的知识和经验已无法满足社会发展的需求，在接受新知识方面他们具有较弱的能力，从而导致在监理工作中与下属沟通不畅。另外，部分人员素质低、实践能力差、流动率高，直接影响到监理队伍整体素质，更重要的是耽误了监理工作的正常进行。

3）监理费用不合理。在工程建设总资金中，工程监理费只占一小部分比例，因此对监理工作的开展造成一定的制约。缺乏充足的资金会对监理人员聘用专业化高端人才造成一定的阻碍，会对高精尖技术设备的应用造成一定的影响，部分老旧设备得不到及时更改，从而降低了监理工作的效率和质量。

3. 招标投标制

（1）招标投标制的产生

招标投标最早起源于英国，自第二次世界大战以来，招标投标影响力不断扩大，先是西方发达国家，接着世界银行在货物采购、工程承包中大量推行招标投标方式，近几十年来，发展中国家也日益重视和采用招标投标方式进行货物采购和工程建设。招标投标作为一种成熟的交易方式，其重要性和优越性在国内、国际经济活动中日益被各国和各种国际经济组织广泛认可，进而在相当多的国家和国际组织中得到立法推行。

我国最早于 1902 年采用招标比价（招标投标）方式承包工程，当时张之洞创办湖北皮革厂，五家制造商参加开标比价。但是，由于我国特殊的封建和半封建社会形态，招标投标在我国近代并未像资本主义社会那样以一种法律制度形式得到确定和发展。从新中国成立初期到党的十一届三中全会期间，我国实行的是高度集中的计划经济体制，在这一体制下，政府部门、公有企业及有关公共部门基础建设和采购任务由主管部门用指令性计划下达，企业的经营活动都由主管部门安排，在这种体制下根本不可能也没有必要采用招标投标。党的十一届三中全会以后，国家实行改革开放政策，招标投标才得以应运而生。1980 年，国务院在《关于开展和保护社会主义竞争的暂行规定》中提出，对一些适宜于承包的生产建设项目和经营项目，可以试行招标投标的办法，揭开了中国招标投标的新篇章。全国人大于1999年8月30日颁布了《中华人民共和国招标投标法》，将招标投标活动纳入了法制管理的轨道。

招标投标是市场经济条件下进行大宗货物的买卖、工程建设的发包与承包以及服务的采购与提供时，所采用的一种交易方式。它作为一种竞争性交易方式能够对市场资源的有效配置起到积极作用。我国工程承包市场的主要交易方式就是招标投标。工程招标是指招标人通过招标文件将委托的工作内容和要求告知有兴趣参与竞争的工程承包企业，让它们按规定条件提出实施计划和价格，然后通过评审选出信誉可靠、技术能力强、管理水平高、报价合理的承担单位，最终以合同形式委托工程任务。因此招标投标制实际上是要确立一种公平、公正、公开的合同订立程序。

（2）招标投标制的作用

招标投标制是为合理分配招标、投标双方的权利、义务和责任建立的管理制度，加强招标投标制的建设是市场经济的要求。招标投标制的作用主要体现在以下四个方面：

1）通过招标投标提高经济效益和社会效益。我国社会主义市场经济的基本特点是要充分发挥竞争机制作用，使市场主体在平等条件下公平竞争、优胜劣汰，从而实现资源的优化配置。招标投标是市场竞争的一种重要方式，最大优点就是能够充分体现“公开、公平、公正”的市场竞争原则，通过招标采购，让众多投标人进行公平竞争，以最低或较低的价格获得最优的货物、工程或服务，从而达到提高经济效益和社会效益、提高招标项目的质量、提高国有资金使用效率、推动投融资管理体制和各行业管理体制改革的目的。

2）通过招标投标提升企业竞争力。招标投标有利于促进企业转变经营机制，提高企业的创新活力，积极引进先进技术和管理方法，提高企业生产、服务的质量和效率，不断提升企业市场信誉和竞争力。

3）通过招标投标健全市场经济体系。招标投标有利于维护和规范市场竞争秩序，保护当事人的合法权益，提高市场交易的公平、满意和可信度，促进社会和企业的法治、信用建设，促进政府转变职能，提高行政效率，建立健全现代市场经济体系。

4）通过招标投标打击贪污腐败。招标投标有利于保护国家和社会公共利益，保障合理、有效使用国有资金和其他公共资金，防止其浪费和流失，构建从源头预防腐败交易的社会监督制约体系。在世界各国的公共采购制度建设初期，招标投标制由于其程序的规范性和公开性，往往能对打击贪污腐败起到立竿见影的效果。然而，随着腐败与反腐败博弈的深入，腐败活动会以更加隐蔽的形式存在，给招标投标制的设计者提出了新的挑战。

4. 合同管理制

（1）合同管理制的产生

在市场经济条件下，工程任务的委托、实施和完成主要依靠合同来规范当事人行为，同时合同的内容将成为开展建筑活动的主要依据。依法加强建设工程合同管理，可以保障建筑市场的资金、材料、技术、信息、劳动力的管理。因此，发展和完善建筑市场，必须要有严格的建设工程合同管理制度。

合同管理制的基本内容就是要求建设工程的勘察、设计、施工、材料设备采购和建设工程监理都依法订立合同；各类合同都要有明确的质量要求、履约担保和违约处罚条款，违约方要承担相应的法律责任等；在工程中应当严格按照法律和合同进行建设和管理。

为了推行建设领域的合同管理制，住建部、发改委和其他有关部门在立法、颁布工程合同示范文本以及推动其实际应用等方面做了大量的工作。

1999 年 10 月 1 日，建设部与国家工商行政管理局联合颁布了《建设工程施工合同（示范文本）》《建设工程勘察合同（示范文本）》《建设工程设计合同（示范文本）》《建设工程委托监理合同（示范文本）》，这些示范文本对完善建设工程合同管理制度起到了极大的推动作用。

2007 年 11 月 1 日，国家发改委、财政部、建设部、铁道部、交通部、信息产业部、水利部、民航总局、广电总局九个部委局联合编制颁布了《〈标准施工招标资格预审文件〉和〈标准施工招标文件〉试行规定》及相关附件，并规定自 2008 年 5 月 1 日起施行。这对规范施工招标资格预审文件、招标文件编制，促进招标投标活动的公开、公平和公正，以及合同的实施都起到了较大的作用。

（2）FIDIC 合同范本与我国建设工程施工合同的对比

FIDIC（Fédération Internationale Des Ingénieurs Conseils）下设许多专业委员会，制定了许多建设项目管理规范与合同文本，已为联合国有关组织和世界银行、亚洲开发银行等国际金融组织以及许多国家普遍承认和广泛采用，为世界大多数承包人所熟悉。FIDIC 合同作为国际工程项目的普遍合同形式，与之相对应的是我国的建设工程合同。将我国《建设工程施工合同（示范文本）》与 FIDIC 合同范本进行对比，详见表 5-1。

表 5-1　《建设工程施工合同（示范文本）》与 FIDIC 合同对比

对　比	FIDIC 合同范本	《建设工程施工合同（示范文本）》
总体结构	FIDIC“红皮书”由三部分组成：协议书、通用条件和专用条件	示范文本也分为三部分：合同协议书、通用合同条款和专用合同条款
指定分包商	2017 版 FIDIC 红皮书第 5 条专门约定了指定分包商条款，具体包括指定分包商定义、对指定分包商的反对、对指定分包商的支付、支付的证据等内容	2017 版示范文本并没有专门的条款来对指定分包做出约定，而是仅通过暂估价项目约定了分包人的选择方式，而暂估价项目的招标仍然由承包单位完成。事实上目前国内法律和示范文本并不允许指定分包商的做法
工程师/监理人为中心的合同管理	FIDIC 红皮书第 3 条约定了工程师条款，包括工程师的职责和权力、工程师的授权、工程师的指示、工程师的撤换决定。FIDIC 合同条件下，工程师可行使合同中明确规定的或必然隐含的赋予他的权力。如果要求工程师在行使其规定权力之前需获得雇主的批准，则此类要求应于合同专用条件中注明。雇主不能对工程师的权力加以进一步限制，除非与承包商达成一致	2017 版示范文本第 4 条约定了监理人条款，包括监理人的一般规定、监理人员、监理人的指示、商定或确定。相对于 FIDIC 合同条件，示范文本对监理人的授权并不充分，监理人并未获得合同必然隐含的赋予他的权力。监理人只能按照发包人的授权发出监理指示，监理人更多的是进行安全质量和进度的管理，缺乏成本控制能力，缺少裁决能力
工程师的口头指令	如果工程师或授权助理发出口头指示，在发出指示后 2 个工作日内，从承包商（或承包商授权的他人）处接到指示的书面确认，工程师或其授权助理在接到确认后 2 个工作日内未颁发书面拒绝和（或）指示作为回复，则此确认构成工程师或授权助理的书面指示（视情况而定）	示范文本规定紧急情况下，为了保证施工人员的安全或避免工程受损，监理人员可以口头形式发出指示，该指示与书面形式的指示具有同等法律效力，但必须在发出口头指示后 24h 内补发书面监理指示，补发的书面监理指示应与口头指示一致

（续）

对　　比	FIDIC 合同范本	《建设工程施工合同（示范文本）》
合同文件	合同文件的优先顺序基本一致。FIDIC 合同条件支持电子邮件的文件传输，所以当有电子邮件传输的文件时不可忽略，应视同书面文件处理	合同文件的优先顺序基本一致，与合同有关的通知、批准、证明、证书、指示、指令、要求、请求、同意、意见、确定和决定等，均应采用书面形式，并应在合同约定的期限内送达接收人和送达地点
索赔	承包商应在不迟于开始注意到或应该开始注意到索赔事件之后 28 天内发出索赔通知。否则承包商将无权得到赔偿，并且雇主将被解除有关索赔的一切责任	承包人应在知道或应当知道索赔事件发生后 28 天内，向监理人递交索赔意向通知书，并说明发生索赔事件的事由；否则承包人将丧失要求追加付款和（或）延长工期的权利；承包人应在发出索赔意向通知书后 28 天内，向监理人正式递交索赔报告
合同价款的调整	对于市场价格波动引起的价格调整，FID1C 合同条件给出了价格调整系数的公式	对于市场价格波动引起的价格调整，给出了三种选择：价格调整公式；采用造价信息进行价格调整；专用条款规定的其他方法
付款	期中付款时可以支付本付款期内到场的用于永久工程的永久设备和材料的费用的80%，当这些设备和材料成为永久工程的一部分后，从永久工程工程款中扣除	监理人在收到承包人提交的进度付款后 7 天内完成审查并报送发包人，发包人应在收到后 7 天内完成审批并签发进度款支付证书，在进度款支付证书签发后 14 天内完成支付

5.3 工程建设相关规制部门、机构及其职能定位

政府在我国工程建设领域发挥了重要的作用，如图 5-5 所示。其中，住建部、国家发改委、自然资源部、生态环境部是政府在工程建设领域最为主要的职能部门。住建部是我国工程管理最重要的部门，直接承担建设工程综合管理的职能；国家发改委指导我国总体经济体制改革，是我国工程投资管理最重要的部门；自然资源部和生态环境部负责对包括土地资源在内的各类自然资源进行规划、管理、保护与合理利用，影响着工程项目管理的全过程。

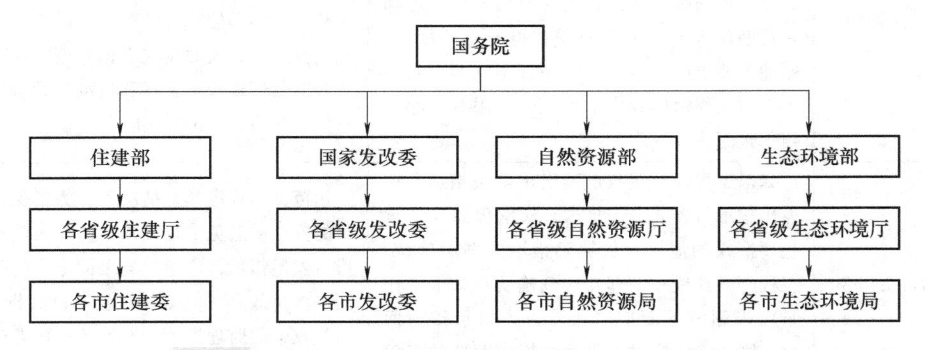

图 5-5　我国工程建设领域的相关职能部门及垂直结构

5.3.1　住建部

1. 历史沿革

1979 年 3 月 12 日，国务院发出通知，中共中央批准成立国家城市建设总局，直属国务院，由国家基本建设委员会代管。1982 年 5 月 4 日，国家城市建设总局、国家建筑工程总局、国家测绘总局、国家基本建设委员会的部分机构和国务院环境保护领导小组办公室合并，成立城乡建设环境保护部。1988 年 5 月，第七届全国人民代表大会第七次会议通过《关于国务院机构改革方案的决定》，撤销城乡建设环境保护部，设立建设部，并把国家计委主管的基本建设方面的勘察设计、建筑施工、标准定额工作及其机构划归建设部。2008 年 3 月 15 日，根据十一届全国人大一次会议通过的国务院机构改革方案，建设部改为住房和城乡建设部（简称住建部）。各省设置住房与城乡建设厅（简称住建厅），各市设置住房和城乡建设委员会。

2. 部门主要职能

住建部是我国工程管理最重要的部门，承担建设工程综合管理的职能，具体职能如下：

1）保障城镇低收入家庭住房。拟订住房保障相关政策并指导实施。拟订廉租住房规划及政策，会同有关部门做好中央有关廉租住房资金安排，监督地方组织实施。编制住房保障发展规划和年度计划并监督实施。

2）推进住房制度改革。拟订适合国情的住房政策，指导住房建设和住房制度改革，拟订全国住房建设规划并指导实施，研究提出住房和城乡建设重大问题的政策建议。

3）规范住房和城乡建设管理秩序。起草住房和城乡建设的法律法规草案，制定部门规章。依法组织编制和实施城乡规划，拟订城乡规划的政策和规章制度，会同有关部门组织编制全国城镇体系规划，负责国务院交办的城市总体规划、省域城镇体系规划的审查报批和监督实施，参与土地利用总体规划纲要的审查，拟订住房和城乡建设的科技发展规划和经济政策。

4）建立科学规范的工程建设标准体系。组织制定工程建设实施阶段的国家标准，制定和发布工程建设全国统一定额和行业标准，拟订建设项目可行性研究评价方法、经济参数、建设标准和工程造价的管理制度，拟订公共服务设施（不含通信设施）建设标准并监督执行，指导监督各类工程建设标准定额的实施和工程造价计价，组织发布工程造价信息。

5）规范房地产市场秩序、监督管理房地产市场。会同或配合有关部门组织拟订房地产市场监管政策并监督执行，指导城镇土地使用权有偿转让和开发利用工作，提出房地产业的行业发展规划和产业政策，制定房地产开发、房屋权属管理、房屋租赁、房屋面积管理、房地产估价与经纪管理、物业管理、房屋征收拆迁的规章制度并监督执行。

6）监督管理建筑市场、规范市场各方主体行为。指导全国建筑活动，组织实施房屋和市政工程项目招标投标活动的监督执法，拟订勘察设计、施工、建设监理的法规和规章并监督和指导实施，拟订工程建设、建筑业、勘察设计的行业发展战略、中长期规划、改革方案、产业政策、规章制度并监督执行，拟订规范建筑市场各方主体行为的规章制度并监督执行，组织协调建筑企业参与国际工程承包、建筑劳务合作。

7）研究拟订城市建设的政策、规划并指导实施，指导城市市政公用设施建设、安全和应急管理，会同文物主管部门负责历史文化名城（镇、村）的保护和监督管理工作。

8）规范村镇建设、指导全国村镇建设。拟订村庄和小城镇建设政策并指导实施，指导村镇规划编制、农村住房建设和安全及危房改造，指导小城镇和村庄人居生态环境的改善工作，指导全国重点镇的建设。

9）负责建筑工程质量安全监管。拟订建筑工程质量、建筑安全生产和竣工验收备案的政策、规章制度并监督执行，组织或参与工程重大质量、安全事故的调查处理，拟订建筑业、工程勘察设计咨询业的技术政策并指导实施。

10）推进建筑节能、城镇减排。会同有关部门拟订建筑节能的政策、规划并监督实施，组织实施重大建筑节能项目，推进城镇减排。

11）负责住房公积金监督管理，确保公积金的有效使用和安全。会同有关部门拟订住房公积金政策、发展规划并组织实施，制定住房公积金缴存、使用、管理和监督制度，监督全国住房公积金和其他住房资金的管理、使用和安全，管理住房公积金信息系统。

以上职能可总结为图5-6。

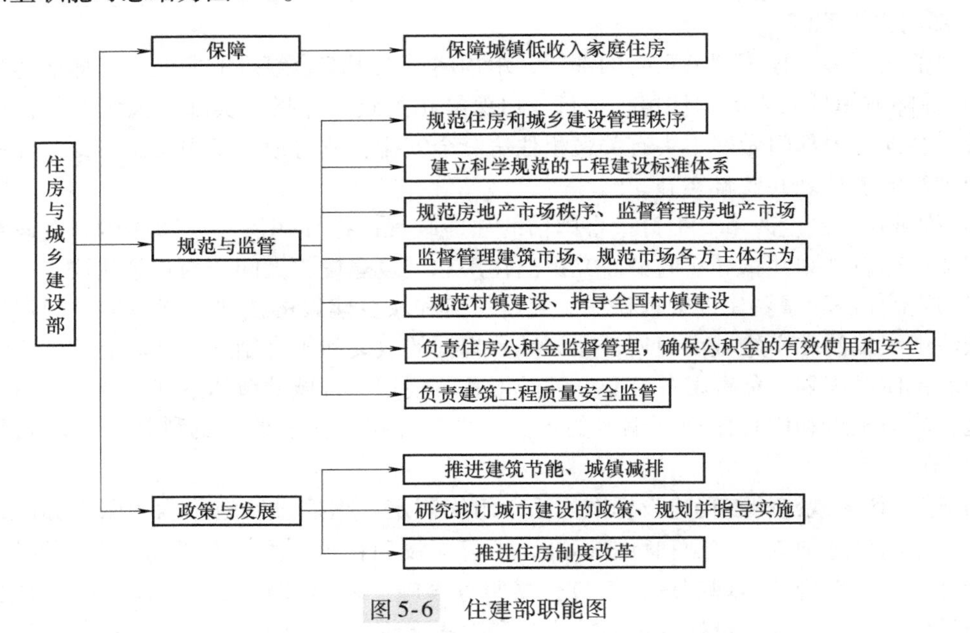

图5-6 住建部职能图

5.3.2 国家发改委

1. 历史沿革

国家发改委的前身，可以追溯到成立于1952年的国家计划委员会（简称国家计委）。原国家计委曾长期承担着中国政府对综合经济管理的职能。但是，随着中国由计划经济体制向社会主义市场经济体制的逐步转变，国家计委的功能不断发生转变。1998年3月，将国家计划委员会更名为国家发展计划委员会，并把该部门主要的职责放在管理有关国民经济全局的事务上，着力制定发展战略，进行宏观经济管理；并减少对微观经济活动的干预，创造公平竞争的市场环境，减少了繁多的行政审批手续。2003年3月，将国家经贸委的部分职能和国务院经济体制改革办公室一同并入，并改组为国家发展和改革委员会。2008年3月，国家发改委又放弃了它在工业行业管理方面的有关职能和对国家烟草专卖局的管理，并将这两项工作都划入新成立的工业和信息化部。同时，新组建国家能源局，并由其代管。

2018 年 3 月，根据第十三届全国人民代表大会第一次会议批准的国务院机构改革方案，将国家发改委的组织编制主体功能区规划职责整合，组建中华人民共和国自然资源部；将国家发改委的应对气候变化和减排职责整合，组建中华人民共和国生态环境部；将国家发改委有关农业投资项目管理职责整合，组建中华人民共和国农业农村部；将国家发改委的重大项目稽察的职责划入中华人民共和国审计署；将国家发改委的价格监督检查与反垄断执法职责整合，组建中华人民共和国国家市场监督管理总局；将国家发改委的药品和医疗服务价格管理职责整合，组建中华人民共和国国家医疗保障局；将国家发改委的组织实施国家战略物资收储、轮换和管理，管理国家粮食、棉花和食糖储备等职责整合，组建中华人民共和国国家粮食和物资储备局，由国家发改委管理。各省、市分别设置发展和改革委员会。

2. 部门主要职能

涉及工程建设管理方面的主要职能包括：

1）拟订并组织实施国民经济和社会发展战略、中长期规划和年度计划。统筹协调经济社会发展，研究分析国内外经济形势，提出国民经济发展、价格总水平调控和优化重大经济结构的目标、政策，提出综合运用各种经济手段和政策的建议，受国务院委托向全国人大提交国民经济和社会发展计划的报告。

2）负责监测宏观经济和社会发展态势。承担预测预警和信息引导的责任，研究宏观经济运行、总量平衡、国家经济安全和总体产业安全等重要问题并提出宏观调控政策建议，负责协调解决经济运行中的重大问题，调节经济运行，负责组织重要物资的紧急调度和交通运输协调。

3）承担规划重大建设项目和生产力布局的责任。拟订全社会固定资产投资总规模和投资结构的调控目标、政策及措施，衔接平衡需要安排中央政府投资和涉及重大建设项目的专项规划。安排中央财政性建设资金，按国务院规定权限审批、核准、审核重大建设项目、重大外资项目、境外资源开发类重大投资项目和大额用汇投资项目。指导和监督国外贷款建设资金的使用，引导民间投资的方向，研究提出利用外资和境外投资的战略、规划、总量平衡和结构优化的目标和政策。组织开展重大建设项目稽察。指导工程咨询业发展。

4）推进经济结构战略性调整。组织拟订综合性产业政策，负责协调第一、二、三产业发展的重大问题并衔接平衡相关发展规划和重大政策，做好与国民经济和社会发展规划、计划的衔接平衡；协调农业和农村经济社会发展的重大问题；会同有关部门拟订服务业发展战略和重大政策，拟订现代物流业发展战略、规划，组织拟订高技术产业发展、产业技术进步的战略、规划和重大政策，协调解决重大技术装备推广应用等方面的重大问题。

5）组织拟订区域协调发展及西部地区开发、振兴东北地区等老工业基地、促进中部地区崛起的战略、规划和重大政策，研究提出城镇化发展战略和重大政策，负责地区经济协作的统筹协调。

6）推进可持续发展战略。负责节能减排的综合协调工作，组织拟订发展循环经济、全社会能源资源节约和综合利用规划及政策措施并协调实施，参与编制生态建设、环境保护规划，协调生态建设、能源资源节约和综合利用的重大问题，综合协调环保产业和清洁生产促进有关工作。

以上职能可总结为图 5-7。

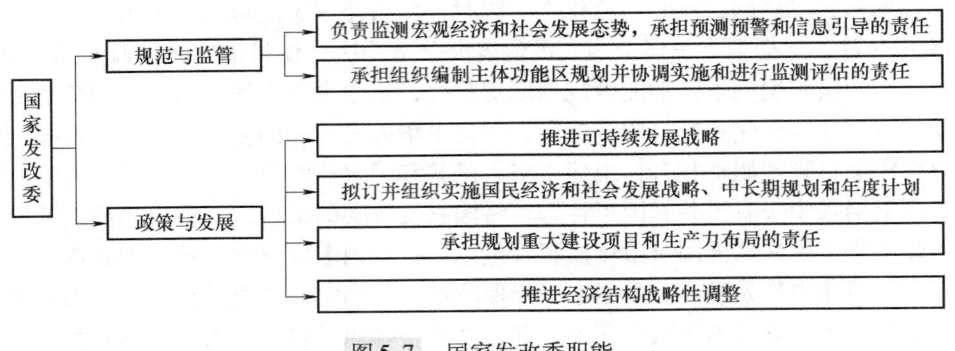

图 5-7　国家发改委职能

5.3.3　自然资源部

1. 历史沿革

为统一行使全民所有自然资源资产所有者职责，统一行使所有国土空间用途管制和生态保护修复职责，着力解决自然资源所有者不到位、空间规划重叠等问题，实现山水林田湖草整体保护、系统修复、综合治理，2018 年 3 月，中华人民共和国第十三届全国人民代表大会第一次会议表决通过了关于国务院机构改革方案的决定，将国土资源部的职责，国家发改委的组织编制主体功能区规划职责，住建部的城乡规划管理职责，水利部的水资源调查和确权登记管理职责，农业部的草原资源调查和确权登记管理职责，国家林业局的森林、湿地等资源调查和确权登记管理职责，国家海洋局的职责，国家测绘地理信息局的职责整合，组建自然资源部，作为国务院组成部门。自然资源部对外保留国家海洋局牌子。

自然资源部贯彻落实党中央关于自然资源工作的方针政策和决策部署，在履行职责过程中坚持和加强党对自然资源工作的集中统一领导。各省设置自然资源厅，各市设置自然资源局。

2. 部门主要职责

自然资源部涉及工程建设方面的主要职能包括：

1）履行全民所有土地、矿产、森林、草原、湿地、水、海洋等自然资源资产所有者职责和所有国土空间用途管制职责。拟订自然资源和国土空间规划及测绘、极地、深海等法律法规草案，制定部门规章并监督检查执行情况。

2）负责自然资源调查监测评价。制定自然资源调查监测评价的指标体系和统计标准，建立统一规范的自然资源调查监测评价制度。实施自然资源基础调查、专项调查和监测。负责自然资源调查监测评价成果的监督管理和信息发布。指导地方自然资源调查监测评价工作。

3）负责自然资源统一确权登记工作。制定各类自然资源和不动产统一确权登记、权籍调查、不动产测绘、争议调处、成果应用的制度、标准、规范。建立健全全国自然资源和不动产登记信息管理基础平台。负责自然资源和不动产登记资料收集、整理、共享、汇交管理等。指导监督全国自然资源和不动产确权登记工作。

4）负责自然资源资产有偿使用工作。建立全民所有自然资源资产统计制度，负责全民所有自然资源资产核算。编制全民所有自然资源资产负债表，拟订考核标准。制定全民所有自然资源资产划拨、出让、租赁、作价出资和土地储备政策，合理配置全民所有自然资源资产。负责自然资源资产价值评估管理，依法收缴相关资产收益。

5）负责自然资源的合理开发利用。组织拟订自然资源发展规划和战略，制定自然资源开发利用标准并组织实施，建立政府公示自然资源价格体系，组织开展自然资源分等定级价格评估，开展自然资源利用评价考核，指导节约集约利用。负责自然资源市场监管。组织研究自然资源管理涉及宏观调控、区域协调和城乡统筹的政策措施。

6）负责建立空间规划体系并监督实施。推进主体功能区战略和制度，组织编制并监督实施国土空间规划和相关专项规划。开展国土空间开发适宜性评价，建立国土空间规划实施监测、评估和预警体系。组织划定生态保护红线、永久基本农田、城镇开发边界等控制线，构建节约资源和保护环境的生产、生活、生态空间布局。建立健全国土空间用途管制制度，研究拟订城乡规划政策并监督实施。组织拟订并实施土地、海洋等自然资源年度利用计划。负责土地、海域、海岛等国土空间用途转用工作。负责土地征收征用管理。

7）负责组织实施最严格的耕地保护制度。牵头拟订并实施耕地保护政策，负责耕地数量、质量、生态保护。组织实施耕地保护责任目标考核和永久基本农田特殊保护。完善耕地占补平衡制度，监督占用耕地补偿制度执行情况。

8）负责管理地质勘察行业和全国地质工作。编制地质勘察规划并监督检查执行情况。管理中央级地质勘察项目。组织实施国家重大地质矿产勘察专项。负责地质灾害预防和治理，监督管理地下水过量开采及引发的地面沉降等地质问题。负责古生物化石的监督管理。

9）负责组织实施防灾减灾标准。落实综合防灾减灾规划相关要求，组织编制地质灾害防治规划和防护标准并指导实施。组织指导协调和监督地质灾害调查评价及隐患的普查、详查、排查。指导开展群测群防、专业监测和预报预警等工作，指导开展地质灾害工程治理工作。承担地质灾害应急救援的技术支撑工作。

10）根据重大方针政策等进行督察。根据中央授权，对地方政府落实党中央、国务院关于自然资源和国土空间规划的重大方针政策、决策部署及法律法规执行情况进行督察。查处自然资源开发利用和国土空间规划及测绘重大违法案件。指导地方有关行政执法工作。

11）加快职能转变。自然资源部要落实中央关于统一行使全民所有自然资源资产所有者职责，统一行使所有国土空间用途管制和生态保护修复职责的要求，强化顶层设计，发挥国土空间规划的管控作用，为保护和合理开发利用自然资源提供科学指引。进一步加强自然资源的保护和合理开发利用，建立健全源头保护和全过程修复治理相结合的工作机制，实现整体保护、系统修复、综合治理。创新激励约束并举的制度措施，推进自然资源节约集约利用。进一步精简下放有关行政审批事项、强化监管力度，充分发挥市场对资源配置的决定性作用，更好地发挥政府作用，强化自然资源管理规则、标准、制度的约束性作用，推进自然资源确权登记和评估的便民高效。

以上职能可总结为图 5-8。

5.3.4 生态环境部

1. 历史沿革

1974 年 10 月，国务院环境保护领导小组正式成立。1982 年 5 月，第五届全国人大常委

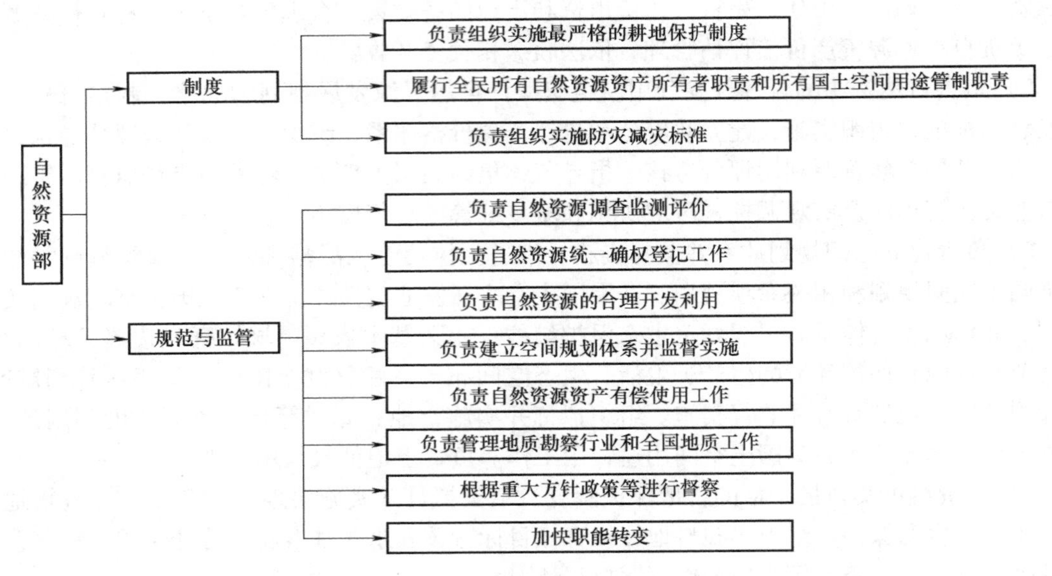

图 5-8　自然资源部的主要职能

会第二十三次会议决定，将国家基本建设委员会、国家城市建设总局、国家建筑工程总局、国家测绘总局、国务院环境保护领导小组办公室合并，组建城乡建设环境保护部，部内设环境保护局。1984 年 5 月，成立国务院环境保护委员会。1988 年 7 月，将环保工作从建设部分离出来，成立独立的国家环境保护局，明确为国务院综合管理环境保护的职能部门，作为国务院直属机构，也是国务院环境保护委员会的办事机构。1998 年 6 月，国家环境保护局升格为国家环境保护总局，是国务院主管环境保护工作的直属机构。撤销国务院环境保护委员会。2008 年 7 月，国家环境保护总局升格为环境保护部，成为国务院组成部门。2018 年 3 月，国务院机构改革方案公布，组建生态环境部，不再保留环境保护部。2018 年 4 月 16 日，中华人民共和国生态环境部正式揭牌。

生态环境部贯彻落实党中央关于生态环境保护工作的方针政策和决策部署，在履行职责过程中坚持和加强党对生态环境保护工作的集中统一领导。各省设置生态环境厅，各市设置生态环境局。

2. 部门主要职责

生态环境部涉及工程建设方面的主要职能包括：

1）负责建立健全生态环境基本制度。会同有关部门拟订国家生态环境政策、规划并组织实施，起草法律法规草案，制定部门规章。会同有关部门编制并监督实施重点区域、流域、海域、饮用水水源地生态环境规划和水功能区划，组织拟订生态环境标准，制定生态环境基准和技术规范。

2）负责重大生态环境问题的统筹协调和监督管理。牵头协调重特大环境污染事故和生态破坏事件的调查处理，指导协调地方政府对重特大突发生态环境事件的应急、预警工作，牵头指导实施生态环境损害赔偿制度，协调解决有关跨区域环境污染纠纷，统筹协调国家重点区域、流域、海域生态环境保护工作。

3）负责监督管理国家减排目标的落实。组织制定陆地和海洋各类污染物排放总量控制、排污许可证制度并监督实施，确定大气、水、海洋等纳污能力，提出实施总量控制的污染物名称和控制指标，监督检查各地污染物减排任务完成情况，实施生态环境保护目标责任制。

4）负责生态环保领域的投资策略制定。负责提出生态环境领域固定资产投资规模和方向、国家财政性资金安排的意见，按国务院规定权限审批、核准国家规划内和年度计划规模内固定资产投资项目，配合有关部门做好组织实施和监督工作。参与指导推动循环经济和生态环保产业发展。

5）负责环境污染防治的监督管理。制定大气、水、海洋、土壤、噪声、光、恶臭、固体废物、化学品、机动车等的污染防治管理制度并监督实施。会同有关部门监督管理饮用水水源地生态环境保护工作，组织指导城乡生态环境综合整治工作，监督指导农业面源污染治理工作。监督指导区域大气环境保护工作，组织实施区域大气污染联防联控协作机制。

6）指导协调和监督生态保护修复工作。组织编制生态保护规划，监督对生态环境有影响的自然资源开发利用活动、重要生态环境建设和生态破坏恢复工作。组织制定各类自然保护地生态环境监管制度并监督执法。监督野生动植物保护、湿地生态环境保护、荒漠化防治等工作。指导协调和监督农村生态环境保护，监督生物技术环境安全，牵头生物物种（含遗传资源）工作，组织协调生物多样性保护工作，参与生态保护补偿工作。

7）负责核与辐射安全的监督管理。拟订有关政策、规划、标准，牵头负责核安全工作协调机制有关工作，参与核事故应急处理，负责辐射环境事故应急处理工作。监督管理核设施和放射源安全，监督管理核设施、核技术应用、电磁辐射、伴有放射性矿产资源开发利用中的污染防治。对核材料管制和民用核安全设备设计、制造、安装及无损检验活动实施监督管理。

8）负责生态环境准入的监督管理。受国务院委托对重大经济和技术政策、发展规划以及重大经济开发计划进行环境影响评价。按国家规定审批或审查重大开发建设区域、规划、项目环境影响评价文件。拟订并组织实施生态环境准入清单。

9）负责生态环境监测工作。制定生态环境监测制度和规范、拟订相关标准并监督实施。会同有关部门统一规划生态环境质量监测站点设置，组织实施生态环境质量监测、污染源监督性监测、温室气体减排监测、应急监测。组织对生态环境质量状况进行调查评价、预警预测，组织建设和管理国家生态环境监测网和全国生态环境信息网。建立和实行生态环境质量公告制度，统一发布国家生态环境综合性报告和重大生态环境信息。

以上职能可总结为图 5-9。

5.3.5 其他相关部委

前面四个部门是与建设工程高度相关的部门。除此之外，还有一些部门与建设工程的前期准备或者后期的交易环节有关。

例如国家市场监督管理总局，主要领导市场监督工作，它涉及工程建设方面的主要职责有：①负责市场综合监督管理；②负责市场主体统一登记注册；③负责组织和指导市场监管综合执法工作；④负责反垄断统一执法；⑤负责监督管理市场秩序；⑥负责特种设备安全监督管理；⑦负责统一管理计量工作，推行法定计量单位和国家计量制度，管理计量器具及量

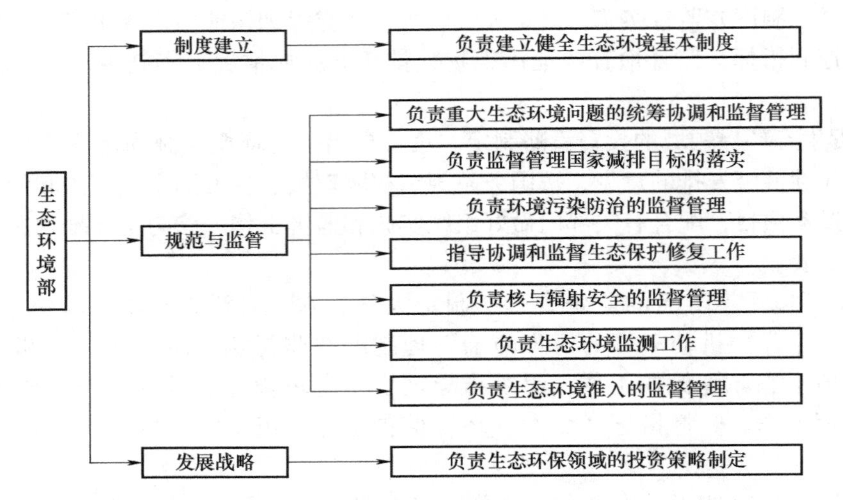

图 5-9　生态环境部主要职能

值传递和比对工作，规范、监督商品计量和市场计量行为等。

另外，对于特殊的工程建设，如水利工程建设，该类工程项目与水利部高度相关。水利部负责按规定制定水利工程建设有关制度并组织实施，负责提出中央水利固定资产投资规模、方向、具体安排建议并组织指导实施，按国务院规定权限审批、核准国家规划内和年度计划规模内固定资产投资项目，提出中央水利资金安排建议并负责项目实施的监督管理。对于普通的工程建设，建设过程中需要用水，这也与水利部息息相关。水利部需要负责生活、生产经营和生态环境用水的统筹和保障。组织实施最严格水资源管理制度，实施水资源的统一监督管理，拟订全国和跨区域水中长期供求规划、水量分配方案并监督实施。负责重要流域、区域以及重大调水工程的水资源调度。组织实施取水许可、水资源论证和防洪论证制度，指导开展水资源有偿使用工作。

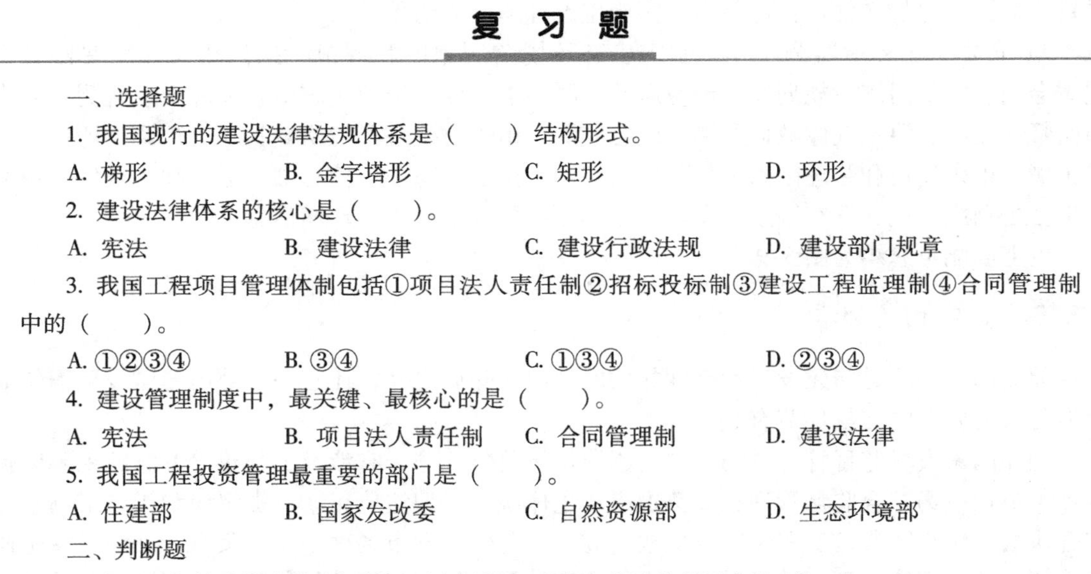

复　习　题

一、选择题

1. 我国现行的建设法律法规体系是（　　）结构形式。

A. 梯形　　B. 金字塔形　　C. 矩形　　D. 环形

2. 建设法律体系的核心是（　　）。

A. 宪法　　B. 建设法律　　C. 建设行政法规　　D. 建设部门规章

3. 我国工程项目管理体制包括①项目法人责任制②招标投标制③建设工程监理制④合同管理制中的（　　）。

A. ①②③④　　B. ③④　　C. ①③④　　D. ②③④

4. 建设管理制度中，最关键、最核心的是（　　）。

A. 宪法　　B. 项目法人责任制　　C. 合同管理制　　D. 建设法律

5. 我国工程投资管理最重要的部门是（　　）。

A. 住建部　　B. 国家发改委　　C. 自然资源部　　D. 生态环境部

二、判断题

1. 我国现行的建设法律法规体系不专门设立《中华人民共和国建设法》。（　　）

2. 《宪法》作为国家根本大法，不包含与工程建设相关的法律条文。(　　)

3. 合同是工程监理中最重要的法律文件。(　　)

4. 国家市场监督管理总局不负责统一管理计量工作。(　　)

三、论述题

简述我国建设工程管理体制的变迁历程。

第 6 章

可持续工程建设的社会责任与从业人员职业道德

6.1 可持续发展与建设工程可持续的概念

6.1.1 可持续发展的定义及内涵

随着经济社会的发展和技术的创新，人们开始越来越关注环境资源问题。可持续发展这一概念被提出，并不断地被强调。可持续发展理念来源于17世纪和18世纪欧洲发展的可持续森林管理思想。1972年的联合国人类环境会议（The United Nations Conference on the Human Environment）提出了《人类环境宣言》，在宣言中不仅提到了水、空气等污染问题，还提到了资源的枯竭以及人类的健康问题，涉及社会层面的因素。随后国际自然及自然资源保护同盟、联合国环境规划署和世界野生生物基金会（现世界自然基金会）共同商定了《世界自然保护大纲》，大纲除可持续影响的三个方面外，提到了代际公平问题，明确了环境保护对于人类发展的重要性。

1987年，时任挪威首相的布伦特兰夫人主持的世界环境与发展委员会（World Commission on Environment and Development，WCED）在《我们共同的未来》（*Our Common Future*）中提出"Sustainable development is development that meets the needs of the present without compromising the ability of future generations to meet their own needs"，即可持续发展是指既满足当代人的需要，又不对后代人满足其需要的能力构成危害的发展。布伦特兰夫人提出的可持续发展定义在今天普遍被人们接受，该定义反映了可持续发展的三个关键维度，即经济、社会和环境，它们之间的关系如图6-1所示。这三个维度不是相互排斥而是相辅相成的，只有同时兼顾经济、社会、环境的发展，才能实现可持续发展。

1992年的联合国环境与发展大会（United Nations Conference on Environment and Development，UNCED）所颁布的《里约热内卢环境与发展宣言》详细阐述了可持续发展的思想和国际合作的原则，将环境问题与其他更广泛的问题联系在一起。国际社会已经认识到环境问题不再只是单纯的技术问题，它还涉及社会、经济、政治和法律等多方面。

基于可持续发展的三个关键维度，英国学者约翰·埃尔金顿（John Elkington）最早提出了三重底线（Triple Bottom Line）的概念，就是指经济底线、环境底线和社会底线，即企业必须履行最基本的经济责任、环境责任和社会责任。经济责任也就是传统的企业责任，主要体现为提高利润、纳税和给股东投资者的分红；环境责任就是保护环境；社会责任就是对于社会其他利益相关方的责任。三重底线概念提出的重要价值在于将宏观层面的可持续发展概念落实到企业的发展战略及相应的经营策略中，企业如果单纯追求盈利，忽略社会责任和环境责任，就有可能走向消费者和全社会的对立面，将面临无源之水、无本之木的困境，它既不可能做大，也不会做强。

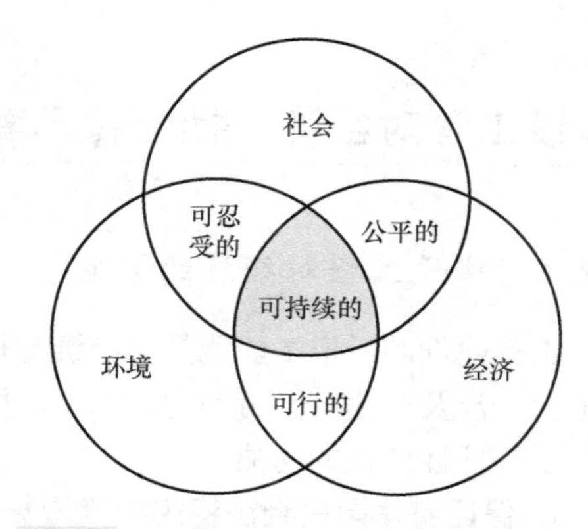

图 6-1　可持续发展三个维度之间的关系

6.1.2　建设工程可持续性的概念

由于建设工程对自然系统和社会经济系统的可持续发展具有巨大的影响，因此工程可持续性受到日益广泛的关注。建设工程可持续性来源于可持续发展的概念，但目前对于其内涵、要素构成和相互关系等尚无清晰统一的认识。参考上述广泛认可的可持续发展的三重底线原则，工程可持续性可被认为是建设工程最重要的目标之一，是指以最低的能源资源消耗及生态环境负载，形成品质、功能令人满意的建设产品，而该产品投入运行后又能够最大限度地提升社会福祉，促进经济发展，支持人类的可持续发展。

工程可持续性可进一步分解为经济可持续性、环境可持续性和社会可持续性三要素。经济可持续性主要反映工程项目对于参建方的利润、股东权益增长等方面的保障促进程度，以及建成后对区域、国家乃至全球经济发展的贡献；环境可持续性主要反映工程项目的资源能源消耗和环境排放的水平，以及建成后对区域、国家乃至全球环境保护和碳减排的贡献；社会可持续性主要反映工程项目对于利益相关方（参建人员、使用人、其他价值链关联方、社区和社会等）在工作条件、安全健康、社会治理、社会公平正义、文化传承等方面的保障促进程度，以及建成产品的品质和功能对区域、国家乃至全球社会发展的贡献。

工程可持续性三要素以及要素内部之间构成了复杂、动态、交互、制约的关系，强调某一构成要素效果的最大化，往往会以损害其他要素效果为代价。在建设工程中，应沿着工程的全寿命周期，科学地分析评估行业政策制定、材料部品选择、规划设计与技术标准、施工工艺与建造方式、交付使用运维以及最终拆除等环节对可持续性的影响，以经济、环境、社会可持续优化协同发展为原则提升工程可持续性。

建设工程可持续性的重大意义，要求从事工程管理专业的人员，不仅要将运用工程管理相关的专业知识及技能以提升建设工程的经济价值作为工程建设的目标，更要胸怀高度历史使命感和社会责任感，能够深刻理解建设工程对经济、社会以及环境的巨大影响，并科学评价和统筹考虑工程管理实践和复杂工程问题的解决方案对社会、经济、健康、安全、环境以及文化的影响。

6.2 建设工程对经济、社会和环境的影响

6.2.1 建设工程对经济的影响

工程建设的最根本职能是为经济与社会的发展提供基础性的建设产品。同时，因其投资规模大、涉及产业广、劳动力需求大等固有的行业特点，建设工程所构成的建筑业整体上还发挥了支柱性产业的功能。

1. 保证整体国民经济稳定持续增长

从支出角度看，国内生产总值（Gross Domestic Product，GDP）是最终需求——投资、消费、净出口这三种需求之和，因此经济学上常把投资、消费、出口比喻为拉动GDP增长的“三驾马车”。长期以来固定资产投资是拉动我国经济增长最主要的引擎，是世界上固定投资占GDP比例最高的经济体，2018年我国GDP为900309亿元，固定资产投资达到635636亿元，占比高达70.6%。而在固定资产构成中，基础设施投资和房地产开发投资分别达到145325亿元和120264亿元，合计占固定资产投资的41.8%。而这两类固定投资，主要是通过建设工程的形式实现的，建设工程对保证整体国民经济稳定持续发展的意义不言而喻。

承担建设工程主要任务的建筑业是我国国民经济中一个重要的独立产业。根据《中国统计年鉴》，2010年—2018年，我国建筑业增加值（扣除了材料以及不构成固定资产的工器具等中间投入）由2.7万亿元增长至6.2万亿元，对GDP的贡献也由6.6%上升至6.9%，建筑业自身的经济产出对促进我国经济稳定发展也具有举足轻重的作用，如图6-2所示。美国、日本、欧盟等发达经济体，虽然已经过了新建基础设施和房屋建筑的高峰期，建筑业增加值占比没有我国高，但仍保有庞大的建筑业，支柱产业地位仍然稳固。美国的建筑业与钢铁、汽车行业共同被称为美国经济的三大支柱产业，2010年以来，美国建筑业对经济的贡献持续增加，2018年建筑业增加值占比达到4.1%；日本随着2011年震后重建以及2020年东京奥运会和残奥会等建设项目的开展，2017年建筑业增加值占比达到5.7%；欧盟28国（含英国）建筑业增加值近年来总体保持增长态势，2018年占比达4.84%。

与发达国家或经济体相比，我国作为一个发展中的大国，虽然未来固定资产投资增速可能会有所下降，但随着城镇化进程的不断深入，高品质、高性能新建房屋建筑和基础设施的增多，以及存量建筑和设施的维护改造等需求的增加，依然还将保有巨大的建设工程需求和庞大的建筑业，建设工程对国民经济稳定发展的贡献不会减弱，投身工程建设事业仍大有可为。

2. 拉动关联产业发展

建设工程需要投入大量的材料、能源、机械设备，涉及冶金、机械、化工、纺织、轻工、电子、交通、电力、运输等50多个行业、2000多个种类、3万多种规格的产品，极大地促进和带动了上下游产业的发展。建设工程对关联产业的拉动效应，可以利用基于部门投入产出表的完全消耗系数来衡量。根据2012年的投入产出表，我国建筑业的完全消耗系数为2.4，可以理解为建筑业自身每增加1亿元产值，就可以拉动2.4亿元的国民经济增长。

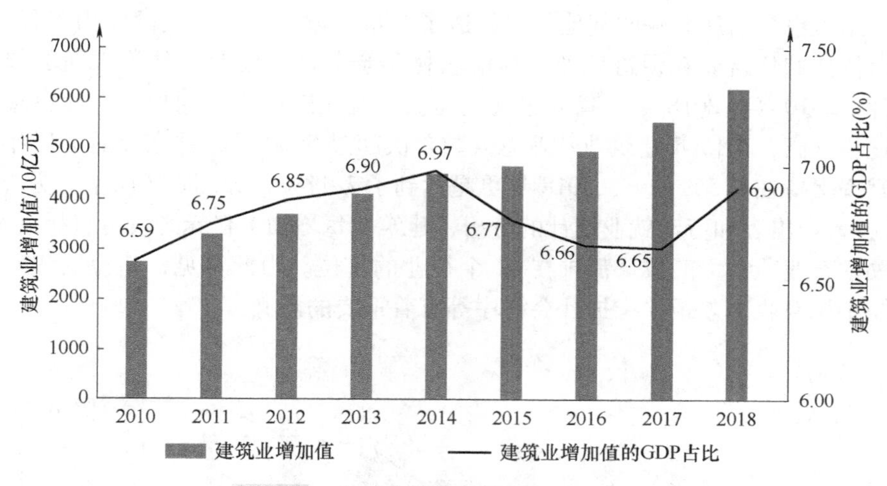

图 6-2　中国建筑业增加值对 GDP 贡献

另外，根据测算，建设工程所依托的建筑业，作为提供最终产品的部门，对冶金、有色、化工等部门的拉动作用最为明显，而这些行业目前多为产能过剩的行业。因此，建设工程的创新发展，不仅体现在对关联产业产出数量的拉动，还体现在通过需求引导，推动这些行业的供给侧改革，促进关联行业转型升级。

3. 拉动对外贸易

在经济全球化的趋势下，国际工程承包市场迅速发展。改革开放以来，我国的建设工程“走出去”参与国际竞争，业务量保持快速增长，目前建设工程走出去已经成为我国对外贸易的重要组成部分。1981 年，我国国际工程承包合同额为 5.03 亿美元，到了 2016 年对外新签合同额达到了 2440.1 亿美元。2019 年，美国《工程新闻纪录》(Engineering News-Record，ENR) 发布的承包商 250 强榜单中，中国内地共有 76 家企业上榜，包括 16 家民营企业，占上榜企业数量的 21%，上榜数量已连续 4 年位居榜单首位。一些大型骨干工程公司通过参与国际市场的竞争，已经发展成为跨行业、跨所有制、跨地区、跨国界、具有较强国际竞争力的企业集团。2019 年，中国建筑集团有限公司、中国中铁股份有限公司、中国铁建股份有限公司、中国交通建设集团有限公司、中国电力建设集团有限公司按营业额排名已占据了全球承包商排名的前五名。

随着 2013 年“一带一路”倡议的提出，“一带一路”建设也为我国对外承包工程发展创造了新机遇，基础设施互联互通建设，铁路、公路、电力等海外项目得到了快速发展。另外，适应国际工程市场的承包模式向 DB 模式、EPC 模式、交钥匙（Turnkey）模式等工程总承包模式转变，在建设工程和服务自身“走出去”参与国际竞争的同时，也有力带动了钢铁、有色金属、建材、化工、工程机械、运维设备等越来越多的行业“走出去”，“中国建造”对带动“中国制造”出口、保证我国对外贸易稳定发展的作用日益凸显。

6.2.2　建设工程对社会的影响

1. 促进就业

无论是发达国家，还是发展中国家，建设工程都是提供就业机会的重要来源。建设工程所在的建筑业是劳动密集型产业，许多国家建筑业就业人数占全社会就业人数的 5% 左右。

另外，建设工程也为前后关联的其他部门创造了大量的就业机会。我国作为工程建设大国，建设工程所依托的建筑业在促进就业、疏解农村剩余劳动力就业转移等方面的作用尤为突出。据统计，2010 年—2018 年，我国建筑业提供的就业岗位逐年增长，占社会总就业人数的比例也逐年升高，2015 年建筑业从业总人数首次超过 5000 万，并在此后的历年对社会总就业的贡献率保持在 6.5% 以上，2018 年更是达到了 7.17%，如图 6-3 所示。另外，根据基于 2012 年投入产出表和劳动就业统计的分析，建筑业每增加 1 亿元产值可直接吸纳劳动力、间接吸纳关联产业劳动力的数量都排在 42 个行业的首位。由此可见，建设工程对于稳定就业形势、缩小城乡收入差距、维护社会秩序等有着重要的意义。

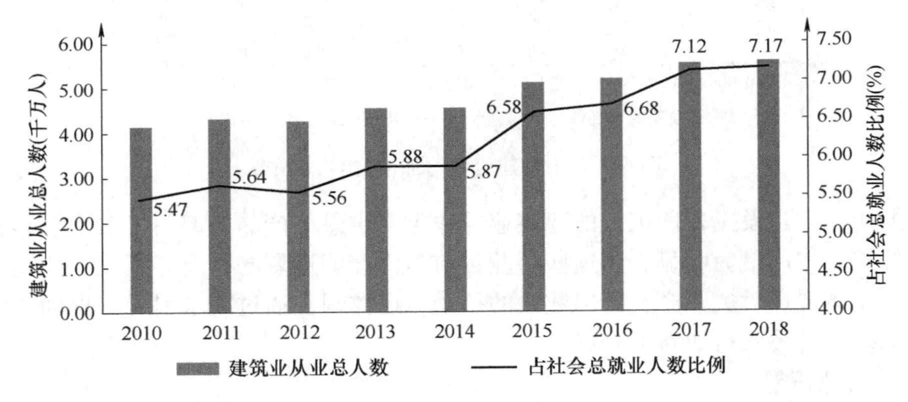

图 6-3　2010 年—2018 年中国建筑业从业总人数变化

2. 改善居住条件，增进民生福祉

根据《中国统计年鉴》，1995 年—2018 年，我国每年在建房屋施工面积由 3.55 亿 m^2 增长至 140.89 亿 m^2，每年房屋竣工面积由 1.71 亿 m^2 增长至 41.35 亿 m^2，增长幅度分别高达 38.7 倍和 23.2 倍，如图 6-4 所示。

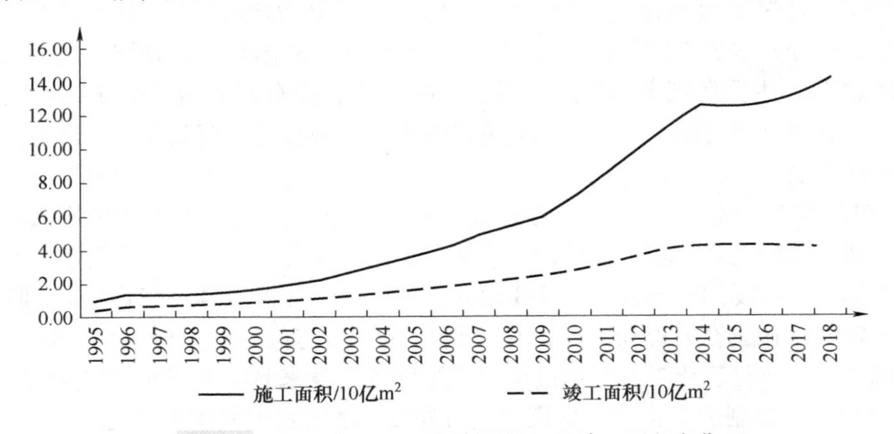

图 6-4　1995 年—2018 年房屋施工和竣工面积变化

改革开放以来，我国城镇人均住房面积由 6.70m^2 增长至 39.00m^2，农村人均住房面积由 8.1m^2 增至 47.30m^2，图 6-5 所示为 1997 年—2018 年我国居民人均住房面积变化。建设工程通过为社会提供放心满意的居住产品，在实现中国人的“居者有其屋”的梦想，改善生活、生产基础条件，增进民生福祉等方面发挥了基础性、关键性作用。

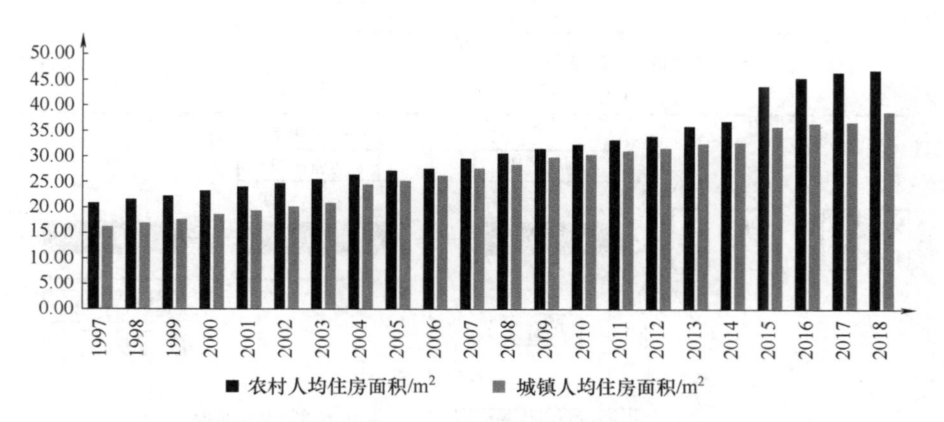

图 6-5　1997 年—2018 年我国居民人均住房面积变化

3. 改善基础设施条件，推进城镇化

改革开放以来，为改变落后的基础设施面貌以增进民生福祉、提振国民经济发展，我国进入了史无前例的大规模基础设施建设阶段。从 1978 年到 2017 年，公路网总里程由 89.02 万 km 增至 477.35 万 km，铁路网总里程由 5.17 万 km 发展至 12.70 万 km，其中高速铁路、高速公路更是从无到有，居于世界首位。一系列具有世界顶尖水准的基础设施项目，如京沪高铁、三峡大坝、青藏铁路、港珠澳大桥、华龙一号等重大基础设施相继竣工运营，为推动我国国民经济发展和公用事业现代化奠定了丰厚的基础。另外，从 1985 年到 2017 年，我国城市建成区面积由 $9386km^2$ 增长至 $56225km^2$，城镇化率由 23.71% 增长至 58.52%，建设工程在保障经济与社会协调发展、优化城乡布局、提升城市功能等方面发挥了重要作用。

6.2.3　建设工程对环境的影响

1. 建设工程环境影响形成过程

建设工程的寿命周期大致可划分为材料的采掘和生产、材料运输、施工与安装、运行与维护、拆除等阶段，其过程消耗大量的资源，同时伴随着大量的废料丢弃、污水与废气的排放、高噪声与强扰动等环境问题。建设工程环境影响可分为物化和运营两个阶段的环境影响，如图 6-6 所示。

物化阶段的环境影响，也简称为物化环境影响（Embodied Environmental Impact），是指一个产品在被使用前，其所有上游过程产生的环境影响的总和，包括原材料的获取、运输、生产和运输该产品到使用地点而产生的直接和间接的环境影响。物化环境影响发生在材料挖掘与生产、材料运输、施工与安装、拆除等过程，是建设工程实体形成和灭失的过程，这一过程要消耗大量的水泥、钢材、木材、玻璃、铝材、聚氯乙烯（PVC）管材、能源，进而形成巨大的环境影响。运营阶段的环境影响，也简称为运营环境影响（Operational Environmental Impact）。长周期的运营过程消耗大量的能源和水，而能源和水的消耗又带来环境破坏。由于使用阶段长达几十年，甚至上百年，一般说来房屋建筑物的物化阶段环境影响要显著小于运营阶段，很多研究都表明两个阶段的能耗比例大约为 10%～20%，因此对建设工程环境影响管控更为关注运营阶段的环境影响。但考虑到物化阶段时间很短，一般在 2～3 年就可结束，因此相比于运营阶段，物化阶段环境影响强度要大得多，加之我国新建建设规模依然

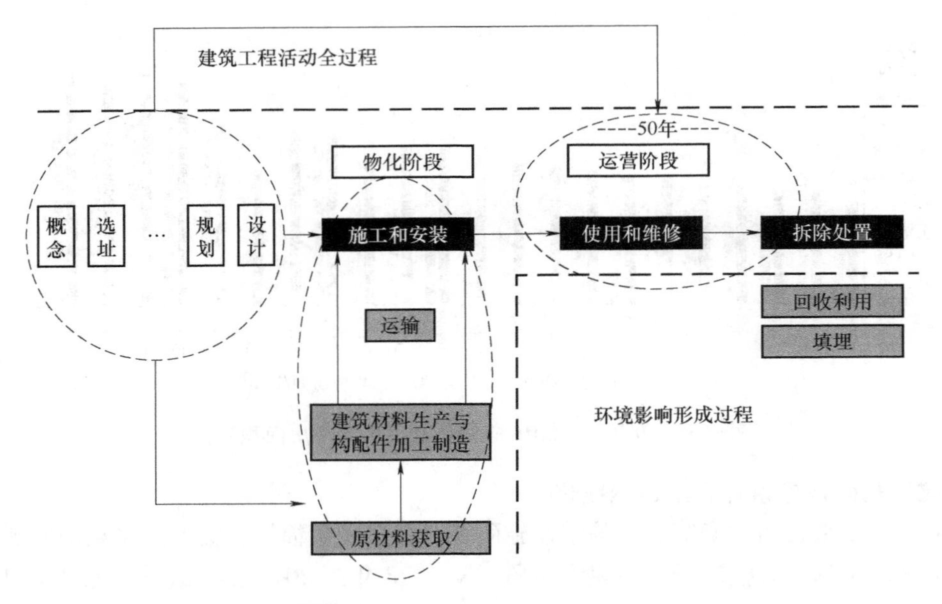

图 6-6　建设工程环境影响形成阶段

庞大，物化阶段的建造过程中伴随着大量的社会关注度高的环境影响问题，因此物化阶段的环境影响也同样需要受到重视。

另外要注意，建设工程规划与设计是以知识、技能投入为主的活动，活动本身形成的环境影响很小，基本可以忽略，因此规划设计阶段一般不纳入建设工程环境影响的核算之内。但该阶段的核心工作是确定工程项目的选址、规模、建筑结构形式、建筑材料、运维设备的选用等，一旦这些因素被确定，物化环境影响和运营环境影响的水平也就基本上确定了。因此在建设工程环境影响管控中，推动实现建设工程“四节一环保”（节能、节材、节水、节地和环境保护）的目标，规划设计阶段尤为重要，这是目前绿色节能规范、标准以及环境影响评价标准以规划设计阶段为主要对象的原因。

2. 建设工程环境影响主要类型

对于环境影响类型的划分，目前国际上尚未达成一致，不同研究机构按照自身研究领域和特点制订了不同的环境影响类型分类方案。本书采用我国住房和城乡建设部颁布实施的《建筑工程可持续性评价标准》（JGJ/T 222—2011）所规定的环境影响分类。该标准应用寿命周期评价理论方法，通过排放和消耗清单分析，以及分类特征化等手段，将类型众多、构成复杂的环境影响物质归结为生态环境破坏和资源消耗两大类，这有助于从总体上去理解和抓住建设工程环境影响的形成作用路径以及管控主线，如图 6-7 所示。另外，由于建设工程所引发的各类环境排放，不仅仅对自然界的生态环境和资源消耗造成影响，也有从业人员以及公共人群暴露于环境排放之中，从而还会产生对人体的健康损害，因此目前很多研究也认为，健康损害也应该是一类相对独立的较为显著的建设工程环境影响类型。

（1）生态环境破坏

通常多种环境排放都能引起同一类环境影响，例如 CO_2、N_2O、甲烷（CH_4）等都可以导致气候变暖，SO_2、NO_x、NH_3 都能引起酸化，因此可利用各类污染物质的特征化因子进

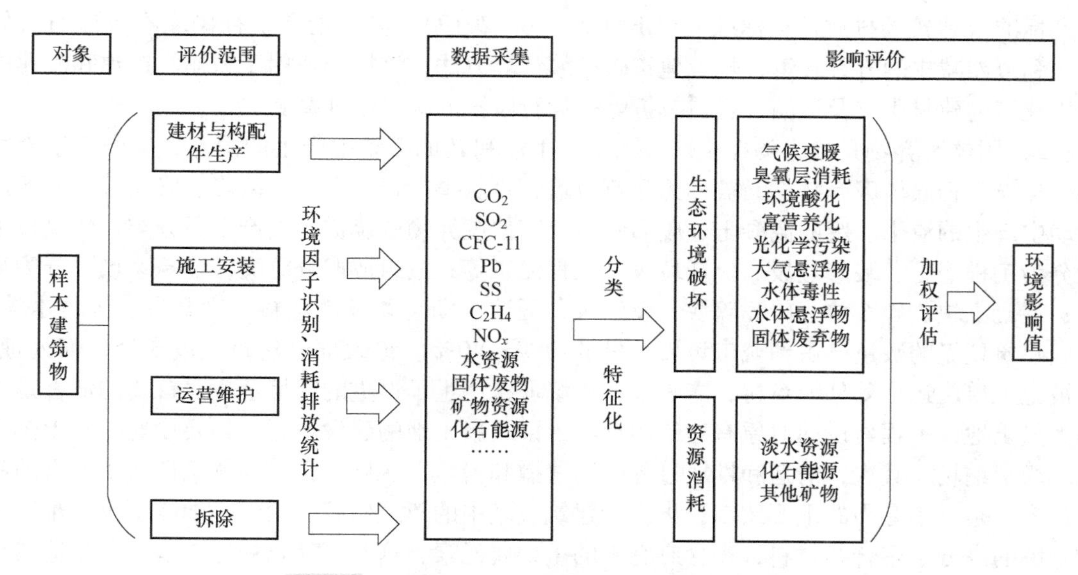

图 6-7 建设工程环境影响评价过程及影响分类

一步将生态破坏分为气候变暖、臭氧层消耗、环境酸化、富营养化、光化学污染、大气悬浮物、水体毒性、水体悬浮物、固体废弃物九类。其中，气候变暖和固体废弃物是一般建设工程最主要的两类生态环境破坏类型。

1）全球变暖已成为制约人类经济社会可持续发展的重要障碍，全球变暖不仅危害自然系统的平衡，更威胁人类的食品供应和居住环境。2015 年第 21 届联合国气候变化大会（COP21）通过了《巴黎协定》，冀望能共同遏阻全球暖化失控趋势，并确立了 21 世纪将全球平均气温较工业化前水平升高幅度控制在远低于 2℃的目标，并为 1.5℃温控目标而努力。根据联合国政府间气候变化专门委员会（Intergovernmental Panel on Climate Change，IPCC）发布的《IPCC 全球升温 1.5℃特别报告》，如要实现 1.5℃温控目标，到 2030 年，全球 CO_2 排放量需要比 2010 年的水平下降约 45%，到 2050 年左右达到碳中和。

建设工程主体所依托的建筑部门是全球能源消耗和 CO_2 排放的三大部门（工业、建筑和交通）之一。建筑碳排放也逐渐受到人们的关注，2015 年，COP21“建筑日”在巴黎召开，大会首次将建筑单独列为议题。建筑碳排放指的是从建筑建设到投入运行使用，直至拆除的过程中，由于材料的使用、设备设施运行、施工运输等过程中原料的化学反应，直接或间接使用化石能源所产生的温室气体排放的总和。根据中国建筑节能协会编制的《中国建筑能耗研究报告 2019》，2017 年中国建筑碳排放总量为 20.44 亿 t，占全国能源碳排放的 19.5%。但应该注意，这个碳排放数据只是建筑物运营阶段能耗所引发的碳排放数量部分，并未考虑物化阶段碳排放的数量。综合相关研究，若考虑物化碳排放，我国建筑碳排放总量达到了全国总碳排放量的 35%~45%。这表明工程建设领域是我国实现碳减排目标和履行国际承诺的关键领域。鉴于此，我国高度重视工程建设领域碳排放，2018 年国家科技部启动了“十三五”国家重点研发计划“研究我国城市建设绿色低碳发展技术路线图”项目，这是站在我国资源、环境约束以及产业地区协调的全局战略高度，为城市建设领域落实绿色低碳发展责任提供理论方法、科学依据、技术路线和实施路径。2019 年 12 月 1 日颁布实施了国家标准《建筑碳排放计算标准》（GB/T 51366—2019），其目的是贯彻国家有关应对气候变化和节能减排的方针政策，规范建筑碳排放计算方法，该标准适用于新建、扩建和改建的民用建筑的建材生产及运输、建造及拆除、运行阶段的碳排放计算。

2）固体废弃物是指人类在生产、消费、生活和其他活动中产生的固态、半固态废弃物质。建设工程固体废弃物，又被称为建筑垃圾，是从事拆迁、建设、装修、修缮等工程建设活动中产生的渣土、废旧混凝土、废旧砖石及其他废弃物的统称。按产生源分类，建筑垃圾可分为工程渣土、装修垃圾、拆迁垃圾、工程泥浆等；按组成成分分类，建筑垃圾可分为渣土、混凝土块、碎石块、砖瓦碎块、废砂浆、泥浆、沥青块、废塑料、废金属、废竹木等。我国建筑垃圾的数量已占到城市垃圾总量的30%～40%。绝大部分建筑垃圾未经任何处理，便被施工单位运往郊外或乡村，露天堆放或填埋，产生了严重的环境危害。首要的危害是占用大量土地，工程建设前对原有建筑的拆除，以及新工地的建设，每年都要设置二三十个建筑垃圾消纳场；其次，清运和堆放过程中的遗撒和粉尘、灰砂飞扬等问题又造成了严重的粉尘污染，是城市雾霾的重要致因；再次，建筑垃圾中的建筑用胶、涂料、油漆不仅是难以生物降解的高分子聚合物材料，还含有有害的重金属元素，这些废弃物被埋在地下，会造成地下水的污染，直接危害到周边居民的生活。循环经济的“3R”原则，即“减量化”（Reduce）、“再利用”（Reuse）和“再循环”（Recycle）是降低建设工程固体废弃物环境影响的基本指导原则。对于建设工程而言，尽量保留原有老旧建筑物的结构和构配件，优化建筑和结构设计，推行装配式建筑和精益建设管理，提升施工废弃物的分类、分级管理和回收处置循环再利用水平等是减少固体废弃物环境影响的主要方式。随着我国关于耕地保护和环境保护的各项法律法规的颁布和实施，如何处理和排放建筑垃圾已经成为建筑施工企业和环境保护部门面临的一个重要问题。

（2）资源消耗

建设工程要消耗大量的建筑材料，每年建设工程的主要建筑材料消耗量占全国总消耗量的比例大约为：钢材占25%、木材占40%，以及几乎所有的水泥。以最主要的建筑材料水泥为例，据统计，我国水泥产量由1990年的2.1亿t上升至2017年的22.5亿t，增长了近10倍，目前占世界总产量的50%左右。建筑材料在生产过程中不仅要排放大量的CO_2、SO_2、NO_x等工业废气，对生态环境造成严重影响，同时也要消耗大量的不可再生矿物资源和化石能源，对资源产生不可逆的耗竭性影响。图6-8为2004年—2017年我国工程建设主要材料消耗，可看到大部分主要建筑材料都呈现较为快速的增长趋势。

除了前述的物化阶段的大量材料消耗外，在建筑运营期间，也要消耗大量的以电能为主的能源，而目前我国的电力能源依然以火电为主，最终的代价也是大量化石资源的消耗。根据中国建筑节能协会的《中国建筑能耗研究报告2019》，2017年中国建筑运营能耗为9.47亿t标准煤，建筑运营能耗占全国能源消费比重的21.11%。

我国虽然幅员辽阔，但人口众多，人均能源资源相对匮乏。因此建设工程节能、节材关乎我国能源和资源战略安全，是保持经济可持续发展的重要环节之一，也是关乎子孙后代的生存发展基础条件的重大伦理问题。作为工程管理专业的从业者，要有高度的责任感和使命感，在工程建设决策期要将工程的环境影响作为最主要的约束条件之一，在规划、设计、新建（改建、扩建）、改造和使用过程中要严格执行节能、节材标准和要求，采用节能、节材的技术、工艺、设备、材料和产品。

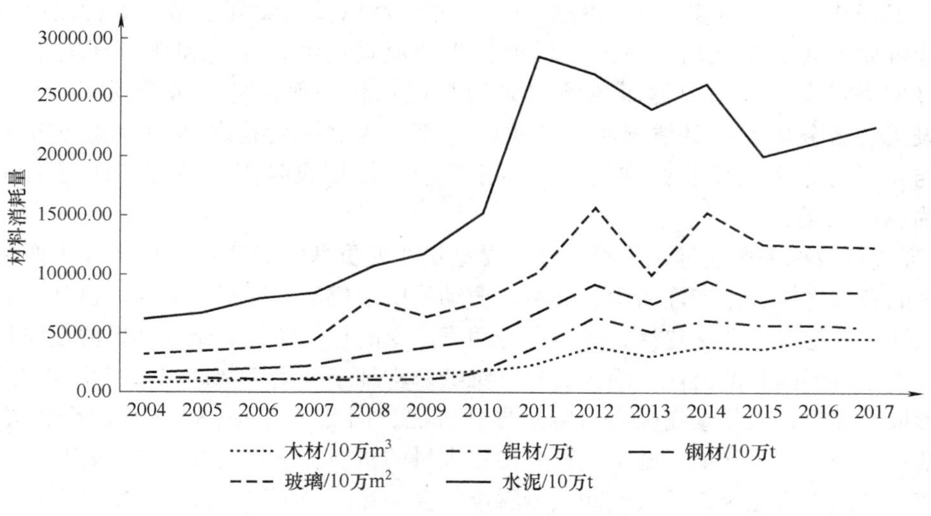

图 6-8　2004 年—2017 年我国工程建设主要材料消耗

（3）健康损害

建设工程导致人体健康损害的机理非常复杂，影响人群、影响表现形式、途径和范围等存在很大的差异。一般说来，可根据影响人群划分为两类：第一类是一般人群的健康损害，属于由建设工程所引发的公共健康风险问题范畴；第二类是针对围绕建设工程的从业人员，属于由建设工程所引发的职业健康风险问题范畴。

建设工程的公共健康损害主要是由于建材生产、施工阶段产生的大量环境排放，以及建筑使用期间装修建材等释放的有害物质，形成的不特定人群暴露所导致的健康损害。一般说来，根据公共健康的影响范围，大体可以分为全球性、区域性和场所性三类影响。全球性影响，主要是由于建设工程引发的大量碳排放加剧了暖化效应，而已有证据表明暖化效应会加剧疟疾、痢疾、热应激（Heat Stress）和营养不良等问题。区域性影响，包括建材生产和建筑运营期间大量能耗，而用能生产等所产生的 SO_2、NO_x 等在一定区域范围内扩散，威胁区域内人群的呼吸系统和循环系统。另外，施工过程中由于露天作业特点，建筑扬尘已经成为城市总扬尘的重要来源，其危害已经被证实，即长期暴露在较高浓度总悬浮颗粒物（Total Suspended Particle，TSP）下，尘肺和心脑血管病等的年发病率和死亡率都会有所提高。场所性影响主要来源于建筑使用过程中装修材料产生的甲醛、苯、氡等有害物质对使用人的健康损害。由于装修材料所导致的呼吸系统疾病、过敏病症，甚至是各类癌症案例屡见不鲜。目前，鉴于扬尘、噪声、室内环境污染的显著危害性，我国和一些地方都制定颁布了严格的控制标准和管控措施。例如，为了有效治理施工扬尘，北京规定新开工建设的房屋建筑及市政基础设施工程施工现场全部安装视频监控系统；施工现场实现工地周边围挡、物料堆放覆盖、土方开挖湿法作业、路面硬化、出入车辆清洗和渣土车辆密闭运输；重大活动期间，我国也多次实施较大范围的限工或停工令。从事工程管理的专业人员要深刻理解建设工程对公共环境和健康的重大影响，知晓建设工程所在地的相关要求，在工程建设计划和方案中要有保障目标、措施和预案，并估算相关的成本、进度等影响，否则将可能对建设工程的顺利开展产生重要的影响。

建设工程从业人员众多，劳动密集、生产露天性以及作业环境恶劣等特点使得建设工程的职业健康问题非常突出。另外工程项目生产流动性大，工艺和作业环境不确定因素较多，又使得建设工程职业健康风险因素和管理相较一般工业行业更为复杂。近年来，我国建设工程劳务用工不足情况越发严重，重要原因之一就是恶劣的劳动环境和健康保障条件与年轻劳务用工择业标准的转变不相适应。根据风险因素特征，建设工程职业健康可分为以下三类：

1）环境排放相关职业健康风险。这主要是从业人员暴露于建材、构配件生产和施工过程所产生的有毒气体、生产性粉尘、噪声、振动等所形成的健康损害风险。例如，石棉具有高度耐火性、电绝缘性和绝热性，是过去应用很广泛的重要防火、绝缘和保温建筑材料，但石棉的危害已得到国际的公认，因为石棉纤维绒非常细小，生产制造和施工切割加工过程中很容易形成石棉尘，人员暴露吸入后容易导致肺癌，因此20世纪80年代起全世界已有43个国家禁止使用石棉。又如，施工过程要使用大量的机械，进行地基开挖、打桩、混凝土搅拌等工作，产生大量噪声，而长时间接触噪声等会导致听力下降和受损、窦性心律不齐、血压降低、内分泌系统失调等问题。

2）高温等外界环境相关的职业健康风险。工程建设涉及较多的高温作业环节，体力劳动强度大，工程建设的高温作业比其他行业高温环境下工作的工人更易受到健康损害。较长时间暴露于高温下会产生血压降低、脱水、头痛、头晕、昏厥、昏迷等症状，甚至会导致死亡。据美国劳动统计局的数据，2013年美国室外高温环境引起的死亡案例中有45%发生在建筑业。另外，在高温环境中，施工人员也容易产生焦虑烦躁的情绪，丧失工作热情，这些都会降低工人的生产率，导致工期延误。除了高温外，工程建设还可能涉及高压、低温、高湿等工作环境，对特定施工作业工作人员产生职业健康损害风险。

3）人体工效相关的职业健康风险。施工过程涉及众多工种，作业姿态各异，包括高负重、不符合人体生理结构的作业姿势、重复动作、身体局部集中受力、狭小作业空间等情况，人体工效相关的职业健康风险因素远比一般制造业复杂，建筑工人骨骼、关节、肌肉等受损情况也相对普遍和严重。

2008年卫生部发布行业标准《建筑行业职业病危害预防控制规范》（GBZ/T 211—2008），这是我国第一部针对建设工程职业健康管理的标准。2017年我国启动了全文强制性工程规范《建筑与市政施工现场安全卫生与职业健康通用规范》意见征求工作，将建设工程职业健康纳入这一强制性规范，充分说明了职业健康防控和管理开始受到重视。但总体上，职业健康管理作为HSE管理体系中与安全管理和环境管理并列的一环，无论是研究还是实践中都明显薄弱。目前在企业实践中，并未将职业健康与职业安全进行清晰的区分，建设工程职业健康管理总体上居于职业安全管理的从属地位。

科学有效的建设工程职业健康管理是涵盖从策划、勘察设计、施工到竣工交付全过程的管理，包括事前的职业健康检查与档案管理、职业健康危害告知与培训，事中的职业健康危害检测与防控，以及事后的职业健康事故处置与应急管理三个阶段。每一个投身建设工程管理的从业人员都要有“人文关怀”的精神和情怀，要深刻理解工程职业健康管理的重大意义：建设工程职业健康关乎5000多万从业人员身心健康及其家庭的幸福，关乎建设工程以及相关行业的持续稳定发展。

6.3 建设工程社会责任

6.3.1 建设工程社会责任的内涵

1. 企业社会责任的概念

随着社会的不断进步和企业的不断发展，企业在提供产品和服务满足社会需求的同时，也带来了一系列不容忽视的社会问题，企业社会责任（Corporate Social Responsibility，CSR）问题被越来越多的国际组织、政府和公众所关注。1924 年，美国学者 Oliver Sheldon 在美国考察企业时第一次提出了企业社会责任的概念。1953 年，美国学者 Howard R. Bowen 则在其著作《企业家的社会责任》中明确了现代公司的社会责任概念。随后企业社会责任的概念界定层出不穷，目前较为流行的定义是基于利益相关者理论，认为企业社会责任是企业在追求股东利益最大化的同时，承担的对环境、社会等利益相关者的责任和义务。

2. 企业社会责任相关标准及发展

1997 年，社会责任国际组织（Social Accountability International，SAI）发布了社会责任国际标准体系（Social Accountability 8000 International Standard，SA8000），是国际上第一份社会责任规范性文件，也是可用于第三方认证的社会责任标准和标准管理体系。SA8000 从《儿童权利公约》等国际文件及人权基本原则出发，在童工、强迫劳动、健康与安全、结社自由和集体谈判权、歧视、惩戒性措施、工作时间、工资报酬八个方面对企业履行社会责任提出了原则性规定。

2010 年，ISO 发布的《社会责任指南》（*Guidance on Social Responsibility*，ISO 26000）是社会责任发展的里程碑和新起点，这是具有全球影响力的第一个社会责任指导性标准。ISO 26000 中提到企业社会责任指的是企业通过透明和道德的行为，为其决策和活动对社会和环境的影响而承担的责任。为了确定社会责任的范围，识别相关议题和确定重点所在，它认为一个组织应该处理组织管理、人权、劳工实践等七个核心议题，细分为 36 个子议题。本标准适用对象为包括企业在内的大多数社会组织，但它既不是组织管理体系，也不适用于认证目的。全球大部分国家将 ISO 26000 转化为国家标准。

我国政府也越来越重视企业社会责任相关工作。2006 年发布首份《中央企业社会责任研究报告》。2008 年，国资委发布《关于中央企业履行社会责任的指导意见》（国资发研究〔2008〕1 号）。2009 年，中国社科院开始发布《企业社会责任蓝皮书》。2012 年，国资委发布《关于中央企业开展管理提升活动的指导意见》（国资发改革〔2012〕23 号）。2015 年，国家质量监督检验检疫总局、国家标准化管理委员会发布了《社会责任指南》（GB/T 36000—2015）、《社会责任报告编写指南》（GB/T 36001—2015）、《社会责任绩效分类指引》（GB/T 36002—2015），至此开启了国家层面推进社会责任工作的进程，标志着我国社会责任由起步阶段步入实质阶段。

3. 工程建设企业的社会责任的主要内容

建设工程所在的建筑业作为我国支柱产业，劳动力密集、利益相关者多，社会责任问题报道屡见不鲜。由于工程建设活动主要是依托从事工程建设的企业来开展，因此通过对从事工程建设企业的社会责任相关文件的分析来了解建设工程社会责任的内涵。为了长久、可持续发展，以及在经济全球化、竞争国际化时代成功“走出去”，从事工程建设的企业迫切需要明确企业责任内容，从而引导企业提高社会责任信息披露水平，建立完善的社会责任管理体系。而上述标准面向所有行业，缺乏对建设工程的特点和具体情况的统筹考虑。

目前，建设工程涉及的法律和从事工程建设企业的社会责任相关的法规包括我国《劳动法》《建筑法》《安全生产法》以及《关于建筑业企业履行社会责任的指导意见》等，具体提出时间及主要内容见表6-1。

表6-1　工程建设企业社会责任相关法规

发布时间	名　称	主要内容
1994	《劳动法》	《劳动法》主要对劳动者的主要权利和义务、劳动就业方针政策及录用职工的规定、工作时间与休息时间制度、劳动报酬制度等内容进行了明确。建设工程所在的建筑业属于劳动密集型产业，涉及的劳动者数量大，需要应用该法对劳动者进行一定程度上的保护
1997	《建筑法》	《建筑法》的主要内容包括建筑许可、建筑工程发包与承包、建筑工程监理、建筑安全生产管理、建筑工程质量管理及建筑法律责任等内容
2002	《安全生产法》	《安全生产法》主要对安全生产工作方针和机制、保障安全生产的有关制度等内容进行规定。建设工程生产活动与其他行业相比，危险性高，安全需要着重考虑
2013	《关于建筑业企业履行社会责任的指导意见》	本指导意见提出了建筑业企业履行社会责任的指导思想、基本原则和总体要求，从八个方面进行建筑业企业社会责任内容阐述，提出了五个对应措施
2018	《建筑业企业社会责任评价标准》（T/CCIAT 0002—2018）	该标准是首部覆盖整个工程建设领域的社会责任标准，适用于中国境内的建筑业企业社会责任绩效评价。涵盖人权、劳工实践、环境、公平运营实践、消费者问题、社区参与和发展等核心主题，共36个议题、224项指标。标准将建筑业企业的社会责任绩效指标体系分为三级，总分值设定为1000分，划分为4个等级，分别是卓越、优秀、良好和进取

根据企业社会责任的定义和相关标准，结合工程建设所在行业的特点，可以将从事工程建设企业的社会责任的主要内容基于利益相关方的角度进行说明。

建设工程的利益相关者主要包括政府、股东与投资者、客户、员工、合作伙伴、环境、社区与公众等。

具体而言，工程建设企业对政府的责任主要是依法合规、缴纳税款、促进就业等；对股东与投资者的责任主要是保障其收益和资产安全、及时公开公司经营状况等；对客户的责任主要是提供质量可靠的建筑产品和优质服务等；对员工的责任主要是提供安全文明的生活工作环境、按时按量支付报酬、不使用童工、关注其职业发展等；对合作伙伴的责任主要是诚信经营、遵守合同、合作共赢等；对环境的责任包括控制污染物排放、节约资源能源、生态保护等；对社区与公众的责任包括文明施工、及时处理投诉、公益慈善等。

需要明确的是，作为从事工程建设的企业，其基本责任应为工程质量、安全生产、依法合规、企业信誉和创新发展。

6.3.2　建设工程社会责任现状

1. 社会责任实践情况

一方面，我国很多从事工程建设的企业在众多领域做出了突出的社会贡献。例如，按照盈利、税收、工资、慈善等指标，上海建工集团在2018年累计对外捐赠达713万元，中国交通建设股份有限公司（简称中交股份）在2018年投入各类扶贫、援助、救助资金达4022万元，发挥自身产业优势为精准扶贫贡献了企业力量。

另一方面，国内建设工程市场竞争激烈，部分企业面临着不同程度的社会责任能力缺失，严重损害了从事工程建设企业的形象和建筑市场的健康有序发展。其社会责任缺失主要体现为以下几点：

1）从事工程建设的企业在施工过程中为追求利益最大化，偷工减料，忽视工程质量标准；施工监理企业弄虚作假，收受回扣。近年来，豆腐渣工程遭到曝光，降低工程质量甚至已经成为建筑市场内部的潜规则，极大地危害了业主和公众的安全与权益。

2）企业在工程项目中无视施工文明与安全，在施工工地附近形成安全隐患，威胁施工人员和周围居民的生命和安全。建设工程所在的建筑业是劳动力市场的重要组成部分，建筑业工人致命事故通常比其他行业高得多，由于缺乏对施工人员的保护措施，近年来多有工人职业健康事故发生。

3）企业对农民工等弱势群体提供的福利过低，拖欠薪资问题严重。农民工为讨薪而造成的群体性事件损害了社会和谐与稳定。

4）企业无视环境保护，损害业主和公众利益。施工类企业在工程项目中使用高污染设备，或噪声扰民；装修装饰类企业使用高甲醛建材，危害公众健康等。

5）企业在抢险救灾工作中投入不足。在近年频发的自然灾害中，捐款额度受到质疑，引发公众不满，甚至有企业在灾区重建工作中唯利是图，哄抬建材价格，严重扰乱市场秩序，损害灾民权益。

2. 社会责任认知水平

我国企业对企业社会责任内容、内涵的认知水平较落后；认为履行企业社会责任只会浪费企业资源。国际知名从事工程建设的公司并不将企业社会责任孤立看待，而是主动地承担社会责任并将其纳入树立企业形象、提升企业可持续发展能力甚至核心竞争力的规划中：日本大成建筑将履行环境责任与强化绿色设计、绿色建筑能力结合起来，积极发展“绿色产业”新型业务；法国布依格集团将履行对员工的职责与稳定企业资金状况和人力资源结合起来，积极推动员工互助基金和股权激励计划。

但近几年，随着中国工程建设整体实力的增强和我国社会对建设工程的关注增加，国内从事工程建设的企业逐渐认识到“履行社会责任”在建设工程项目实施过程中的重要性，也对“社会责任”这一概念有了更具体的理解，将其从过去单纯的捐赠、环保延伸到社区参与和员工关爱等方面。陕西建工集团建设农民工夜校，促进农民工共同成长；中国能源建设有限公司在2018年利用固体废弃物达900万t。

3. 社会责任管理体系建设

大量从事工程建设的知名国际企业都建立起了完善的企业社会责任管理系统。德国豪赫蒂夫集团设立企业社会委员会指导集团的社会责任活动并要求子公司成立相应机构，完成集团的企业社会责任目标；法国万喜集团早在2000年就成立了可持续发展委员会；西班牙ACS公司则设立了专门的社会责任基金，用于协调、管理集团在文艺、环境、人道主义等方面的慈善工作。在我国一些相关企业已经建立了社会责任管理体系。陕西建工集团成立了社会责任管理小组和工作小组，促进社会责任管理机制的体系化、制度化、规范化；中国建筑股份有限公司加强对企业社会责任研究的投入，并编写了《中国建筑社会责任指标管理手册》来推动公司运营管理升级。然而由于我国从事工程建设企业的数量巨大，其中仍有一些企业只注重局部影响，采取应急、短期行为履行社会责任，没有建立完善的社会责任管理体系。

总体来说，我国企业在社会责任实践情况、社会责任认知水平、社会责任管理体系建设方面仍存在不足。我国企业应积极主动履行社会责任，提高对社会责任的认知水平，参照SA8000和ISO 26000等标准以及相关法律标准，建立完善的社会责任体系。

6.3.3 建设工程社会责任评价体系

企业社会责任评价涉及多指标多维度，现有的企业社会责任评价体系主要分为四类：第一类是按照利益相关方，指标划分为投资者责任、客户责任、员工责任、商业伙伴责任等；第二类是按照责任内容，指标划分为经济、社会、环境、法律、慈善等责任，具体包括的指标依据不同内容结构模型而有所差别；第三类是按照指标功能，划分为社会责任管理指标、社会责任沟通指标和社会责任考核指标等；第四类是按照组织层级，指标划分为企业整体社会责任指标、部门社会责任指标和岗位社会责任指标等。

目前，企业社会责任评价主要参考的社会评价体系标准《CASS-CSR4.0》与《GRI可持续性报告标准》将企业社会责任归纳为市场、社会、环境三个方面，具体涉及股东责任、伙伴责任、客户责任等十项具体责任内容。《关于建筑业企业履行社会责任的指导意见》在履行企业社会责任的基本原则中也指出"实现企业与职工共发展，企业与社会、环境相和谐"。除此之外，中国从事工程建设的大型企业包括中国建筑股份有限公司、中国交通建设股份有限公司、陕西建工集团等都会根据本企业年度活动情况出版相应的企业社会责任报告，其中均将责任绩效分为了三个部分，包括经济、社会和环境。

综合已有文件，根据建设工程相关利益方多、产品周期长、投资大等特点，从事工程建设企业的社会责任评价涉及的维度具体可归纳为经济、社会和环境三个方面。其中，每一个维度会涉及不同的利益相关者并对应具体的绩效指标。

1. 经济责任及绩效指标

工程建设企业经济责任是指有关企业发展以及盈利能力方面的责任，其主要涉及的利益相关方为股东或投资者以及合作伙伴。

工程建设企业对股东或投资者的责任主要包括规范公司治理，进行最高治理机构及其委员会的提名和甄选，披露合规信息，保护中小投资者利益，促进企业成长和发展，最终目标是保证企业的收益性；对合作伙伴的责任主要是通过一系列手段实现合作共赢，具体包括诚信经营、经济合同履约率、公平竞争、战略共享机制和平台、供应商社会责任审查的流程与方法以及供应商的社会责任培训等方面。

工程建设企业经济绩效指标具体包括营业收入、利税总额、利润总额、建筑业务新签合同额、年度施工面积、年度竣工面积、期末土地储备等。经济责任及绩效指标对应情况见表6-2。

表6-2　工程建设企业经济责任及绩效指标对应情况

利益相关方	主要内容	工程建设企业绩效指标
股东或投资者	完善公司治理，增强盈利能力	资产总额 营业收入 固定资产投资 资产负债率
	规范信息披露	
	依法治企	
	优化风险防控机制	
合作伙伴	采购守则	拥有供应商合作数量 集中采购金额
	供应商管理	
	开展合作共赢	

2. 社会责任及绩效指标

工程建设企业社会责任是指在企业发展过程中承担的推动社会发展的责任，其主要涉及的利益相关方为政府、客户、行业、员工、公众和社区等。

1）工程建设企业对政府的责任指的是配合政府管理的责任。具体包括守法合规体系建设、守法合规培训、纳税、参与全面深化改革、带动就业以及吸纳就业人数等。例如，2017年，重庆市渝北区人民检察院与中建五局隧道公司联合举办了“争创陈超英廉洁文化示范点暨检企共建阳光地铁”的活动。

2）对客户的责任主要指的是为客户提供放心满意的高质量产品和服务。具体包括提升产品/服务可及性、产品/服务质量管理体系、产品合格率、客户满意度等。

3）对行业发展的责任主要是指企业的发展对整个行业的作用。具体可以体现在企业在研发上的投入、新增专利数、科技成果产业比等。

4）对企业员工的责任是指企业对职工的成长等应担负的责任。主要包括员工构成情况、平等雇用情况（员工的多元化、男女基本工资和比例等）、劳动合同签订率、女性管理者比例、多元化和机会平等、薪酬与福利体系以及职业健康管理等。例如，作为从事建设工程的企业，大部分青年员工常在项目一线，婚恋问题成为青年员工一大“痛点”，陕西建工集团累计组织千余名单身青年员工参加联谊交友活动，120余名青年员工成功牵手。

5）对公众的主要责任也是工程建设企业的基本职责。其中，安全生产是重中之重。安全生产是指企业在进行生产活动时要保证安全，包括安全生产管理体系、安全应急管理机制、安全教育与培训、安全生产投入等。工程施工伤亡率和其他行业相比高，而且建筑流程复杂，生产作业风险大，企业的应急管理制度是否完善显得极为重要，企业需细化公司应急指挥组织机构，提升各单位应急组织及救援实战能力，同时进一步完善公司应急预案管理体系。

6）对社区的责任指的是企业对所在的社区或者是大到社会应尽到企业的责任，主要内容包括社区沟通与参与机制、员工本地化政策、本地化采购政策、建立企业公益基金情况以及捐赠总额等。企业应该积极参与社区共建，如组织助学济困、关爱弱势群体等公益活动。作为从事工程建设的企业应发挥建设优势，助力当地人民灾后重建、抢修道路和房屋等。例如，中建七局巴基斯坦PKM项目部于国际儿童节对巴基斯坦Nawazabad女子小学和男子小学开展捐助活动，帮扶当地教育事业，缓解项目沿线300多名儿童入学难题。工程建设企业还应关注扶贫开发，关注全面小康，推进精准扶贫。

在新时代背景下，工程建设企业的社会责任还包括很重要的一部分——“一带一路”的建设与发展。“一带一路”自2013年提出以来，已经给建设工程提供了新的机遇，也带动了从事工程建设的企业“走出去”，企业在完成基本生产活动的同时也履行了社会责任，该社会责任会比传统的社会责任更多地关注建设工程项目所在地的情况，而且由于“走出去”的企业更多是代表中国的形象，其社会责任更受关注。具体包括共享中国经验、展现精良品质、提供中国技术和对接发展需求。

工程建设企业社会绩效指标具体包括企业员工总数、女性员工比例、女性管理者比例、合同签订率、社会保障覆盖率、志愿者活动次数、大客户合同履约率、分包商培训投入及人次、国家专利授权数量等。社会责任及绩效指标对应情况见表6-3。

表6-3　工程建设企业社会责任及绩效指标对应情况

利益相关方	主 要 内 容	工程建设企业绩效指标
政府	依法合规 缴纳税款	纳税总额 审计问题整改率
客户	建筑精品 优质服务	工程质量合格率 合同签约额 年度施工、竣工面积 国家重点项目参与情况 优质工程获奖情况
行业	管理创新 科技创新	拥有技术中心数量 国家专利授权数量 国家科学技术奖数量 标准编制数量
员工	加强组织建设 培育企业家精神 保障员工权益 多彩生活与工作	企业员工总数 员工培训累计人次 培训经费投入 新建项目工会数量 女性员工及管理者占比 分包商培训投入
公众	安全生产	安全标准化工地数量 生产安全人身事故数量 亿元产值死亡率
社区	助力民工成长 参与社区建设	为农民工提供岗位数量 企业捐赠总额 志愿者活动次数 累计志愿服务时长

3. 环境责任及绩效指标

工程建设企业环境责任是指企业在发展过程中要注重环境的可持续性，从建筑产品的全寿命周期出发，主要包括绿色生产、绿色运营以及贯穿始终的绿色管理三个方面。

（1）绿色管理

绿色管理指的是有明确的环境管理体系、环保与经济应急机制、环保技术研发与应用、环保总投资额以及应对气候变化的措施等。绿色低碳理念应贯穿到建设项目规划、设计、建设、运营和养护全过程。企业应设立分级能源管理制度，确立各管理层面的节能环保监督管理、考核、检查办法等系列规章制度，优化企业环保相关的信息管理系统。

（2）绿色生产

绿色生产主要是指建筑产品建设过程中，通过绿色设计、采购和使用环保材料、节约能源措施等来提高能源使用率、减少全年能源消耗总量、减少温室气体排放的计划和行动等。具体来说，对于废气排放，应加强施工现场扬尘管控，通过增加施工围挡，做好出入口及车行道场地硬化，做好裸土覆盖，安装冲洗设置。对于废水排放，应实现废水循环利用，可引入循环水池、雨水再回收等技术。以绿色生产中的施工现场为例，中建一局承建的北京城市副中心项目 B1、B2 工程，为最大限度地保留原有绿化，将施工区域内原有的树木植被全部移植至办公区、生活区内自建的停车场和绿化地带内。

（3）绿色运营

绿色运营指的是建筑产品投入使用后，要对其运行过程中产生的能耗等进行监测和管理。主要包括绿色办公措施、绿色办公绩效管理、生态恢复与治理、保护物种多样性以及环保公益活动等。

工程建设企业环境绩效指标具体包括环保总投入、环评通过率、环保培训人次、万元增加值综合能耗、大宗材料绿色采购比例等。环境责任及绩效指标对应情况见表 6-4。

表 6-4　工程建设企业环境责任及绩效指标对应情况

主要利益相关方	具体说明	工程建设企业绩效指标
环境	绿色管理	节能资源项目研究数量 环保总投入 环保培训人次 大宗材料绿色采购比例
	绿色生产	绿色施工示范工程数量 环评通过率
	绿色运营	绿色施工科技示范工程项目数量 万元增加值综合能耗

6.4 建设工程从业人员职业道德

6.4.1　建设工程从业人员职业道德概述

1. 建设工程从业人员职业道德的内涵

道德的含义一方面是指个人的道德修养和基本的人格品质，另一方面是指正确处理和调节人与人、人与社会、人与自然之间关系的行为规范和准则的总和。职业道德则是指在一定的社会经济关系中，从事各种不同职业的人们在其特定的职业活动中应遵循的职业行为准则。

2019 年，我国提出的《新时代公民建设实施纲要》中指出职业道德是我国公民道德的重要着力点之一，可见各行业的职业道德对整体社会和谐稳定发展都起着至关重要的作用。而建设工程所在的建筑业属劳动密集型产业，从业人员众多，2015 年建筑业从业总人数首次超过 5000 万，并在此后的历年对社会总就业的贡献保持在 6.5% 以上，因此，建设工程从业人员的职业道德更需要引起重视。

结合职业道德的概念，建设工程从业人员的职业道德是指在建设工程的过程中涉及不同类型工作的人们在建设项目活动中应当遵循的行为准则。这是用来指导和约束从业人员的职业行为的，通过具体、明确的规范来体现，一方面为从业人员处理职业活动中各种关系、矛盾提供行为准则，另一方面为评价从业人员的职业活动和职业行为好坏提供标准。

2. 建设工程从业人员职业道德的规范发展

建设工程从业人员的职业道德从很早开始就受到了人们的重视。工程职业道德规范最早可追溯到 1931 年中国工程师学会制定的《中国工程师学会信守规条》，这是我国历史上成文最早的工程职业道德规范，工程师的责任对象主要针对雇主或客户、同行及职业，如忠于职守、与同行互助、维护职业尊严等。抗战阶段，在抗日的背景下，中国工程师学会的工程职业道德规范改名为《中国工程师信条》，增加了工程师对国家、民族的责任，具有较强的时代色彩。新中国成立后，我国的建设工程职业道德规范经历了一个很长的空白期，发展较为缓慢。目前成文的建设工程职业道德规范见表 6-5。

表 6-5　我国目前成文的建设工程职业道德规范

部门和工程职业社团	工程职业道德规范及制定时间	规范适用对象
建设部	《建筑业从业人员职业道德规范（试行）》（1997 年 9 月制定）	质量监督人员、招标投标管理人员、施工安全监督人员、建筑业企业经理、项目经理、工程技术人员
中国工程咨询协会	《中国工程咨询业职业道德行为准则》（1999 年 1 月制定，2010 年 12 月修订）	咨询工程师
中国建设工程造价管理协会	《造价工程师职业道德行为准则》（2002 年 6 月制定）	造价工程师
中国设备监理协会	《设备监理工程师职业道德行为准则》（2009 年 2 月制定）	设备监理工程师
住建部	《全国勘察设计行业职业道德准则》（2011 年 1 月制定）	工程勘察设计人员
中国勘察设计协会	《中国建筑设计行业职业道德准则》（2012 年制定）	建筑设计人员
中国勘察设计协会	《工程勘察与岩土工程行业从业人员职业道德准则》（2014 年 1 月制定）	工程勘察与岩土工程行业从业人员
中国建设监理协会	《建设监理行业自律公约（试行）》（2014 年 1 月制定）	监理单位和人员

（续）

部门和工程职业社团	工程职业道德规范及制定时间	规范适用对象
中国建设监理协会	《建设监理人员职业道德行为准则（试行）》（2015年1月制定）	监理人员
住建部	《注册监理工程师注册管理工作规程》（2006年制定，2017年9月修订）	监理人员

针对建设工程从业人员，我国现行的职业道德规范以1997年的《建筑业从业人员职业道德规范（试行）》为主体规范，之后针对不同岗位建设工程从业人员的工作特点，不断地提出了不同的职业道德准则。

6.4.2 加强建设工程从业人员职业道德的意义

我国每年建设工程在建和竣工项目规模庞大，但也伴随着许多工程问题，如管理不严、办事不公、以权谋私、玩忽职守、收受贿赂、抢工期忽视工程质量、违章作业、野蛮施工、只追求经济效益轻视社会效益等。这些问题的出现也让我们意识到了加强建设工程从业人员职业道德的重要性和意义。

1）于建设工程从业人员本身而言，加强职业道德建设是提高个人责任心的重要途径，是个人健康发展的基本保障。在注重经济效益的市场经济中，当从业人员具备职业道德精神，就能抵抗物欲诱惑，脚踏实地在本行业中追求进步，在社会中立稳脚跟，成为社会的栋梁之材，为社会创造效益的同时，保障自身的健康发展。具体在建设工程项目建设过程中体现为有扎实的专业基础和技术，能够统筹考虑各利益相关方、社会的效益，从而保证建筑工程的高质量。

2）于工程建设企业而言，加强职业道德建设一方面是促进工程建设企业和谐发展的需求。建设工程从业人员顾大局、识大体，正确处理国家、集体和个人三者利益之间的关系，能促进企业内部党政之间、上下级之间、员工之间团结协作，提高企业凝聚力，使企业成为一个具有社会主义精神风貌的和谐集体。另一方面，加强职业道德建设是提高企业竞争力的必要措施。当前建设工程市场竞争激烈，一些企业的经营者在竞争中单纯追求利润、产值，不求质量，不顾社会效益，这只能给企业带来短暂的收益，当企业失去了消费者的信任，也就失去了生存和发展的源泉。在企业中加强职业道德建设，可使企业在追求自身利润的同时，创造社会效益，从而提升企业形象，赢得持久而稳定的市场份额。

3）于工程建设行业而言，加强职业道德建设是行业健康发展的必然要求。一个行业，想要成为社会的良心所在，需要极大的努力与智慧，通过有效的鼓励和团体的制约，使其专业能力和声望与日俱长，而足以领导和影响其辖属企业。建设行业从业人员需知“积沙成塔”“众志成城”的道理，只有从业者有理想、践行建设工程职业道德，辅以专业组织引导和有力的规范制度运作，工程建设行业才能健康发展。

4）于社会而言，加强建设工程从业人员职业道德建设有助于促进城市化进程，促进经济社会的可持续发展。建设行业从业人员担任工程项目勘察、设计、施工、监理、预算以及各种相关管理工作，加强职业道德建设，是实现城市化的重要前提，有助于工程项目顺利完成，也有助于经济、社会可持续发展。

6.4.3 建设工程从业人员职业道德体系

1. 建设工程从业人员职业道德的价值取向——追求公共利益

建设行业从业人员应热爱社会主义、热爱祖国、热爱人民，树立全心全意为人民服务的思想，拒绝拜金主义、享乐主义、个人主义，严格按照合同的规定履行义务，不得索取或者收受除自己报酬以外的其他礼金、财物，不能利用自己的职务之便谋取私利，也不得为了谋求个人和企业私利而采取行贿或其他不法手段。

从社会需求的角度而言，工程建设行业的存在意义，应该是为人类全体提供优质的建设工程产品和服务。一切建设工程的设计、施工，都必须从广大人民群众的根本利益出发，既要立足于发展生产，美化环境，改善人民生活，又不能脱离国情。但是，建设工程服务通常通过企业来提供，企业的存在却并非以公益为目的。绝大多数专业人员，并非受雇于专业相关协会，而是受雇于企业或其他非公益机构，因而协助其获取利益，以及维持经营，便自然成为从业人员受雇努力工作的主要目的。除非企业具有非常强烈的社会责任感，否则从业人员肩负着行业中的一员以及企业雇员的双重身份，经常会面临公共利益和企业利益之间的冲突。

从业人员不能不加鉴别地服从组织的权威，应进行独立、客观的判断。当从业人员判断自己的决策会引起争议，并且影响许多人的时候，他必须铭记自己是行业的一员，需为增益人类而奉献。出于对道德或职业负责，从业人员应首先尝试与企业管理者沟通，使得问题能在组织内部得到解决，若沟通无效，必要时可采取对立、不参与、抗议等不服从组织的行为，包括从事与公司利益相悖的活动，拒绝执行一项任务，积极、公开地抗议或举报组织的一项政策或行为。

2. 建设工程从业人员职业道德的核心——四个意识

1997年提出的《建筑业从业人员职业道德规范（试行）》针对建筑业监督管理人员和建筑业企业职工的职业道德分别做了说明，并总结成“八要八不准”，具体内容包括敬业、职业责任、团队合作等方面。相比于国内，国外的工程管理专业学会也对建设工程从业人员职业道德进行要求并且早已形成成熟的职业道德规范体系，以英国皇家特许建造学会（Chartered Institute of Building，CIOB）为例，它在1993年制定了《会员专业能力与行为的准则和规范》，其核心包括尊重公众利益、诚实、正直、自知、守法和公平六个方面。结合其他建设工程行业从业人员职业道德规范和准则的文件，可以将建设工程从业人员职业道德体系的核心归纳为四个意识，即责任意识、服务意识、诚信意识、人本意识。

（1）责任意识

广义的责任意识是指社会个体因为掌握了某种能力、获得了某些资格而被要求进行一些与自身的能力和资格相匹配的活动。责任意识的具体含义因研究对象的不同会有所区别。对于从事某类职业的人员而言，责任意识是指他们需要根据自身掌握的技能和拥有的能力来从事生产实践活动，但他们的活动不得对社会和公众造成不利影响。从业人员的道德和使命感是从业人员责任意识的重要组成部分。不论何种行业，责任意识都是从业人员在本行业中得以生存发展的前提，因此责任意识对建设工程从业人员而言也是极其必要的。

（2）服务意识

服务意识指的是建设工程从业人员的一种认知状态。建设工程从业人员在了解职业基本要求、掌握职业必备技能的基础上，以积极的态度向服务对象提供服务，而这类服务必须能够体现从业者的职业基本能力，将建设工程从业人员的这种意识定义为服务意识。如果将责任意识定位为建设工程从业人员职业道德的基础，那么服务意识就体现了建设工程从业人员在职业活动中的状态，它潜在性地要求建设工程从业人员必须以积极的态度进行职业活动。

（3）诚信意识

诚信意识是建设工程从业人员必要的职业道德。对于建设工程从业人员来说，具有诚信意识就意味着要求从业人员能够对自身的职业行为有准确的认知，在建设活动中能够做到诚实守信，同时从业人员需要对建设活动进行科学合理的预测，使自己的表现与职业标准相吻合，最终赢得其他人员的信任，获得更多的机会。因此，诚信意识也是建设工程从业人员职业道德所强调的重要主体性内容。

（4）人本意识

人本意识就是指建设工程从业人员在建设活动中要遵循“以人为本”的思想，需要对人本意识有更深入的理解，由此才能实现建设工程从业人员的职业道德建设。将人本意识纳入职业道德建设范围内，是因为职业道德并不只是包括遵守各类规章制度，机械地对各类问题做出反应，真正的职业道德是要求建设工程从业人员在建设活动中体现出对人的尊重。这就要求从业人员有很强的人本意识，注重建设工程从业人员人本意识的培养，本质上就是要求建设工程从业人员需要认识并具备“以人为本”的思想，同时也要求人本意识要贯穿于建设工程活动的全过程中。

3. 建设工程从业人员职业道德的内容——三个维度

由建设工程从业人员职业道德的内涵可知，建设工程从业人员职业道德要求从业者在完成高质量工程项目的同时，统筹考虑各个利益相关方之间的关系，最终推动社会发展。因此，建设工程从业人员职业道德的内容可以被分为以下三个维度：

（1）完成高质量的建设工程

建设工程从业人员在工程实践中需要利用专业知识和技能保证建设工程的规划、设计、施工，以及建设工程产品的质量、安全、环保等。首先保证质量和安全是基本，从业人员应树立“百年大计、质量第一”的思想，严格按照设计图和设计要求科学组织施工，认真实行全面质量和安全管理，努力创造先进可靠的设计和优质工程，对工程质量和安全负责到底。另外，工程活动不可避免地会对环境造成直接而巨大的影响。工程师在规划、设计、施工阶段要避免对生态环境造成破坏，精心保护世界资源和自然环境，遵循可持续发展的原则。

（2）保障建设工程各利益相关方的权益

建设工程涉及的专业和利益相关方较多，有些岗位的工作需要协调若干相关方，从业人员应积极处理各利益相关方之间的关系，维护各方的权益。以工程监理为例，监理受雇于建设监理企业，监理企业与建设单位签订委托监理合同，以规范承建单位的建设行为，那么监理应该同时保障监理企业、建设单位和承建单位三方的权益。

（3）促进社会发展

保障公共安全，追求公共利益，是建设工程从业人员职业道德的价值导向和目标，从业人员一定要有社会责任意识，要关注工程对社会产生的后果，保障公众安全，造福人类。此外，从业人员还要关注自身行为对建设行业和市场的影响，做到守法奉献，恪守法令规章，促进建设市场向着有序、竞争的方向发展。

6.4.4 全球背景下的建设工程从业人员职业道德

随着“一带一路”倡议的持续推进，我国建筑行业海外订单呈现持续的高速增长。2016年我国企业与“一带一路”覆盖的61个国家签订了8158项合作协议，新签合同价值占同期我国承包项目合同总价值的51.6%。2019年我国企业在“一带一路”沿线的62个国家新签对外承包工程项目合同6944份，新签合同额1548.9亿美元，占同期我国对外承包工程新签合同额的59.5%，同比增长23.1%。而据美国ENR发布的2019年国际承包商250强榜单显示，我国内地占上榜企业国际营业总额的24.4%，其中，在非洲市场的占有率高达60.9%，在亚洲、拉丁美洲和加勒比地区的市场份额分别为40.8%和24.3%。

然而，不同的国家往往具有不同的文化和伦理传统，这些差异会给跨境的工程师造成难以解决的困境。中国建设工程从业人员到其他国家或地区工作，尤其是去社会经济发展滞后、建筑业发展水平较低、有着不同伦理传统的国家时，必须在一定程度上使他们的职业道德标准适应新的环境。

复 习 题

1. 请阐述可持续发展的定义和内涵及可持续性建设工程的三要素。
2. 请简述建设工程对经济、社会和环境的主要影响分别有哪些？
3. 请尝试从全寿命周期角度分析建设工程对环境的影响（可画图说明）。
4. 请阐述企业社会责任的内涵以及工程建设企业社会责任内容。
5. 请说明建设工程所在的建筑业的行业特点。
6. 工程建设企业社会责任评价的经济、社会和环境的对应绩效指标分别有哪些？
7. 请阐述建设工程从业人员职业道德的内涵并思考其对建筑业发展的重要性。
8. 请从三个维度对建筑工程从业人员职业道德内容进行阐述。

第 7 章

工程管理人才教育与职业资格

7.1 工程管理人才培养体系

7.1.1 工程管理人才的供给渠道

职业教育与普通高等教育作为我国工程管理人才供给的重要渠道，二者具有同等重要地位。

1. 职业教育

我国非常重视职业教育和现代职业教育体系建设工作，在《国家中长期教育改革和发展规划纲要（2010—2020年）》明确阐明的职业教育发展目标的基础上，先后发布了《国务院关于加快发展现代职业教育的决定》《现代职业教育体系建设规划（2014—2020年）》《国家职业教育改革实施方案》等文件。根据《国家职业教育改革实施方案》，我国职业教育层次可分为中等职业教育、高等职业教育和高层次应用型人才教育等几个层次。目前我国的工程管理人才培养覆盖了全部职业教育层次体系，其中工程管理中等职业教育主要面向初高中毕业未升学学生、退役军人、退役运动员、下岗职工、返乡农民工等，上述人群通过接受工程管理中等职业教育主要服务于乡村振兴战略，为广大农村培养以新型职业农民为主体的农村实用人才；工程管理高等职业教育作为优化高等工程教育结构的手段，主要目标是培养工程管理技能方面的大国工匠、能工巧匠，使城乡新增劳动力更多接受高等教育，重点服务企业特别是中小微工程企业的人才需求；高层次应用型人才教育包括应用本科、专业硕士学位和工程博士专业学位教育，主要目标是畅通技术技能人才成长渠道，侧重高层次技能人才需求背景下工程管理人才的实践能力培养。

目前我国工程管理职业教育培养体系还不完善、职业技能实训基地建设有待加强、制度标准不够健全、企业参与办学的动力不足、有利于技术技能人才成长的配套政策尚待完善、办学和人才培养质量水平参差不齐等问题突出。相较于其他两个层次，目前我国高等工程管理职业教育发展得相对完善，大约有250所职业技术学院招收工程管理专业学生，尤其是大批建筑职业技术学院为建设行业输送了大量基层工程管理人才。比如浙江、江苏等绝大多数省份均开办有建筑职业技术学院，不但为本省建筑企业培养了大量工程管理人才，也为基层的建设行业管理部门培养了很多公务人员。

2. 普通高等教育

根据《国家职业教育改革实施方案》对职业教育的理解，普通高等教育是指主要包括全日制普通博士学位研究生、全日制统招学术型硕士学位研究生、非全日制统招学术型硕士学位研究生、全日制普通第二学士学位、全日制普通本科等层次的教育。就工程管理普通高等教育而言，主要包括本科学位教育、硕士学位教育和博士学位教育三个层次。纵观我国普通高等教育的发展历史，国家教育主管部门先后推出了“211 工程”“985 工程”“2011 计划”和“双一流大学建设计划”等体现国家意志的重大战略举措。能够入选上述“工程”或“计划”的高校，不但体现了学校的硬件和软件实力，而且铸就了这些学校在社会的口碑，成为各类高校招生的金字招牌。

截至 2018 年，我国有 400 多所高校招收工程管理本科生，包括清华大学、天津大学、同济大学、哈尔滨工业大学、东南大学、重庆大学等拥有工科背景的重点大学，也有中央财经大学、东北财经大学、中南财经政法大学等财经类重点高校。在长期的办学历史渊源中，各高校的工程管理专业形成了各自独特的办学优势。例如，原建设部所属的建筑类高校，专长于房屋建筑工程管理人才的培养；而原交通部所属的高校，则专长于道路、铁路工程管理人才的培养。虽然目前我国完成了部门管理高校的改革，将高等学校分为教育部直属高校和地方高校两个层级，但由于历史渊源，各高校仍然保持着各自在行业内独特的优势。

相对于工程管理专业本科教育的广泛性而言，工程管理专业的硕士和博士学位培养主要集中在省属重点（一本）大学或者曾经的“211 工程”以及目前的“双一流大学建设计划”范围内的大学。随着整体上我国高等教育人才培养的不断增加，各专业门类就业竞争压力的增大，工程管理硕士招生人数也在不断扩大。工程管理专业博士招生数量相对稳定，但毕业生质量不断提高。目前来看，我国工程管理专业的本科、硕士及博士学位教育与欧美发达国家相应工程管理专业教育的差距逐步缩小，有些特色研究方向已经处于并跑或者领跑的趋势。

7.1.2 工程管理专业培养定位

工程管理专业背景的人才就业方向（领域）非常宽，凡是国民经济各行业分类中涉及的与工程有关的管理活动均属于工程管理人才的就业范围。早在 1998 年，教育部颁布的《普通高等学校本科专业目录》就对工程管理专业进行了标准化定义，将此前的管理工程（部分，之前代码为 082201）、涉外建筑营造与管理（之前代码为 082208W）、国际工程管理（之前代码为 082210W）、房地产经营管理（部分，之前代码为 020208）等专业整合形成了工程管理专业（当时新的代码为 110104）。进入 2012 年，教育部印发了《普通高等学校本科专业目录（2012 年）》和《普通高等学校本科专业设置管理规定》等文件。其中在《普通高等学校本科专业目录（2012 年）》中进一步明确将此前的工程管理专业（之前代码为 110104）和项目管理专业（之前代码为 110108S）整合形成新的工程管理专业（新的代码为 120103）。

根据《普通高等学校本科专业设置管理规定》的相应规定，工程管理专业归属的学科门类为管理学中的管理科学与工程类。该规定还明确了“《专业目录》十年修订一次；基本专业五年调整一次，特设专业每年动态调整”，所以现行的工程管理专业培养定位仍然在执行 2012 年的教育部文件规定，其业务培养目标为“培养具备管理学、经济学和土木工程技术的基本知识，掌握现代管理科学的理论、方法和手段，能在国内外工程建设领域从事项目决策和全过程管理的应用型人才”；业务培养要求是“学习工程管理方面的基本理论、方法和土木工程技术知识；受到工程项目管理方面的基本训练；具备从事工程项目管理的基本能力”，并突出强调毕业生应“掌握工程管理的基本理论和方法”和“掌握投资经济的基本理论和基本知识”。从上述培养定位可以看出，工程管理专业的人才培养目标和定位是面向工程全寿命周期管理的，其能力应胜任不同单位在工程全寿命周期管理过程中所涉及的各个岗位。依据工程全寿命周期管理对知识需求的差异和特点，工程管理人才的就业岗位具体包括工程决策评估、工程设计管理、工程施工管理、工程采购管理、工程运维及设施管理等就业岗位方向。这些岗位普遍存在于与工程管理相关的政府工作部门、房地产企业、施工企业以及各类基础设施投建营管理公司。此外，在教育行业（如各类高校以及职业教育培训机构），金融行业（如各类金融机构有关工程信贷评估部门以及工程保险部门），出版行业（如工程相关的出版社（机构）），行业协（学）会（如由企业、学术机构或者个人联合发起并得到注册的协会或学会）等，也能吸纳工程管理人才就业，并设定相关工作岗位。

7.1.3　工程管理专业培养目标和专业方向

（1）培养目标

《全国高等学校土建类专业本科教育培养目标和培养方案及主干课程教学基本要求——工程管理专业》中指出，“工程管理专业培养适应社会主义现代化建设需要，德、智、体、美全面发展，具备土木工程技术及工程管理相关的管理、经济和法律等基本知识，获得工程师基本训练，具有一定的实践能力、创新能力的高级工程管理人才”。从这个培养目标来看，工程管理人才必须具备四个知识模块，即技术、管理、经济和法律知识模块，且技术模块为土木工程技术。此外，突出强调获得工程师基本训练，也就意味工程管理人才培养突出实践能力要求。基于上述培养要求，不同历史背景的高校在制定各自工程管理专业培养目标的同时，都各有侧重。表 7-1 列举了一些典型高校工程管理专业的培养目标。

表 7-1　一些典型高校工程管理专业的培养目标

学校名称	培养目标
A 大学	工程管理专业本科培养具有坚实的自然科学和工程科学基础、广博的人文科学知识、牢固的管理知识和技能、熟练的外语和计算机应用能力、一定的工程实践经历的建设管理人才。毕业后能从事建设与房地产领域的项目管理工作，如项目的策划、评估、设计、建设、经营和维护等
B 大学	工程管理专业培养面向未来国家建设需要，适应未来科技进步，德智体全面发展，掌握土木工程学科的相关原理和知识，获得工程师良好训练，基础理论扎实、专业知识宽厚、实践能力突出，能胜任一般建筑工程项目的设计、施工、管理，也可以从事投资与开发、金融与保险等工作，具有继续学习能力、创新能力、组织协调能力、团队精神和国际视野的高级专门人才

（续）

学校名称	培养目标
C 大学	工程管理专业培养具有土木工程技术、管理学和经济学等学科基本理论和知识，掌握现代管理科学的方法和手段，接受工程师基本训练并具备工程项目建设方案论证与决策、投资控制、招标投标和全过程项目管理的能力，能在大型建筑企业、总承包企业、房地产开发公司、国际经济合作公司、工程咨询和评估公司、建设单位、银行、政府建设主管部门、科研和教育单位从事工程建设项目决策、策划、投标报价和全过程管理的复合型高级工程管理人才
D 大学	工程管理专业旨在培养经济全球化背景下建设行业的领导者。培养的学生具有管理学、经济学、土木工程技术、法律和外语的坚实基础，接受工程师、经济师的基本素质训练，掌握现代管理科学的理论方法和手段，成为能在国内外工程建设领域，从事项目决策和全过程管理的复合型、外向型、开拓型的高级管理人才
E 大学	工程管理专业培养适应社会主义现代化建设需要，德、智、体、美全面发展，具备由土木工程技术知识及与国内、国外工程管理相关的管理、经济和法律等基础知识和专业知识组成的系统的、开放性的知识结构，全面获得工程师基本训练，同时具备较强的专业综合素质与能力、实践能力、创新能力，具备环境保护意识、可持续发展意识和以人为本意识，具备国际视野和宽广的工程视野，能够在国内外土木工程及其他工程领域从事全过程建设工程管理的高素质、复合型人才
F 大学	工程管理专业致力于培养具有经济学和管理学优势，掌握工程建设的技术知识，掌握与工程管理相关的法律等基础知识，具有职业道德、创新精神和国际视野，能够在政府投资建设管理部门、银行等金融机构、房地产领域企事业单位、投资与工程咨询机构以及国内外重大工程项目中从事工程建设投融资决策与成本管理、市场研究与可行性分析、可持续建筑评估与建筑信息技术应用等相关业务的复合型高级管理人才

上述六所大学所述培养目标均涵盖了《全国高等学校土建类专业本科教育培养目标和培养方案及主干课程教学基本要求——工程管理专业》的培养要求，但又各有侧重。从实际六所学校的学生就业情况来看，也与其培养目标非常相符。例如 B 大学本身就是国际和国内建筑名校，其土木工程学科享誉海内外，为我国培养了大批国际工程管理人才；而 F 大学是国内著名的财经类大学，为国家财政管理部门、金融行业培养了大批高端经济管理人才，其工程管理专业毕业生主要集中在财政管理部门和金融行业以及工程投资领域。

纵观《全国高等学校土建类专业本科教育培养目标和培养方案及主干课程教学基本要求——工程管理专业》以及六所著名高校培养目标的结构，可以发现培养目标必须包含政治与道德标准、基础与专业知识能力、明确的就业对象和具体的业务岗位等基本要素。政治与道德标准明确为谁培养人才，即为社会主义建设培养人才；基础与专业知识能力明确学习什么，即除了四个专业知识模块之外，也要具备自然与人文知识素养；明确的就业对象指明了学生毕业后去哪里工作，如工程承包与房地产企业还是政府、金融机构等；而具体的就业岗位则体现了到那里之后干什么，这是职业差异化的过程，如投资工作、工程管理工作以及项目策划与工程运营维护等。通过培养目标不但能使教育管理者明确工作方向，而且也对学生择专业、择业提供明确的指导。

（2）专业方向

自 1988 年教育部对本科专业目录调整后，工程管理专业设在管理科学与工程（一级学科）下，作为二级学科。管理科学与工程是与工商管理、公共管理等学科并列的一级学科，从名字上可以看出，上述三个一级学科是以管理学知识在不同领域的应用为标准进行划分的。工程管理专业的发展是我国大基建、大投资、大工程以及房地产业发展背景下，对工程管理人才需求所导致的。在不同的历史背景和市场需求作用下，各类高校形成各自的专业发展方向，但工程项目管理、房地产开发、国际工程管理、造价管理、物业管理等方向最为广泛。而且房地产开发、造价管理和物业管理等方向在历史的演变中，很多学校将其设置为房地产开发与管理、工程造价以及物业管理专业。图 7-1 描述了不同专业方向在工程管理实践中的比重变化。

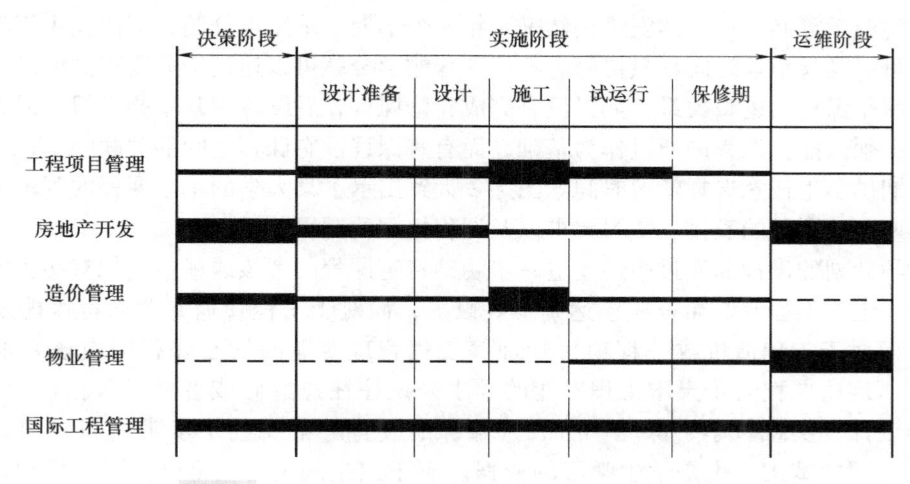

图 7-1 不同专业方向在工程管理实践中的比重变化

1）工程项目管理方向主要是从事工程项目的全过程管理工作，侧重在设计施工阶段进行工程项目的投资、进度、质量、安全、环境保护等目标控制，以及合同管理、信息管理和组织协调管理等方面的工作。

2）房地产开发方向主要是在决策阶段从事房地产开发管理工作，分析和解决土地开发整理、房地产经纪理论问题、房地产项目开发评估问题以及房地产投融资与估价问题，同时掌握房地产开发的政府监督管理程序。此外，在运维阶段，学生主要从事房地产市场营销、行政管理等方面的工作。

3）造价管理方向主要是在决策阶段和实施阶段从事项目投融资和工程造价的全过程管理工作。工程造价管理需要具备项目融资、项目评估、工程技术经济分析、工程材料性能、工程招标投标、概预算和决算方面的知识能力。

4）物业管理方向主要是在运维阶段从事物业的管理工作，侧重在物业的资产管理和运行管理方面进行工作，其中包括物业的财务管理、空间管理、设备管理、用户管理、维护管理以及物业交易管理等。

5）国际工程管理方向主要是在国际工程项目中从事全过程工程管理的工作，在技术、经济、管理平台上与工程管理专业没有太大区别，包括招标投标、合同管理、投融资等方面的工作。国际工程管理方向突出要求学生应具备较强的外语应用能力以及国际工程市场的视野与认识。

工程管理专业除了上述典型方向之外，也有其他一些小众特色方向，如财经类大学的工程投融资管理以及工程审计等。

7.1.4 工程管理专业教学计划

1. 教学计划设计

教学计划是对各类专业课程、实践教学和课程考核以及毕业考核的总体安排。根据工程管理专业的培养目标和要求，工程管理专业的教学涵盖理论教学、课程设计、实践实习、入学教育、课程考试以及毕业设计等多个方面。众多的课程组成在一起，并不是随意选择和任意设置，除了考虑教学资源的限制条件外，更重要的是课程直接的逻辑关联。目前我国各类大学普遍实施学分制，但总体安排仍然是4年8个学期。采用学分制，即使在4年没有完成学业，也可以延长毕业时间，只要修满各门课程的学分就可以达到毕业要求。但是学分制需要注意的就是课程的逻辑关系，如果没有完成先修课程，后续课程就不能学习。因为有些课程的实现必须以前置课程的通过作为基础，而有些课程没有课程之间的关联限制，则可以放在任意学期供学生任意选择学习时间。图7-2大致出示了某大学的主干课程的逻辑关系，显示8个学期有关课程的安排、学习要求以及课程之间的逻辑关系。

在教学计划的设计和安排中还要进一步明确特定课程的考核成绩。例如有些土木工程类的课程对于土木工程专业而言应该达到良好以上，而对于工程管理专业而言可能及格以上就可以，而对于工程造价或工程项目管理等工程管理专业的核心课程则应该要求达到良好以上，而这些课程对于土木工程专业的学生来说往往是选修或者要求及格以上。此外，有关课程设计、实践教学、课程学分、选修课的设置等都要进一步明确和完善。教学计划是教学管理的基础，也是学生学习的依据。出于招生的需要，可以从网上找到各类大学的教学计划。

2. 实践教学

工程管理专业培养目标明确了学生要接受工程师的基本训练，因此必须加强实践教学。实践教学环节有助于培养学生的实际业务工作能力，使其掌握工程应用技术、管理理论和方法，有助于提高学生分析和解决问题的能力，提高人才培养质量。工程管理专业实践教学按内容划分为课程设计、课程实习、生产实践、专业试（实）验和毕业实践等多个环节。

（1）课程设计

工程管理专业的专业基础课和专业方向必修课大多需要安排课程设计实践环节，以提升学生对所学知识的运用能力。在课程设计环节，学生将根据经典的设计题目，基于课程理论知识进行设计实践，并由教师对设计作业提供指导和考核。例如房屋建筑学、钢筋混凝土、城市规划等课程都可以归结为专业基础课设计，这些设计课程以强化专业认识为主，不以学生毕业从事相关工作为要求；而工程估价、工程项目评估、施工组织设计、项目管理规划等课程设计要求则高一个层次，因为这些课程设计工作也是学生毕业后所要直接从事的工作。

（2）课程实习

在专业课程学习过程中，为了让学生能够更好地理解或应用课程知识，需要让学生进行现场观摩或者现场操作实践，以强化对知识的理解和提升学生对知识的运用能力。具体的课程实习的主要形式包括实地参观、现场讲解、案例教学等，如工程测量实习、施工项目管理认识实习、施工组织课程实习。课程实习过程，从观摩学习到软件模拟或沙盘推演，再到科研训练和创新竞赛是一个不断加深的过程。

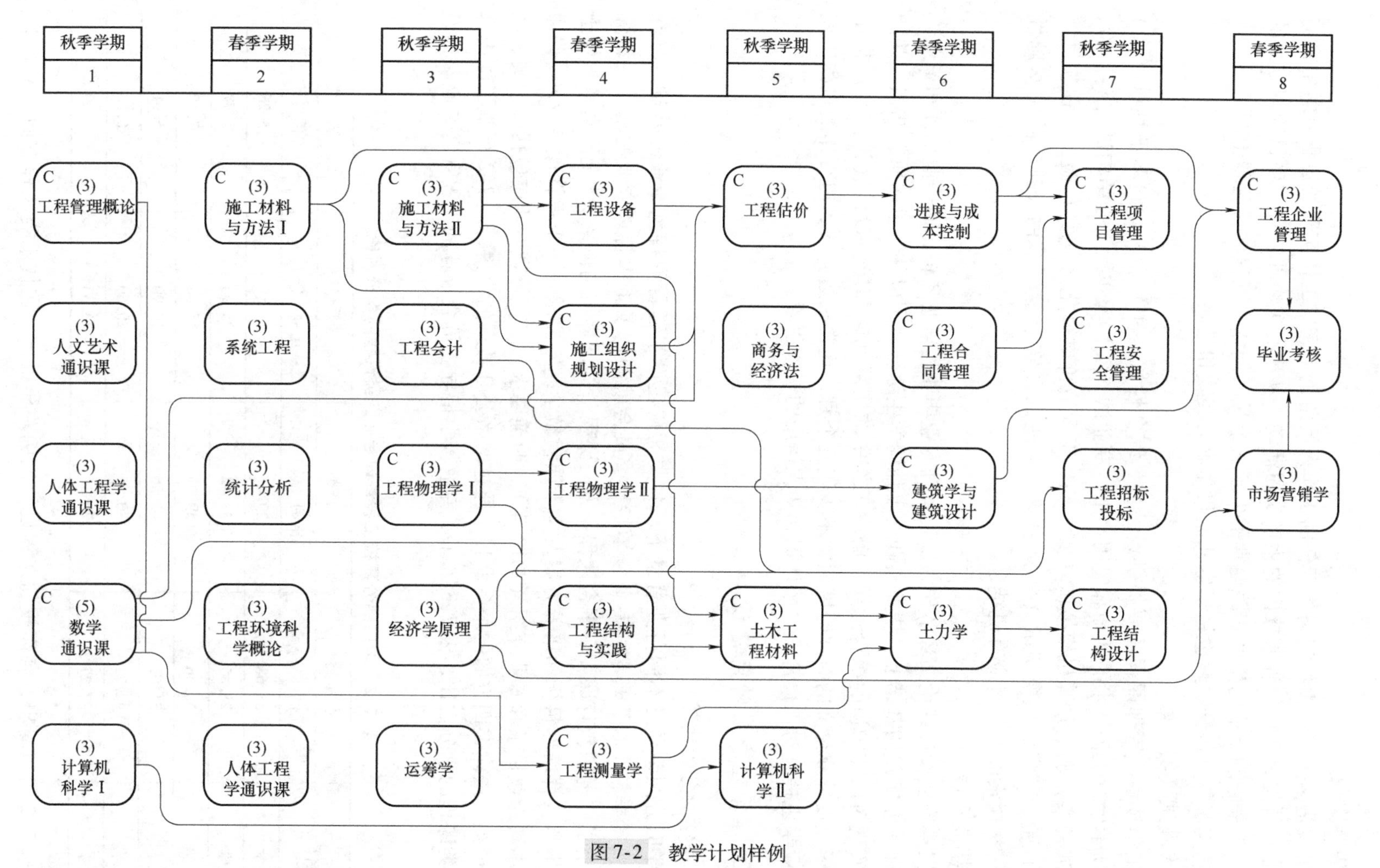

图 7-2 教学计划样例

注：图中（3）（5）表示该课程每周授课小时数；C 表示该课程必须取得 C 或 C 以上的成绩才算通过；同一课程出现两次，如“人体工程学通识课”，表示在可在秋季学期也可在春季学期选修这门课程。

(3) 生产实践

生产实践是学生以承担特定岗位责任的工作人员角色，完成工作实践的过程。学生将前往相关企业、单位，开展校外或校内的生产实习活动，从事有关企业管理、项目管理方面的具体工作。工程管理专业的生产实践通常不少于三个月。例如，工程项目管理生产实习、施工单位现场实习等。生产实践也是学生就业和择业的实践和基础。

(4) 专业试（实）验

许多工程技术或管理课程需要提供设计性、综合性试（实）验和少量验证性试（实）验，以提高学生对工程技术的认知和应用水平。专业试（实）验包括工程结构试（实）验、建筑材料试（实）验、计算机模拟试（实）验、工程造价电算化试（实）验、工程项目评估试（实）验、工程信息模型试（实）验等。专业试（实）验环节的安排，除了基础性的，也有科学探索的，二者应有机结合。

(5) 毕业实践

一般安排毕业设计或论文环节作为工程管理专业毕业生毕业考核，而毕业设计和毕业论文都建立在毕业实践的基础上。毕业实践突出强调学生综合运用以往学过的所有知识，并能够有效地实现对以往知识的综合运用，解决工作中的实际问题和毕业设计（论文）所提出的问题。毕业设计或论文的时间跨度通常不少于五个月，通常在边实践、边写作的过程中完成，是专业学生提升对工程管理领域认识和知识运用的有效手段。

7.1.5 工程管理专业特色建设

1. 课程学时分配比较

课程学时分配差异是不同行业背景下，各类高校建设工程管理特色专业的基础。早在1999年，高等学校工程管理学科专业教学指导委员会就制定了工程管理专业的指导性培养方案，提出了“通识教育课程+平台课程+方向课程”的课程结构体系。《全国高等学校土建类专业本科教育培养目标和培养方案及主干课程教学基本要求——工程管理专业》《普通高等学校本科专业目录和专业介绍（2012年）》明确要求，工程管理专业应包括技术类、经济类、管理类、法律类四方面的平台课程。通过网络公开数据的收集，表7-2列举了国内部分高校四类课程的学分占比，表7-3列举了专业教学指导委员会推荐的工程管理专业课程设置及分类。

表7-2　国内部分高校工程管理专业四类课程的学分占比

学校名称	技术类	经济类	管理类	法律类
	比例（%）	比例（%）	比例（%）	比例（%）
A大学	53.68	29.47	11.58	5.26
B大学	28.85	39.42	25.96	5.77
C大学	38.46	39.05	15.38	7.10
D大学	31.63	42.86	19.90	5.61
E大学	42.71	30.65	20.60	6.03
F大学	27.27	30.30	33.33	9.09

根据表7-2可以看出，各高校的课程设置比例差异很大，在技术类课程方面，A大学、

C 大学和 E 大学的课程要求最高，这几所学校的工程管理专业都设在土木学院下；而 B 大学、D 大学和 F 大学的经济管理课程设置的比例都比较高，这三所大学的工程管理专业都设在经济管理学院下。可以很明显地看出，课程设置与专业所处的学科背景具有明显的关联。

表 7-3 专业指导委员会推荐的工程管理专业课程设置及分类

专业课程类别	课 程 名 称
技术类	土木工程概论、工程制图、工程测量、建筑材料、工程力学、房屋建筑学、工程结构、城市规划、工程施工、建筑设备概论、建筑信息模型（BIM）概论
经济类	经济学、工程经济学、金融与保险、统计学
管理类	管理学原理、工程项目管理、财务管理、会计学原理、运筹学、工程估价
法律类	经济法、建设法规、工程合同法律制度

根据表 7-3，能够清楚地发现专业指导委员会推荐的课程设置中技术类和管理类的课程门次数量最多，也充分体现了工程管理专业是工程技术与管理科学知识的有机结合。在此基础上，每个学校都根据不同的行业背景，突出自己在行业影响地位的同时，也不断向具有优势的行业领域输送毕业生，以保持特色优势。

2. 专业培养特色凝练

专业特色是工程管理专业在人才培养模式、培养成果以及科学研究方面所取得突出成绩给全社会的第一印象，尤其是人才培养成果和科学研究是真正的专业特色。所谓人才培养成果特色，主要是指毕业生的就业领域、企业类型和优秀毕业生的成就对后来者的吸引程度和给社会留下的第一印象；而科学研究的特色，主要是从事教学科研的教师所承担的国家重大科研需求以及科研成果为全社会和科学共同体所做的贡献。目前我国许多高校在工程管理教育方面形成了别具一格的特色。

1）复杂工程项目管理。例如，上海某大学工程管理专业不但在复杂工程项目管理方面获得了多项国家重点研发计划、国家自然科学基金的资助，而且通过注册项目管理公司承接了大量复杂工程项目的咨询管理活动，为建设单位提供全过程的总控、设计和施工咨询管理。

2）国际工程管理。例如，天津某大学工程管理专业的毕业生很多就职于我国优秀的国际工程承包企业，如中国建筑、中国交建的国际工程业务部门等，为我国国际工程的发展培养了大批中高层领导干部。而且该专业成立了国际工程研究机构，积极投身“一带一路”倡议建设，不断拓展国际工程人才培养的优势，为我国国际工程承包事业发展做出了重要贡献。

3）工程信息化建设管理。例如，华中地区某高校的工程管理专业较早地开展了工程信息化方面的研究，并为我国建筑业信息化做出了重要贡献。近年来，该高校一直聚焦于工程数字化建造方面的研究，并在数字建造领域取得了一系列重要成果，推动了工程建造效率、工程安全管理水平的提升。

4）工程可持续建设管理。例如，北京某高校的工程管理专业以城市可持续发展为依托，长期从事工程环境与城市韧性方面的研究，取得了很多享誉国际的科研成果，承接了数十项国家级课题，并培养了大批优秀博士进入了地方高校，依托科研支撑人才培养，并通过毕业生的人才扩散，带动了地方发展。

5）工程经济评价。财经类高校的工程管理专业承担了很多政府部门的工程立项评估工作，例如，东北某高校的工程管理专业承接了大量的政府工程投资项目评估工作，而华北地区某高校的工程管理专业承担了很多亚行、世行贷款项目的项目可行性研究评价和项目后评价工作。

7.2 全球工程管理专业教育发展情况

7.2.1 工程管理专业开办情况

根据教育部对工程管理专业培养目标的定义，我国工程管理专业的工程特指土木工程，因此工程管理专业的英文名称翻译为“Civil Engineering and Management”或“Civil Engineering Management”比较合适，也有将工程管理译为“Construction Engineering Management”或“Construction Management”等。如果将工程管理译为“Engineering Management”，会将机械工程、电子工程和化工工程等加进来，导致工程管理专业内涵与外延的扩大。参照我国工程管理专业的内涵定义，一些大学的工程管理专业的英文名称和开办情况见表7-4。

表7-4 一些大学的工程管理专业的英文名称及开办情况

国家或地区	大学名称	专业名称
英国	拉夫堡大学（Loughborough University）	Construction Engineering（and）Management
	索尔福德大学（University of Salford）、南安普顿大学（University of Southampton）、阿斯顿大学（Aston University）	Construction Management（and Surveying）
	牛津布鲁克斯大学（Oxford Brookes University）	Construction Project Management
	利兹大学（University of Leeds）	Civil Engineering with Construction Management
	谢菲尔德大学（University of Sheffield）	Civil Engineering with Business Management
	雷丁大学（University of Reading）	Building Construction and Management
	邓迪大学（University of Dundee）、诺丁汉大学（University of Nottingham）	Civil Engineering（and）Management
	伦敦大学学院（University College London）	Project Management for Construction、Construction Economics and Management
美国	佛罗里达大学（University of Florida）、普渡大学（Purdue University System）、佐治亚理工学院（Georgia Institute of Technology）	Building Construction
	斯坦福大学（University of Stanford）、西北大学（Northwestern University）、南加州大学（University of Southern California）、凯斯西储大学（Case Western Reserve University）、加州大学伯克利分校（University of California，Berkeley）、弗吉尼亚大学（University of Virginia）、密西根大学（University of Michigan）、哥伦比亚大学（Columbia University）	Construction Engineering and Management

（续）

国家或地区	大学名称	专业名称
新加坡	南洋理工大学（Nanyang Technological University）	Construction Management（a branch of Civil Engineering）
	新加坡国立大学（National University of Singapore）	Project and Facilities Management
中国香港	香港理工大学（Hong Kong Polytechnic University）	Building Engineering and Management
	香港大学（University of Hong Kong）	Construction Project Management
	香港城市大学（City University of Hong Kong）	Construction Engineering and Management

从众多高校工程管理专业的培养方案可以发现，工程管理专业培养方案的内容主要集中向学生教授建设工程和管理知识，也有个别大学将商务知识独立设为一个模块，培养学生集工程、管理和商务于一体的综合能力。整体上，国外大学的工程管理专业均为应用型专业，与我国培养“工程师”的目标相符。当然，也有个别学校将其设在土木与环境工程下，作为一个研究分支，如斯坦福大学、伦敦大学学院等。需要指出的是，虽然工程管理专业在国内外的高校中开设较为普遍，但具有土木工程学科的剑桥大学、哈佛大学、麻省理工学院等世界顶尖的大学却都没开设工程管理本科专业，这也说明工程管理专业确实是一门培养以应用与实践为主的学科。以下简要介绍表 7-4 中所列不同国家或地区高校工程管理专业的人才培养方向。

1. 英国大学工程管理专业的培养方向

英国开设工程管理专业的学校以市场的需求作为导向，而且学制弹性比较大，可以是三年的全职学习，也可以四年的“三明治”学习。在众多的开设学校里，大多数高校以培养工程和管理类的复合型人才为目标，其毕业生基本以项目经理作为职业发展方向。也有以工程和商务管理作为培养方向的，侧重学生在工程经济与商务管理上能力的培养，如谢菲尔德大学的工程管理专业。整体上，英国的工程管理专业可以概括为两大分支，一个是建设管理，另一个是建设项目管理，前者较侧重管理能力的培养，后者较侧重管理技术的培养。

2. 美国大学工程管理专业的培养方向

美国大学的工程管理专业大体上可以分为两个名称，分别为 Construction Engineering and Management（CEM 或 CM）和 Building Construction（BC），本身也代表了两个培养方向。前者更侧重工程技术本身，大多数院校都属于 CEM；而后者较为侧重商务管理，如佛罗里达大学、普渡大学和佐治亚理工学院开设 BC。在美国开设工程管理专业的顶尖大学相对较少，开设工程管理专业的著名大学有加州大学伯克利分校、斯坦福大学、普渡大学、佛罗里达大学等。CEM 更强调施工技术，这点从实验室的配备、各学校的研究课题可以看出，开设 CEM 的院校都有一流的土木工程专业；而开设 BC 的院校更强调经济与管理，偏软科学，侧重学生的管理能力培养，教授大量的财务、金融课程，而且开设学院大多在技术学院、应用工程与技术学院等。CEM 大致的方向可以分为质量、成本、工期、造价，如普渡大学、哥伦比亚大学等；还有比较前沿的方向，包括虚拟施工、全寿命周期、绿色建筑等，如加州大学伯克利分校、斯坦福大学等。

3. 新加坡和我国香港大学工程管理专业的培养方向

新加坡地区的南洋理工大学和新加坡国立大学都开设了工程管理专业。其中新加坡国立大学的工程管理专业设在设计与环境工程学院，被称为项目与设施管理专业；而南洋理工大学的工程管理专业设置在土木工程专业内部，是土木工程的一个毕业方向。

我国香港地区开设工程管理专业的学校有香港理工大学、香港城市大学和香港大学。其中香港理工大学的工程管理专业最具实力和特色，与英国大学的工程管理专业办学模式类似，其主要方向也是围绕建设工程管理领域展开，侧重工程技术知识教授，配合管理和工程经济等方面的知识。

7.2.2 英国工程管理专业的培养方案

1. 课程设置情况

英国工程管理专业旨在培养出兼具工科背景和管理能力的高级复合型人才，因此该专业大多设置在理工类学院之下。由于不同的理工学院有不同的发展背景和地区市场需求的影响，所开设的课程也有所差异。英国大学工程管理专业院系设置和课程设置情况见表7-5。

表7-5 英国大学工程管理专业院系设置和课程设置情况

大学名称	所属学院	课程设置
雷丁大学（University of Reading）	建设管理与工程学院（College of Construction Management and Engineering）	工程合同法、国际工程、设施管理、工程合同管理、可持续发展、工程建设绿色创新等
索尔福德大学（University of Salford）	建筑环境学院（College of Architecture and Environment）	工程项目管理、建筑项目管理、建筑学、工料测量、工程造价、建筑信息模型与集成设计等
伦敦大学学院（University College London）	建筑环境学院（College of Architecture and Environment）	工程管理、建筑经济学、项目所有者管理、建筑行业的经济体系、项目管理、寿命周期管理等
利兹大学（University of Leeds）	电子电气工程学院（College of Electrical and Electronic Engineering）	工程管理、高级工程管理、风险管理、工程基金、采购管理、建筑战略管理、价值管理、研究项目等
约克大学（University of York）	电子电气工程学院（College of Electrical and Electronic Engineering）	工程管理法、企业、新兴市场战略管理、技术管理与营销、个人效能、国际商务、会计与金融、数据分析等
伯明翰大学（University of Birmingham）	土木工程学院（College of Civil Engineering）	建筑工程管理、金融核心技能、可持续性建筑管理、工程生产和项目风险管理、资产管理、建筑技术等
拉夫堡大学（Loughborough University）	化学工程学院（College of Chemical Engineering）	创新过程与项目管理、可持续发展工程、高等制造工艺与自动化、增材制造、工程管理与商业研究、精益生产与敏捷制造、个人项目等

（续）

大学名称	所属学院	课程设置
诺丁汉大学（University of Nottingham）	机械工程学院（College of Mechanical Engineering）	决策支撑的管理科学、供应链规划与管理、高等运营分析、运营设备与系统设计、质量管理与质量技术等
曼彻斯特大学（University of Manchester）	机械工程学院（College of Mechanical Engineering）	商务管理、工程管理、人员和机构、项目计划与控制、工程管理及方法等
华威大学（University of Warwick）	制造工程学院（College of Manufacturing Engineering）	金融分析与控制系统、国际合资企业、应变管理、工程计划管理与控制、项目计划策略等
巴斯大学（University of Bath）	工程学院（College of Engineering）	工程管理概念、新技术商业化、项目与变更管理、工程管理实习、运营与供应链管理、开发制造产品与服务、可持续价值工程管理等

2. 培养目标与特色

英国是开展工程管理教育最早的国家，其专业教育的发展具有悠久的历史。英国高校关于工程管理专业的名称设置并不统一，具体的培养方向也是各有不同，在长久的发展历程中，专业设置与各学校优势和发展定位相结合，表现出强烈的学校特色。一是专业课程开设较早。英国的工程管理专业往往在本科二年级时会根据社会需求和学校办学条件按照细分的专业方向设置不同的专业课程（包括必修和选修课程），这样的课程安排有助于学生尽快进入专业角色，尽早接触到细化的专业知识。二是强调实践的重要性。英国学校在工程管理专业教育中注重实践与理论的结合，鼓励学生自主联系实习单位进行实践活动，在实践结束时举行实习总结和报告大会，让学生可以相互学习和借鉴。三是在教学质量评估方面接受英国教育部门和专业协会的双重评估。

英国工程管理专业旨在培养具有工程技术、经济管理、商业贸易等知识和技能的高级复合型人才，通过对雷丁大学、索尔福德大学等工程管理专业名校的培养目标与学生培养情况的调查，可以发现英国工程管理教育的培养目标体现在“综合能力 + 专业知识 + 行业接轨”三个维度，这也构成了英国各高校在此基础上形成的培养特色。所谓综合能力强调的是学生团队精神、表达能力、分析问题和解决问题的综合训练；专业知识是指对于工程技术、项目管理与企业管理、商务谈判与合约管理以及法律知识的要求；行业接轨是各高校必须通过英国皇家特许测量师学会和英国皇家特许建造学会等专业协会的评估。

7.2.3　美国工程管理专业的培养方案

1. 课程设置情况

美国多数学校仍将工程管理专业下设在工科学院，如土木工程学院、工业工程学院等，也有下设在商学院或者独立开办的情况。同很多大学一样，学院背景决定了课程设置情况。例如，土木工程学院的课程以系统地掌握建筑工程方面的知识为主，同时辅以工商管理、城市规划和法律等的一些课程；而在工业工程学院则主张采用系统化、专业化的科学方法对人员、物料、设备等集成系统进行一系列规划设计和评价、决策等。美国大学工程管理专业开设和课程设置情况见表 7-6。

表7-6 美国大学工程管理专业开设和课程设置情况

大学名称	所属学院	课程设置
加州大学伯克利分校（University of California，Berkeley）	工程学院（College of Engineering）	精益建筑概念和方法、工程师法、土木系统与环境、高级项目规划与控制、工程业务基础、技术与可持续发展等
哥伦比亚大学（Columbia University）	土木工程学院（College of Civil Engineering）	国际建筑管理：理论与实践、施工系统设计、工程管理和施工过程管理、固体力学等
普渡大学（Purdue University System）	工程学院（College of Engineering）	寿命周期工程建筑设施、寿命周期建筑设施控制、建筑工程法律、领导力与高级项目管理/高级项目管理或分析、建筑工程与管理材料实验室、可持续建设设计建筑/运营
康奈尔大学（Cornell University）	工程学院（College of Engineering）	工程管理、工程管理项目设计、工程管理方法、风险分析和管理、工程系统经济分析、管理决策、组织行为分析等
亚利桑那州立大学（Arizona State University）	工程学院（College of Engineering）	工程管理、工程设计导论、工程经济分析、质量管理、决策分析等
佛罗里达大学（University of Florida）	设计、建筑和规划学院（College of Design，Construction and Planning）	工程机械、热力学、土木工程成本分析、流体力学、岩石工程、运输工程、工程作图与视效化等
杜克大学（Duke University）	工程学院（College of Engineering）	市场营销、知识产权及商法和企业管理学、高科技企业金融学、高科技企业管理等
华盛顿大学（University of Washington）	建筑环境与工程管理学院（College of Building Environment and Engineering Management）	工程管理、工程管理项目设计、风险分析和管理、市场营销管理、管理决策、谈判学、组织行为分析等
史蒂文斯理工学院（Stevens Institute of Technology）	土木、环境与海洋工程学院（College of Civil，Environmental and Ocean Engineering）	市场营销、金融学、管理学、技术管理、运筹管理、工程经济学等
西北大学（Northwestern University）	工程学院（College of Engineering）	财务管理、工程项目管理、决策分析、谈判学、商学选修等
北达科他州立大学（North Dakota State University）	土木工程学院（College of Civil Engineering）	数学与基础科学、施工管理与工程概论、施工管理、财务与成本概念、基础经济学、管理学原理、商学选修等
德克萨斯理工大学（Texas Tech University）	工程学院（College of Engineering）	数学与工程科学、工程概预算、建筑经济、项目管理、工程经济学、工程设计、企业管理、管理控制等
佛罗里达州立大学（Florida State University）	工程学院（College of Engineering）	工程数据分析、工程管理、项目分析与设计、企业财务、组织行为学等

2. 培养目标与特色

美国工程管理专业教育开展历史悠久，近年来其硕士研究生数量迅速增加，尤其是中国留学生青睐的留学目的地，近年来大量的中国学生前往美国留学选择了工程管理专业。美国的工程管理专业本科教育基本为四年学制，课程设置按照通识教育和专业教育分为两大部分。通常第一学年进行无差别的通识课程的学习，从第二学年开始则接触专业课程，各研究方向根据各自特点进行专业必修和选修课程的教学。硕士教育一般为两年，采用项目管理制，分为有论文型和无论文型两种。博士教育多为弹性学制，除设定统一的三年最短学习年限外，对最高年限并无规定，培养计划通常由博士生导师自主制订，一般来说学生必须通过严格的课程测试和高质量的论文答辩才能得以毕业。

美国的工程管理专业更强调学生获得全面且均衡的工程与管理学科教育，既为有意攻读更高学位的学生打下坚实的理论基础，又确保学生拥有足够的实践能够直接从业。美国工程管理专业的特点可以概括为“通识教育 + 充分实践 + 市场导向”三个特点。所谓通识教育是指各高校在重视工程教育的同时，也设置了大量的人文艺术类通识课程，同时也包括工程学专业的基础课程，通过大量的通识教育学分实现了人才培养的宽口径；充分实践是指学生在校期间须达到一定的社会实践累计时长才能顺利毕业，而且各大学不但为学生提供专业培训，而且与专业认证机构对接，在校期间即可通过实践工作的完成获得专业认证；市场导向是指各高校根据市场需求设置专业方向，由于不同地区需求差异大，这也导致了众多方向，学生可从本科二年级开始根据自身兴趣选择适合的研究方向。其中较为热门的方向包括项目管理、系统管理和建筑工程管理。

7.2.4　知名大学的工程管理专业介绍

1. 哥伦比亚大学

哥伦比亚大学位于美国纽约，是一所世界著名的私立研究型大学，它是美国大学协会创始成员、常春藤联盟成员，是世界上最具声望的高等学府之一。整个 20 世纪上半叶，哥伦比亚大学和哈佛大学及芝加哥大学一起被公认为美国高等教育的前三强。哥伦比亚大学的建筑工程管理专业（https://engineering.columbia.edu）课程设置主要包括国际建筑管理：理论与实践（International Construction Management: Theory and Practice）、施工系统设计（Design of Construction Systems）、工程管理和施工过程管理（Managing Engineering and Construction Processes）、固体力学（Mechanics of Solids）等。

哥伦比亚大学工程管理专业着重培养学生从管理和工程的角度创造性地解决问题。为了配合工程管理综合性、应用性强的专业特点，该专业课程依托管理门类学科优势，突出工程与管理学科相结合的特色，同时在课程设置中充分考虑到实践活动对于人才培养的重要性，组织开展团体实践活动，有意加强学生的实际分析能力和适应市场变化的能力。

2. 加州大学伯克利分校

加州大学伯克利分校于 1868 年在美国旧金山湾区伯克利市创立，由州立的农业、矿业和机械学院以及私立的加利福尼亚学院合并而成，是美国大学协会创始会员之一，具有悠久的学术历史。伯克利分校历来在学术界享有盛誉，在世界大学学术排名中一直处于前列，它与斯坦福大学共同形成了美国西部的学术中心，成为世界上最重要的研究教学中心之一。加州大学伯克利分校在工程学院下开设工程项目管理专业，其主修课程包括精益建筑概念和方法（Lean Construction Concepts and Methods）、工程师法（Law for Engineers）、土木系统与环境（Civil Systems and the Environment）、高级项目规划与控制（Advanced Project Planning & Control）、工程业务基础（Business Fundamentals for Engineering）、技术与可持续发展（Technology and Sustainability）等。加州大学伯克利分校在工程管理专业培养方案设置中采用了丰富的教学方式，不仅有理论课程的学习，更有专业人士和教授带来的创新讲座，同时鼓励学生参与工程项目实践，在实际分析过程中理解理论知识，培养学生自主思考的能力，最终培养出工程领域的高级管理型人才。

3. 康奈尔大学

美国康奈尔大学是一所位于美国纽约州伊萨卡的私立研究型大学，另有两个分校区分别位于纽约市和卡塔尔教育城。该校始建于1865年，是著名的常春藤盟校中最年轻的成员，在全世界范围内享有极高的学术声誉。康奈尔大学素来以研究和创新而闻名，被称为“学术高压锅”，该校优势专业众多。康奈尔大学于1985年设立了工程管理专业（https://www.engineering.cornell.edu），致力于研究在管理视野下的技术问题以及工程视野下的管理决策，更加侧重实践和就业，旨在培养出兼具工程技术和管理能力的复合型高级工程师。该校工程管理专业核心课程设置主要包含：①四门工程管理类必修课程，即项目管理（Project Management）、工程管理项目设计（Engineering Management Project）、工程管理方法（Engineering Management Methods）、风险分析和管理（Risk Analysis and Management）；②六门工程管理类选修课程，即工程师会计和财务分析（Accounting and Financial Analysis for Engineers）、工程系统经济分析（Economic Analysis of Engineering Systems）、市场营销管理（Marketing Management）、管理决策（Managerial Decision Making）、谈判学（Negotiations）、组织行为分析（Organizational Behavior & Analysis）；③三门擅长领域的选修课程（本科专业方向）。

康奈尔大学《工程管理项目手册》里对工程管理专业的解释为：工程管理是以工程项目为导向解决实际问题的活动，同时需要技术能力和人事技巧。该专业通过学习工程管理、风险分析和管理、财务会计类及组织行为类课程内容，确保学生掌握相应的理论知识；在课程学习之余通过参与团队项目实践以组织和监督来自不同文化背景的人进行合作，确保能最大限度地提高团队创造力和生产力，并在实践过程中学会识别问题，开发和分析模型以理解问题，在理论和实践相结合的教学中掌握必要的工程技术知识和有效的管理技能，最终满足其职业需求。

4. 杜克大学

杜克大学坐落于美国北卡罗来纳州的达勒姆，是一所世界顶级的研究型私立大学。相比于美国其他著名高校而言，杜克大学虽然历史相对较短，但无论是学术水准还是其他方面都能与常春藤名校相抗衡。杜克大学的工程管理专业（https://pratt.duke.edu）下设在其工程学院，核心课程主要包括市场营销（Marketing）、知识产权及商法和企业管理学（Intellectual Property, Business Law, and Entrepreneurship）、高科技企业金融学（Finance in High-tech Industries）以及高科技企业管理（Management of High-tech Industries）。

杜克大学工程管理专业的鲜明特色在于其课程选择的灵活性和广泛性。为培养出工程领域的复合型人才，该校鼓励学生在技术管理和科学技术两个方向的课程中选择自己所感兴趣的内容，同时还可从杜克大学的商学院、法学院、环境学院等其他学院选修相关课程，如创新管理、运筹管理、创业学、金融工程等，甚至可以选修周边北卡罗来纳大学教堂山分校和北卡罗来纳州立大学的课程。此外，该校遵循理论与实践相结合的教学理念，要求学生在攻读学位期间完成高质量实习，确保学生们能够用创新的解决方案来解决当今复杂的商业问题，从而成为商业领导者。

5. 伯明翰大学

伯明翰大学始建于1825年，位于英国第二大城市伯明翰，是英国著名的六所“红砖大学”之一、英国常春藤联盟“罗素大学集团”创始成员、M5大学联盟创始成员、国际大学组织“Universitas 21”创始成员以及中英大学工程教育与研究联盟成员。1975年伯明翰大学开设工程管理专业，其核心课程主要包含建筑工程管理（Project Management for Construction）、金融核心技能（Finance and Core Skills）、可持续性建筑管理（Sustainable Construction）、工程生产和项目风险管理（Engineering Production and Project Risk Management）、资产管理（Asset Management）、建筑技术（Construction Technology）等。

伯明翰大学工程管理专业由伯明翰的商学院以及工程学院联合授课，第一个学期上的核心课程采用集体授课的方式，从第二个学期开始则由学生根据所选择的具体专业方向学习不同的专业课程，在工程管理大专业下分为五个小的专业方向，分别培养不同领域的专业化人才。目前伯明翰大学工程管理专业教育获得了英国土木工程师协会、结构工程师学会、公路及运输学会和皇家特许建筑学会的认可。

7.3 工程管理相关的职业资格

7.3.1 工程管理职业资格体系与等级

1. 从业资格与执业资格

随着我国建筑市场的不断完善，建筑业对人才的需求逐步进入市场选择的阶段。由于建筑业涉及国家和社会公共利益，为此在建筑业较早地实行了专业技术人员的职业资格制度，以促进建筑业的高质量发展。职业资格制度是国际上对专业技术人员管理的通行做法，我国也较早地采纳了这一国际通行做法，如注册税务师执业资格、注册医师执业资格、注册安全工程师执业资格和律师职业资格等。而在建筑业实施职业资格制度的标志是1991年建设部和人事部共同确认了首批100名监理工程师的执业资格。注册监理工程师不但是我国建设工程管理领域设置的第一个执业资格，而且也标志着我国建设领域职业资格制度的建立。在注册监理工程师制度之后，我国相继设置了注册造价工程师、注册咨询工程师（投资）、注册建造师、注册房地产估价师等执业资格。这些执业资格的设立提高了我国建设行业管理人员的素质和水平，推动了建设行业的发展。

从业资格和执业资格可以统称为职业资格，二者有着明显区别。早在2017年，人社部发布《关于公布国家职业资格目录的通知》，将职业资格重新分为专业技术人员职业资格和技能人员职业资格。

从业资格是政府规定技术人员从事某种专业技术性工作的学识、技术和能力的起点标准，例如劳动保障部门和人事部门推行的职业技能（资格）鉴定大都属于这一类。从业资格可通过学历认定或考试取得。

执业资格是政府对某些责任较大、社会通用性强、关系公共利益的专业技术工作实行的准入控制，是专业技术人员依法独立开业或独立从事某种专业技术工作学识、技术和能力的必备标准，例如目前应用较广的、律师执业资格证书等都属于这个范畴。执业资格通过考试方法取得，考试由国家定期举行，实行全国统一大纲、统一命题、统一组织、统一时间。执业资格实行注册登记制度，通过考试取得执业资格证书后，要在规定的期限内到指定的注册管理机构办理注册登记手续。所取得的执业资格经注册后，全国范围有效。超过规定的期限不进行注册登记的话，执业资格证书及考试成绩就不再有效。

2. 技术人员与技能人员

专业技术人员是指能够完成特定技术任务的人员，也就是已经掌握了特定技术的专业基础理论和基本技能，可以从事该技术领域的基本工作的人员。技术人员经过多年的实践后可以晋升为工程师。我国各个行业的技术人员都要求有专业技工院校知识及实操经验。

技能人员是指在生产和服务等领域岗位一线，掌握专门知识和技术，具备一定的操作技能，并在工作实践中能够运用自己的技术和能力进行实际操作的人员。技能人员主要包括取得技工、技师及其他相应水平或拥有各种技能的人员，是我国人才队伍的组成部分，是专业人员队伍的骨干。

根据人社部的现行管理规定，专业技术资格由人社部人事考试中心主管，职业技能鉴定考试由人社部职业技能鉴定中心主管。

3. 准入类与水平评价类

职业资格证书依据其重要性的不同，还细分为准入类和水平评价类。

1）准入类职业资格，具有强制性的色彩，相关个人只有拿到准入类证书后才能进入相关行业的工作岗位，即必须要持证上岗，企业也不得招募无证人员。例如，我国规定担任施工企业承包工程的项目经理必须持有相应的注册建造师证书。准入类证书一般没有明确的等级划分，只是证书之间有所区别。例如，注册建造师分为一级和二级，注册监理工程师不分等级。准入类证书由国家统一组织考试，需要满足工作经历、学历等多项要求，并且经过资格审核。

2）水平评价类证书代表的是技术实力的高低，并没有强制性的工作要求。一般拥有高级别的水平评价类证书，可以获得更好的待遇。一般而言，水平评价类证书分为若干等级，如从低到高可依次分为：五级（初级工）、四级（中级工）、三级（高级工）、二级（技师）、一级（高级技师）。一般水平评价类证书由各行业内部的主管部门或协会负责，同样需要满足工作经历和学历要求。

4. 工程管理职业资格的“放管服”工作

2016 年 5 月，国务院召开全国推进“放管服改革”电视电话会议，中共中央政治局常委、国务院总理李克强发表重要讲话。李克强总理在 2017 年《政府工作报告》提出，持续推进简政放权、放管结合、优化服务，不断提高政府效能。根据国务院推进简政放权、放管结合、优化服务改革部署，人社部研究制定了《国家职业资格目录》，并明确提出了“三不得”原则：①目录之外一律不得许可和认定职业资格；②除准入类职业资格外，一律不得与就业创业挂钩；③各地区、各部门未经批准不得在目录之外自行设置国家职业资格，严禁在目录之外开展职业资格许可和认定工作。截至 2019 年 1 月，人社部《国家职业资格目录》共涉及 139 项，其中专业技术人员职业资格 58 项（准入类 35 项，水平评价类 23 项），技能人员职业资格共计 81 项（准入类 5 项，水平评价类 76 项）。表 7-7 列出了与工程管理领域密切相关的职业资格设置情况。

表 7-7　与工程管理领域密切相关的职业资格设置概况

序号	职业资格名称	实施部门（单位）	资格类别	设定依据
1	监理工程师	住建部、交通运输部、水利部、人社部	准入类	《建筑法》 《建设工程质量管理条例》（国务院令第 279 号） 《注册监理工程师管理规定》 《公路水运工程监理企业资质管理规定》
2	房地产估价师	住建部、自然资源部、人社部	准入类	《城市房地产管理法》 《房地产估价师执业资格制度暂行规定》
3	造价工程师	住建部、交通运输部、水利部、人社部	准入类	《建筑法》 《造价工程师职业资格制度规定》
4	建造师	住建部、人社部	准入类	《建筑法》 《注册建造师管理规定》 《建造师执业资格制度暂行规定》
5	工程咨询（投资）专业技术人员职业资格	国家发改委、人社部、中国工程咨询协会	水平评价类	《工程咨询（投资）专业技术人员职业资格制度暂行规定》

7.3.2　我国工程管理职业资格认证制度

目前，对应各个行业我国建立了完备的职业资格认证体系，并根据市场需求和行业发展形势不断动态更新调整。职业资格认证不但推动工程管理行业形成了严格的从业人员市场准入制度，而且更为工程管理专业的学生在毕业后的职业生涯发展指明了方向。对于工程管理类的职业资格认证而言，一般都需要明确的工作经验，而且经验年限与学历水平、专业相关程度密切相关。各类职业资格都有明确的管理制度，规定了考试科目、报考条件以及认证管理制度等。表 7-8 列出了目前最主流的五类职业资格的工作对象与工程管理专业方向的关系。以下将对相应职业资格的管理进行说明。

表 7-8　工程管理领域职业资格特点比较

大类	小类	典型代表	职业对象及阶段	所属专业方向
工程项目管理	A1	监理工程师	工程建造阶段业主方现场管理	工程（项目）管理
	A2	建造师	工程建造阶段承包方现场管理	
工程经济管理	B1	咨询工程师	工程立项的投资决策和准备阶段	工程决策与评估
	B2	造价工程师	工程全过程造价管理与咨询	投资与造价管理
	B3	房地产估价师	项目前期及房地产交易过程管理	房地产经营与管理

1. 监理工程师

工程监理是指其有法定资质条件的工程监理单位根据建设单位的委托，依照法律、行政法规及有关的技术标准、设计文件和建筑工程承包合同，对承包单位在施工质量、建设工期和建设资金使用等方面，代表建设单位对工程施工实施监督的专门活动。监理工程师是指经全国统一考试合格，取得监理工程师资格证并经注册登记的工程建设监理人员。监理工程师资格证考取和注册流程如图 7-3 所示。

报考条件

凡中华人民共和国公民，身体健康，遵纪守法，具备下列条件之一者，可申请参加监理工程师执业资格考试：

1. 工程技术或工程经济专业大专（含大专）以上学历，按照国家有关规定，取得工程技术或工程经济专业中级职务，并任职满3年。

2. 按照国家有关规定，取得工程技术或工程经济专业高级职务。

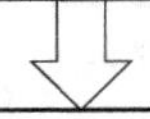

考试科目

全国监理工程师执业资格考试分为4个科目：

建设工程监理基本理论与相关法规　　建设工程合同管理

建设工程质量、投资、进度控制　　建设工程监理案例分析

注：参加全部考试的人员，需在连续2个年度内通过全部考试。

考试每年5月中旬举行1次。

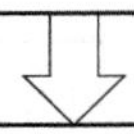

资格注册

资格证书：监理工程师执业资格证书。

组织部门：各省、自治区、直辖市人事（职改）部门颁发证书，证书由人社部统一印制，人社部与住建部用印。

注册制度：按规定向所在省(区、市)建设部门申请注册，监理工程师注册有效期为5年。有效期满前3个月，持证者须按规定到注册机构办理再次注册手续。

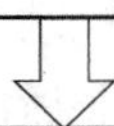

执业范围

注册监理工程师可以从事工程监理、工程经济与技术咨询、工程招标与采购咨询、工程项目管理服务等业务。

图 7-3　监理工程师资格证考取和注册流程

2. 建造师

建造师是以专业工程技术为依托、以工程项目管理为主的执业注册人员，是具备管理、技术、经济、法规方面知识和能力的综合素质的复合型人才。建造师注册后，主要受聘担任建设工程施工的项目经理，也可以受聘从事其他施工活动的管理工作，如质量监督、工程管理咨询，以及法律、行政法规或国务院建设行政主管部门规定的其他业务。我国实行建造师分级管理，分为一级建造师（Constructor）和二级建造师（Associate Constructor）。建造师资格证考取和注册流程如图 7-4 所示。

3. 造价工程师

造价工程师是指具有工程技术、工程经济和工程管理的基本知识和实践经验，通过工程

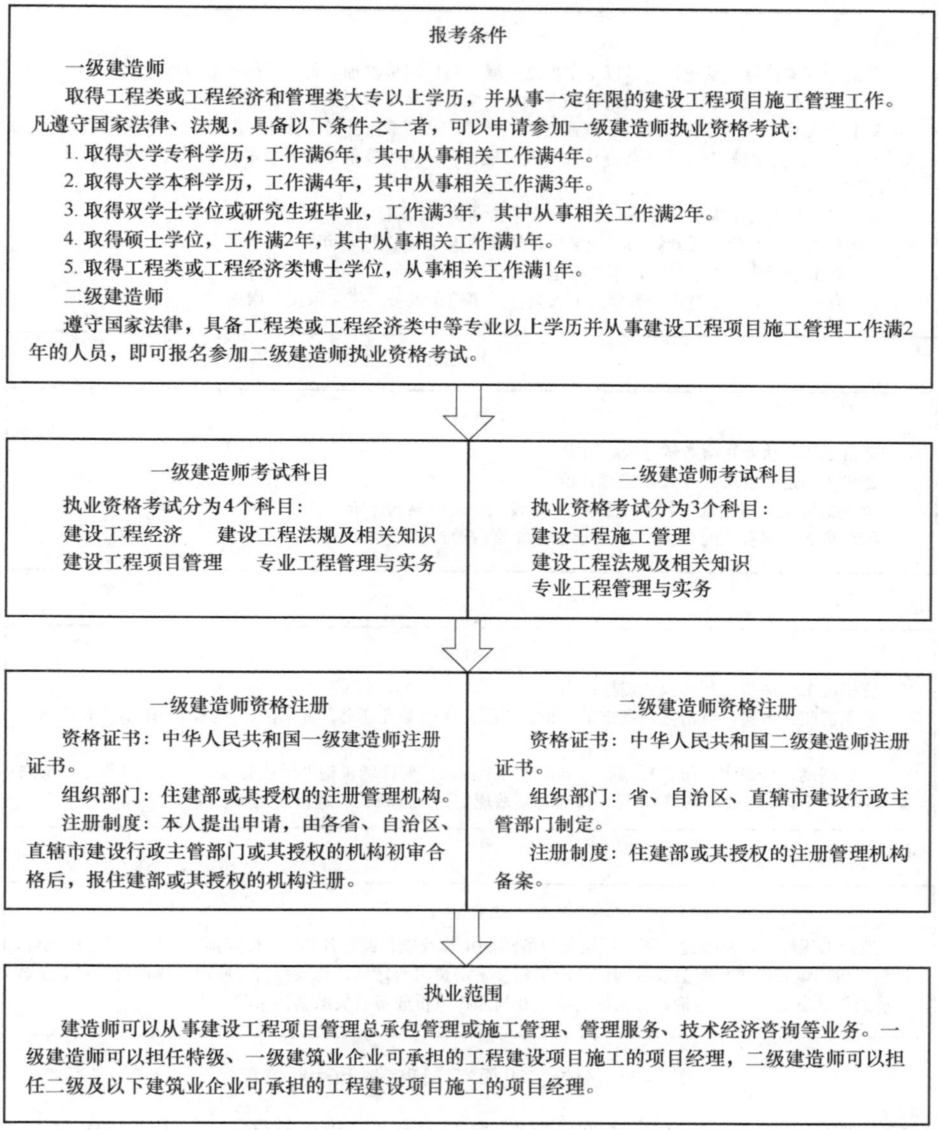

报考条件

一级建造师

取得工程类或工程经济和管理类大专以上学历，并从事一定年限的建设工程项目施工管理工作。凡遵守国家法律、法规，具备以下条件之一者，可以申请参加一级建造师执业资格考试：

1. 取得大学专科学历，工作满6年，其中从事相关工作满4年。
2. 取得大学本科学历，工作满4年，其中从事相关工作满3年。
3. 取得双学士学位或研究生班毕业，工作满3年，其中从事相关工作满2年。
4. 取得硕士学位，工作满2年，其中从事相关工作满1年。
5. 取得工程类或工程经济类博士学位，从事相关工作满1年。

二级建造师

遵守国家法律，具备工程类或工程经济类中等专业以上学历并从事建设工程项目施工管理工作满2年的人员，即可报名参加二级建造师执业资格考试。

↓

一级建造师考试科目

执业资格考试分为4个科目：

建设工程经济　建设工程法规及相关知识

建设工程项目管理　专业工程管理与实务

二级建造师考试科目

执业资格考试分为3个科目：

建设工程施工管理

建设工程法规及相关知识

专业工程管理与实务

↓

一级建造师资格注册

资格证书：中华人民共和国一级建造师注册证书。

组织部门：住建部或其授权的注册管理机构。

注册制度：本人提出申请，由各省、自治区、直辖市建设行政主管部门或其授权的机构初审合格后，报住建部或其授权的机构注册。

二级建造师资格注册

资格证书：中华人民共和国二级建造师注册证书。

组织部门：省、自治区、直辖市建设行政主管部门制定。

注册制度：住建部或其授权的注册管理机构备案。

↓

执业范围

建造师可以从事建设工程项目管理总承包管理或施工管理、管理服务、技术经济咨询等业务。一级建造师可以担任特级、一级建筑业企业可承担的工程建设项目施工的项目经理，二级建造师可以担任二级及以下建筑业企业可承担的工程建设项目施工的项目经理。

图 7-4　建造师资格证考取和注册流程

技术与经济管理密切结合，为工程项目提供全过程造价确定、控制和管理，从而在既定的工程造价限额内控制工程成本并取得最大投资效益的专业技术人员。造价工程师由国家授予资格并准予注册后执业，接受某个部门或某个单位的指定、委托或聘请，负责并协助其进行工程造价的计价、定价及管理业务，维护指定、委托或聘请方的合法权益。造价工程师资格证考取和注册流程如图 7-5 所示。

4. 咨询工程师

咨询工程师是指通过考试取得中华人民共和国注册咨询工程师职业资格证，经注册登记后，在经济建设中从事工程咨询业务的专业技术人员。咨询工程师业务能力强弱主要反映在完成客户或业主委托的任务中，即在不同的工作阶段是否能够充分地运用各种有效的技能和

报考条件

凡遵守国家法律、法规，具备以下条件之一者，可以申请参加造价工程师执业资格考试：

1. 具有造价专业大学专科（或高等职业教育）学历，从事造价业务工作满5年。

2. 具有工程类大学专科（或高等职业教育）学历，从事造价业务工作满6年。

3. 具有通过工程教育专业评估（认证）的工程管理、工程造价专业大学本科学历或学位，从事造价业务工作满4年。

4.具有工程类大学本科学历或学位，从事造价业务工作满5年。

5.具有上述专业学位或者第二学士学位，从事造价业务工作满3年。

6.具有上述专业博士学位，从事工程造价业务工作满1年。

7.具有其他专业相应学历或者学位的人员，从事造价业务工作年限相应增加1年。

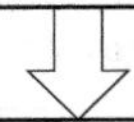

考试科目

造价工程师执业资格考试分为4个科目：

建设工程造价管理　　建设工程计价

建设工程技术与计量（土建、安装）　建设工程造价案例分析

注：参加全部考试的人员，需在连续2个年度内通过全部考试。

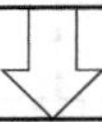

资格注册

资格证书：造价工程师执业资格证书。

组织部门：各省、自治区、直辖市人事（职改）部门颁发证书，证书由人社部统一印制，人社部与住建部用印。

注册制度：按规定向所在省（区、市）造价工程师注册管理机构办理注册登记手续，造价工程师注册有效期为3年。有效期满前3个月，持证者须按规定到注册机构办理再次注册手续。

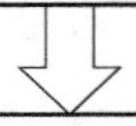

执业范围

造价工程师可以从事建设项目投资估算的编制审核及项目经济评价，工程概预结（决）算，标底价、投标报价的编审，工程变更及合同价款的调整和索赔费用的计算，建设项目各阶段工程造价控制，工程经济纠纷的鉴定，工程造价计价依据的编审及与工程造价业务有关的其他事项。

图 7-5　造价工程师资格证考取和注册流程

方法，分析、解决工程实践中存在的各种问题，有效提高工作效率，保证委托任务实现预定的目标。咨询工程师资格证考取和注册流程如图 7-6 所示。

5. 房地产估价师

房地产估价师是指经全国统一考试，取得房地产估价师执业资格证书，并注册登记后从事房地产估价活动的人员，其工作内容是房屋出售前进行检查以确定其价值，将房屋与周边最新已被出售的房产进行比较。房地产估价师基于房地产基本制度与政策、房地产开发经营与管理、房地产估价等知识，进行房地产估价咨询及相关的其他业务。房地产估价师资格证考取和注册流程如图 7-7 所示。

7.3.3　国际上相关的职业资格制度

欧美国家在工程管理领域的职业资格认证制度上积累了成熟的发展经验，目前国际

报考条件

取得工学学科门类专业，或者经济学类、管理科学与工程类专业相关学历，并从事一定年限的工程咨询业务工作。凡遵守国家法律、法规，恪守职业道德，并符合下列条件之一的，均可申请报名参加咨询工程师（投资）职业资格考试：

1. 取得大学专科学历，累计从事工程咨询业务满8年。
2. 取得大学本科学历或学位，累计从事工程咨询业务满6年。
3. 取得双学士学位，或者工学学科门类专业研究生，累计从事工程咨询业务满4年。
4. 取得硕士学位，累计从事工程咨询业务满3年。
5. 取得博士学位，累计从事工程咨询业务满2年。
6. 取得经济学、管理学学科门类其他专业，或者其他学科门类各专业的上述学历或学位人员，累计从事工程咨询业务年限相应增加2年。

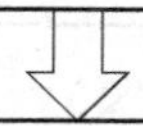

考试科目

咨询工程师职业资格考试分为4个科目：

宏观经济政策与发展规划　工程项目组织与管理

项目决策分析与评价　现代咨询方法与实务

注：参加全部考试的人员，需在连续3个年度内通过全部考试。

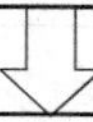

资格注册

资格证书：注册咨询工程师（投资）职业资格证书。

组织部门：各省、自治区、直辖市人事（职改）部门颁发人社部统一印制的证书，证书由人社部与国家发改委用印。

注册制度：按规定到所在省（区、市）注册机构办理登记注册手续，注册有效期为3年，有效期满前3个月，持证者须按规定到注册机构办理再次注册手续。

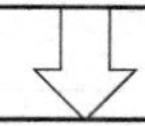

职业范围

咨询工程师能从事以下工作：社会经济发展规划和计划咨询、行业发展规划和产业政策咨询、经济建设专题咨询、投资机会研究、工程项目建议书的编制、工程项目可行性研究报告的编制、工程项目评估、工程项目融资咨询、绩效追踪评价后评价和培训咨询业务、工程项目招标投标技术咨询和国家发改委规定的其他工程咨询业务。

图 7-6　咨询工程师资格证考取和注册流程

上主流的职业资格认证制度有发端于欧洲大陆的国际项目管理协会认证的国际项目管理专业资质认证、美国项目管理协会的项目管理师认证、英国皇家特许建造学会的皇家特许建造师（Chartered Builder）认证以及英国皇家特许测量师学会认证等。

1. 国际项目管理专业资质认证

国际项目管理专业资质（International Project Management Professional，IPMP）认证是国际项目管理协会（International Project Management Association，IPMA）在全球推行的四级项目管理专业资质认证体系的总称。IPMA 自 1965 年在瑞士成立以来，不断推动着项目管理国际化，目前已有 32 个成员组织。由于各国项目管理发展情况不同，因此 IPMA 允许各成员的项目管理专业组织结合本国特点，制定在本国认证国际项目管理专业资质的国家标准。中国项目管理研究委员会（Project Management Research Committee China，PMRC）是 IPMA 的

报考条件

取得房地产估价相关学科（房地产经营、房地产经济、土地管理、城市规划等）中等专业学历，并从事一定年限的房地产估价实务工作。凡遵守国家法律、法规，恪守职业道德，并符合下列条件之一的，均可申请报名参加房地产估价师执业资格考试：

1. 取得中等专业学历，具有8年以上相关专业工作经验，其中房地产估价实务工作满5年。
2. 取得大专学历，具有6年以上相关专业工作经验，其中房地产估价实务工作满4年。
3. 取得学士学历，具有4年以上相关专业工作经验，其中房地产估价实务工作满3年。
4. 取得硕士或第二学位、研究生学历，从事房地产估价实务工作满2年。
5. 取得博士学历。

不具备以上条件，但通过国家统一组织的经济专业初级资格或审计、会计、统计专业助理资格考试，具有10年以上相关专业工作经验，其中房地产估价实务工作满6年的，也可申请报名参加。

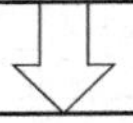

考试科目

房地产估价师执业资格考试分为4个科目：

房地产基本制度与政策　　房地产开发经营与管理

房地产估价理论与方法　　房地产估价案例与分析

注：参加全部考试的人员，需在连续2个年度内通过全部考试。

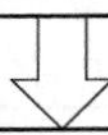

资格注册

资格证书：房地产估价师执业资格证书。

组织部门：人社部或其授权的部门颁发，人社部统一印制，人社部和住建部用印。

注册制度：按规定到所在省（区、市）注册机构办理登记注册手续，注册有效期为3年，有效期满前3个月，持证者须按规定到注册机构办理再次注册手续。

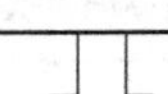

执业范围

房地产估价师可以从事房地产估价、房地产咨询，以及与房地产估价有关的其他业务。

图 7-7　房地产估价师资格证考取和注册流程

成员组织，是唯一的跨行业跨地区的项目管理专业组织。

IPMP 是对项目管理人员知识、经验和能力水平的综合评估证明。根据 IPMP 认证等级划分获得 IPMP 各级项目管理认证的人员，将分别具有负责大型国际项目、大型复杂项目、一般复杂项目或具有从事项目管理专业工作的能力。国际项目管理协会依据国际项目管理专业资质标准，将项目管理专业人员资质认证划分为四个等级，即 A 级、B 级、C 级、D 级，每个等级分别授予不同级别的证书。各个等级的认证主要是对认证者的知识、经验和个人素质的综合测评，整个流程共包括五个阶段，如自我评估、从业证明、项目管理报告、面试和最终评价。每一个等级的证书有效期为五年。

2. 国际项目管理师考试

国际项目管理师（Project Management Professional，PMP）考试是由美国项目管理协会（Project Management Institute，PMI）建立的对项目管理人员的职业资格认证考试。PMI 成立于 1969 年，是全球领先的项目管理行业的倡导者，它创造性地制定了行业标准和组织编写了《项目管理知识体系指南》（PMBOK）。PMP 考试建立在 PMBOK 上，PMBOK 将项目管理有侧重地划分为项目启动（13%）、项目计划（24%）、项目执行（30%）、项目控制（25%）、项目收尾（8%）共五个过程，根据每个阶段的特点和所面临的主要问题，系统归纳成项目管理的九大知识领域。

PMP 考试认证对资历要求十分严格。申请者首先需要具备 35h 以上 PMBOK 的学习或培训经历。此外，申请者需要具有学士学位或同等的大学学历或以上，在五大项目管理过程中至少具有 4500h 的项目管理经验，并且，在申请之日前 6 年内，累计项目管理月数至少达 36 个月；如申请者不具有学士学位或同等大学学历或以上，则其在五大项目管理过程中至少具有 7500h 的项目管理经验，并且，在申请之日前 8 年内，累计项目管理月数至少达 60 个月。PMP 考试在中国一年开展四次，分别在 3 月、6 月、9 月和 12 月。

3. 英国皇家特许建造学会

英国皇家特许建造学会（Chartered Institute of Building，CIOB）是一个主要由从事建筑管理的专业人员组织起来，涉及建设全过程管理的全球性专业学会。CIOB 成立于 1834 年，是英国唯一涉及建筑管理专业的权威团体，也是英国建筑领域内仅有的 9 家皇家特许学会之一。CIOB 的职能主要包括对政府机构提出政策建议、制定和维护有关建筑管理标准、对会员专业资格进行认证、评估高等学校学位课程并提供专业服务、科研、发行各种报告和出版物、交流信息以及组织研讨会等活动。

CIOB 具有一套培训——→考试——→专业发展的认证体系，不同层次的申请者参加不同类型的培训，针对工程类大学毕业生设计的培训计划称为“职业发展计划”，针对项目经理设计的培训计划为“建筑项目经理教育与培训计划”。CIOB 的会员目前共设有五个层次，分别为资深会员、正式会员、准会员、助理会员和学生会员。其中，最高两个层次的会员，即资深会员和正式会员被称为“皇家特许建造师”。特许会员的认证，需要满足在相关行业担任要职五年及以上的要求，并在资深会员委员会召开会议前一个月提交申请表，经会议讨论通过后即可成为特许会员。

4. 英国皇家特许测量师学会

英国皇家特许测量师学会（Royal Institution of Chartered Surveyor，RICS）是世界最大的房地产、建筑、测量和环境领域的综合性专业团体，是为全球广泛认可的拥有“物业专才”之称的世界顶级专业性学会。RICS 成立于 1868 年，是一家以英国为基地、规管英国在内多个国家特许测量师的独立专业团体。RICS 的服务范畴涵盖评估、建造及工料测量、项目管理、管理咨询、商用物业、设施管理、房地产金融与投资等 17 个专业领域和相关行业，并负责提供测量学方面的教育、制定相关的培训标准、向不同政府和商业机构提供专业意见，以及制定严谨的守则保障消费者。

成为 RICS 的特许会员（MRICS）是加入 RICS 最常见的方式，而成为 MRICS 则需要通过 RICS 的专业评核（Assessment of Professional Competence，APC），评核将从知识的理解、知识的应用、技术知识和实践的综合应用三个等级开展。申请者在申请成为特许会员时，必须满足以下条件之一：获得 RICS 认证学位，无相关工作经验要求；本科/学士/RICS 认可同等资质，5 年以上工作经验；资深管理岗位或行业专业地位，10 年以上相关工作经验。在成为 MRICS 后，随着资历和专业经验的增长，可以进一步申请成为更高的专业资格资深会员（FRICS）。

复 习 题

1. 简述工程管理专业教学计划设计原理。

2. 简述国内执业资格体系认证制度的主要内容，并比较不同资格证考试科目和报考条件的异同点。

3. 分析国内五种执业资格在工程项目全寿命周期中的联系和各个阶段的职责范围。

4. 简述国际四种认证制度的注册条件，调查四个发起机构的主要职能和服务类型。

5. 列举工程全寿命周期与工程管理工作密切相关的工作岗位。

6. 列举国际上关于工程管理专业的英文名称。

7. 列举国际上不同国家大学工程管理专业的差异。

8. 登录著名大学网站，查阅有关其工程管理专业的最新培养动向。

第8章

工程管理面向的主要领域

8.1 工程管理面向的行业

8.1.1 工程管理相关的产业链

工程管理专业旨在培养具备管理学、经济学、信息工程、土木工程等学科的基本知识，掌握现代管理科学的理论、方法和手段的复合型高级管理人才，使其未来能够在国内外工程建设和房地产领域从事项目决策、项目投资与融资、项目全过程管理和经营管理。工程管理专业一般设置工程建设管理、国际工程管理、投资与造价管理等方向。其中，工程建设管理专业方向的毕业生主要适合于从事工程建设项目的全过程管理工作，应基本具备进行工程建设项目可行性研究，一般土木工程设计和施工建设，工程建设项目全过程的投资、进度、质量控制及合同管理、信息管理和组织协调的能力；国际工程管理专业方向的毕业生主要适合于从事国际工程项目管理工作，应基本具备进行国际工程项目的招标与投标、合同管理、投资与融资、风险与索赔管理、信息管理及国际工程项目全过程系统化、集成化管理的能力及较强的外语运用能力；投资与造价管理专业方向的毕业生主要适合于从事项目投资与融资和工程造价全过程管理工作，应基本具备进行项目评估、工程造价管理的能力，基本具备编制项目招标、投标文件和投标书综合评定的能力，基本具备编制和审核工程建设项目估算、概算、预算和决算的能力。

如图8-1所示，工程管理专业毕业生的就业领域涉及建筑、房地产、金融、保险、咨询服务、教育培训、信息技术（IT）等行业，这一专业涉及的就业领域对人才的大量需求比较普遍。从银行证券到酒店宾馆，从建筑企业到房地产开发公司都急需补充大量的工程管理及相关专业的人才，因此人才市场上对该专业人才的需求量很大。该专业就业领域所涉及的工作主要是综合系统地运用管理、建筑、经济、法律等基本知识，侧重于工程建筑、施工管理以及房地产经营开发，并熟悉我国相关的方针、政策和法规，进行企业工程开发建设项目的经营和管理。

从国内社会需求与改革开放看，工程建设标准要求的提高对工程管理专业及行业的发展

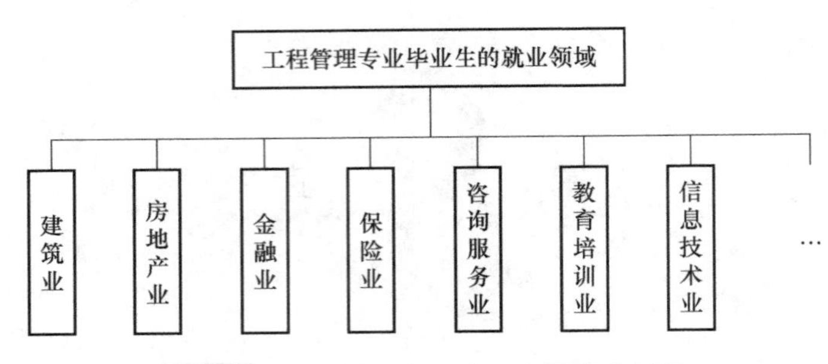

图 8-1　工程管理专业毕业生的就业领域

提出了新的、更高层次的挑战。如何使工程建设在质量、技术的水平以及创意上有所突破，都需要工程管理方面的协调和配合。要在建筑施工组织和技术、工程开发和经营、财务的滚动和回收、整体规划的管理等诸多方面，进行工程管理的升级和同步发展，以适应发展变化的需要。

8.1.2　建筑业

1. 建筑业概述

建筑业的定义有广义和狭义之分。广义的建筑业是指建筑产品生产的全过程及参与该过程的各个产业和各类活动，包括建设规划、勘察、设计，建筑构配件生产、施工及安装，建成环境的运营、维护及管理，以及相关的技术、管理、商务、法律咨询和中介服务，相关的教育科研培训等。

狭义的建筑业属于第二产业，是指国民经济中从事建筑安装工程的勘察、设计、施工以及对原有建筑物进行维修活动的物质生产部门。按照《国民经济行业分类》（GB/T 4754—2017），建筑业由以下四个大类组成：房屋建筑业，土木工程建筑业，建筑安装业，建筑装饰、装修和其他建筑业。其主要职能是为国民经济建造生产性与非生产性固定资产。建筑业的发展与固定资产投资规模有着十分密切的关系，相互促进、相互制约。需要说明的是，狭义的建筑业从行业特性及统计的可操作性出发，目的在于进行统计分析，而不是为了限制企业活动及作为政府行业管理的依据。本节中讨论的建筑业即为狭义建筑业。

2. 建筑业的工程管理

建筑业的工程管理任务可以概括为最优地实现项目的质量、投资、工期、安全等目标，也就是在科学决策的基础上对工程实施全方位、全过程的管理活动，有效地利用有限的资源，用尽可能少的费用、尽可能快的速度和优良的工程质量建成工程，使其实现预定的功能。

如图 8-2 所示，工程管理在建筑业主要涉及进度管理、质量管理和成本管理传统三大目标，以及安全管理、健康管理、环境管理等目标。进度管理是指严格按照生产进度计划要求，掌握作业标准（通常包括劳动定额、质量标准、材料消耗定额等）与工序能力（通常是指一台设备或一个工作地）的平衡。质量管理是指为保证和提高工程质量，运用一整套质量管理体系、手段和方法所进行的系统管理活动。成本管理是指工程全寿命周期内各项成本核算、成本分析、成本决策和成本控制等一系列科学管理行为。健康管理、安全管理、环境管理统称为 HSE 管理，是指将工程项目实施健康、安全与环境管理的组织机构、职责、做法、程序、过程和资源等要素有机构成的整体形成动态管理。

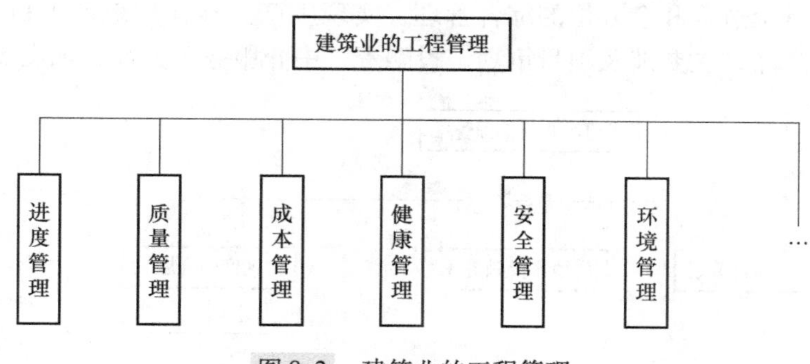

图 8-2　建筑业的工程管理

8.1.3　房地产业

1. 房地产业概述

在我国整个社会的固定资产投资中，房地产业是仅次于制造业的第二大投资领域，也是工程管理专业学生就业的主要领域之一。房地产业是指以土地和建筑物为经营对象，从事房地产开发、经营、管理以及维修、装饰和服务的集多种经济活动于一体的综合性产业，属于第三产业，是具有先导性、基础性、带动性和风险性的产业。

如图 8-3 所示，房地产业的具体内容包括：①国有土地使用权的出让；②房地产的开发与再开发，包括征用土地、拆迁安置、委托规划设计、对旧城区的开发与再开发；③房地产经营，包括土地使用权的转让、出租、抵押以及房屋的买卖、抵押等经济活动；④房地产中介服务，包括房地产咨询中介、房地产评估中介、房地产代理中介等；⑤房地产物业管理服务，即房屋公用设备实施的养护维修，并为使用者提供安全、卫生、优美的环境；⑥房地产金融服务，包括信贷、保险和房地产金融资产投资等；⑦房地产的调控与管理，包括建立健全房地产市场、资金市场、技术市场、劳务市场、信息市场，制定合理的房地产价格体系，建立健全房地产法规，实现国家对房地产市场的宏观调控。

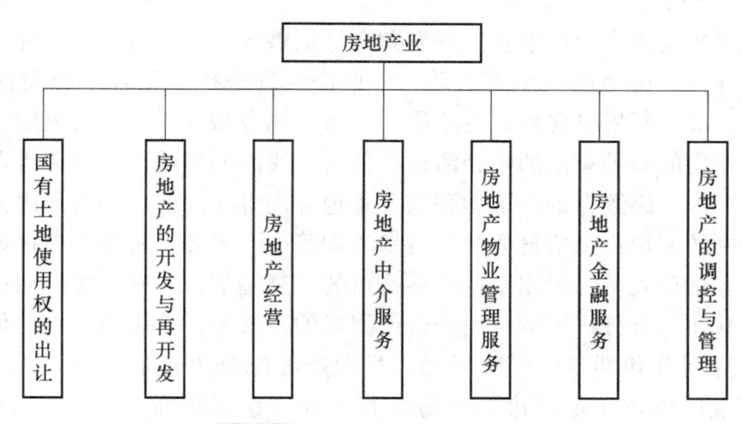

图 8-3　房地产业的具体内容

2. 房地产业的工程管理

房地产业的工程管理任务可以概括为运用系统工程的观点、理论和方法，对房地产项目的建设和使用进行全过程和全方位的综合管理，实现生产要素在房地产项目上的优化配置，为用户提供优质产品，主要涉及项目策划、投融资、中介服务等方面，如图 8-4 所示。

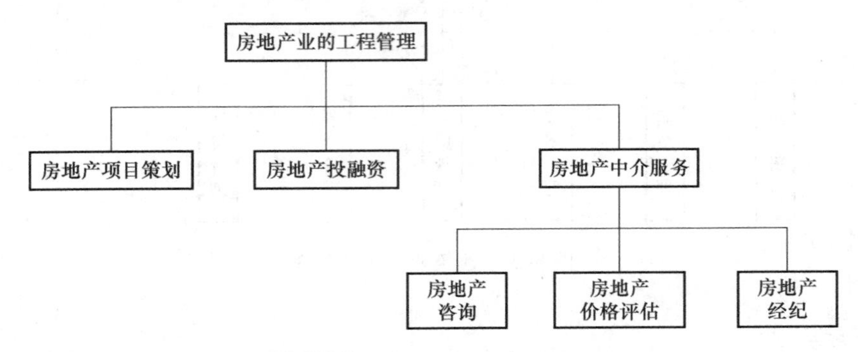

图 8-4　房地产业的工程管理

（1）房地产项目策划

房地产项目策划是指对开发商的建设项目从观念、设计、区位、环境、房型、价格、品牌、包装和推广上进行资源整合，合理确定房地产目标市场的实际需求，以开发商、消费者、社会三方共同利益为中心，通过市场调查、项目定位、推广策划、销售执行等营销过程的计划、组织和控制，为开发商规划出合理的建设取向，使产品及服务符合消费者的需要，从而使开发商获得利益的程序化管理过程。

（2）房地产投融资

房地产投融资主要来源于银行贷款、自有资金和其他融资方式获得的资金。从事房地产投融资工作，必须全面了解银行贷款、房地产信托、上市融资、海外房产基金、债券融资等投融资主要渠道，熟练掌握投融资运作的相关规则和技术方法，能够根据具体的项目制订不同的融资方案，计算融资成本，预测融资状况对项目的影响，并估计项目的盈利水平，为项目的投资决策以及项目实施过程的成本控制提供对策和依据。

（3）房地产中介服务

房地产中介服务是为房地产投资、开发和交易提供各种媒介活动的总称，包括房地产咨询、房地产价格评估、房地产经纪等活动。房地产咨询是指接受客户的委托，为其提供信息、资料、建议，或为其提供房地产专项研究、市场调查与分析、项目策划、项目可行性研究等服务并收取费用的一种有偿的中介活动。目前，我国的房地产咨询业可以为房地产投资者提供包括政策咨询、决策咨询、工程咨询、管理咨询等在内的各种咨询服务，也可为房地产市场交易行为中的客户提供信息咨询、技术咨询等中介服务。房地产价格评估是指以房地产为对象，由专业估价人员，根据一定的估价目的，遵循估价原则，按照估价程序，选用适宜的估价方法，并在综合分析影响房地产价格因素的基础上，对房地产在估价时点的客观合理价格或价值进行测算和判定的经营活动。房地产经纪是由房地产经纪人（个人或机构，统称经纪人）完成的促进房地产市场交易顺利实现一系列居间、代理、行纪等中介活动，是以提取佣金为经营特征，为房地产买卖、交换、租赁、置换等提供信息及信托劳务工作的中介服务。

8.1.4　金融业

1. 金融业概述

金融业是指经营金融商品的特殊行业，包括银行业、信托业、证券业和租赁业。银行业在我国包括中国人民银行、监管机构、自律组织，以及在我国境内设立的商业银行、城市信用合作社、农村信用合作社等吸收公众存款的金融机构、非银行金融机构以及政策性银行。信托是指委托人基于对受托人的信任，将其财产权委托给受托人，由受托人按委托人的意愿以自己的名义，为受益人的利益或者特定目的，进行管理或者处分的行为。信托业则是指为信托活动服务的专门行业。证券业是指从事证券发行和交易服务，为证券投资活动服务的专门行业。租赁业是以金融信贷和物资信贷相结合的方式提供信贷服务的经营业，分为融资性质的租赁和服务性质的租赁。

2. 金融业的工程管理

工程管理专业在金融业主要从事基础设施建设和房地产开发的投融资工作，具体内容如图 8-5 所示。

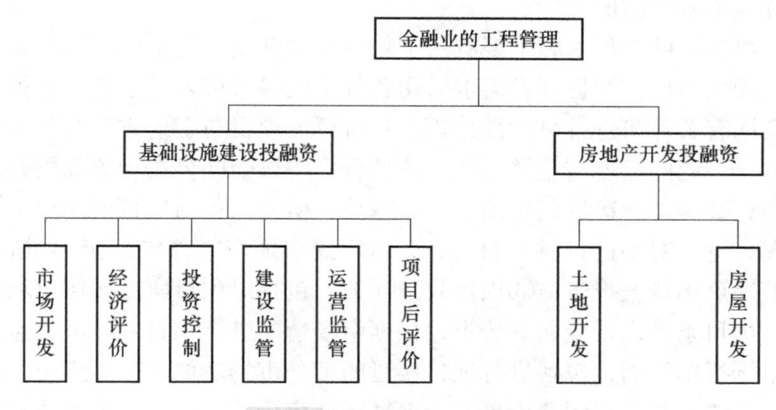

图 8-5　金融业的工程管理

（1）基础设施建设投融资

基础设施是指为社会生产和居民生活提供公共服务的物质工程设施，是用于保证国家或地区社会经济活动正常进行的公共服务系统，是社会赖以生存发展的一般物质条件。基础设施包括交通、邮电、供水供电、商业服务、科研与技术服务、园林绿化、环境保护、文化教育、卫生事业等市政公用工程设施和公共生活服务设施等。

基础设施建设投融资的工作内容主要是对相关基础设施建设项目进行市场开发、经济评价、投资控制、建设监管、运营监管、项目后评价的全过程管理。市场开发是负责项目的筛选、立项、调研、评审、投资决策、投标、签约等工作，确保投资前期工作的顺利进行；经济评价包括负责协助开展投资项目财务分析、投资方案比选等工作，确保投资项目决策的经济性和正确性，项目实施后定期分析投资偏差情况，参与完成项目后评价；投资控制是在项目投资形成过程中，对所消耗的人力资源、物质资源和费用开支，进行指导、监督、调节和限制，及时纠正将发生和已发生的偏差，把各项费用控制在计划投资的范围之内，在批准的预算条件下确保项目保质按期完成，保证投资目标的实现；建设监管负责生产单位组建，对投资项目进行监管，协助开展安全、质量、节能减排与环保管理等工作，确保对投资项目的有效监控；运营监管是协助运营单位组建、对运营项目进行监管，协助开展收费、路政、养护、多种经营、安全、质量、节能减排与环保管理等工作，确保对运营项目的有效监控；项目后评价是指通过对投资活动实践的检查总结，确定投资预期的目标是否达到，项目是否合理有效，项目的主要效益指标是否实现，通过分析评价找出成败的原因，总结经验教训，并通过及时有效的信息反馈，为未来项目的决策和提高、完善投资决策管理水平提出建议，从而达到提高投资效益的目的。

（2）房地产开发投融资

房地产开发分为土地开发和房屋开发两类。土地开发主要是指房屋建设的前期工作，主要有两种情形：①新区土地开发，即把农业或者其他非城市用地改造为适合工商业、居民住宅、商品房以及其他城市用途的城市用地；②旧城区改造或二次开发，即对已经是城市土地，但因土地用途的改变、城市规划的改变以及其他原因，需要拆除原来的建筑物，并对土地进行重新改造，投入新的劳动。就房屋开发而言，一般包括四个层次：第一层次为住宅开发；第二层次为生产与经营性建筑物开发；第三层次为生产、生活服务性建筑物的开发；第四层次为城市其他基础设施的开发。

房地产开发投融资的工作内容主要有：①新项目的开发，包括研究市场发展趋势和投资方向，确定基本开发需求，根据开发需求采用各种手段寻找可开发土地，对拟开发土地进行详细调研，并会同有关部门进行可行性分析，对可行的项目与土地方进行初步项目合作洽谈与深入谈判，进行合同的起草与签署工作，依据合作协议会同公司相关部门办理开发资料和土地的接收工作；②房地产市场信息的收集、整理与研究，包括项目前期市场调研工作，即对市场供需情况、竞争对手进行科学的调查，对宏观房地产（住宅）走势进行全面的分析，撰写项目投资前期市场调查报告；③项目收益评估，包括对项目所在区域市场走向、供需情况、项目环境、项目条件进行全面的分析，根据市场情况进行项目的经济收益评估工作和后评价工作；④市场行销策划，包括进行项目楼盘的细分市场定位、产品定位，确定新项目客户群定位、竞争定位，制定营销费用预算，根据区域市场物业特征及市场热点对产品功能规划、细部构造、公共配套、户型设计、建材设备选择等提出具体的建议与要求，确定项目交房标准。

8.1.5 保险业

1. 保险业概述

保险业是指将通过契约形式集中起来的资金，用以补偿被保险人的经济利益业务的行业。

2. 保险业的工程管理

工程管理专业毕业生在保险业主要从事与工程保险、养老地产等方面有关的工作，具体内容如图 8-6 所示。

（1）工程保险相关

工程保险是承保建筑安装工程期间一切意外物质损失和对第三人经济赔偿责任的保险，包括建筑工程一切险与安装工程一切险，属综合性保险。保险标的为工程项目主体、工程用的机械设备以及第三者责任，此外尚有些附带项目。保险责任为：工程期间因洪水、暴雨、

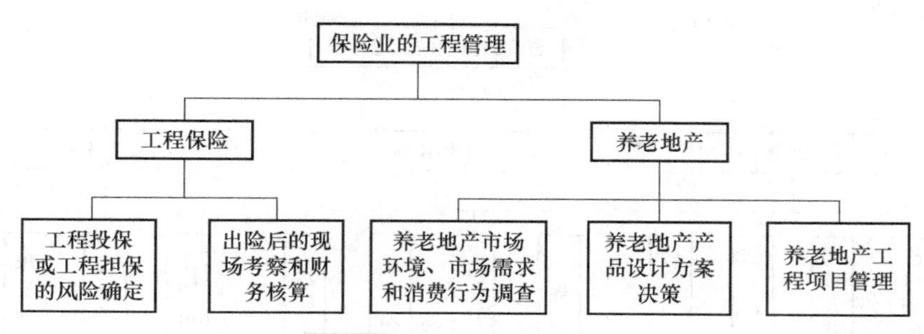

图 8-6 保险业的工程管理

地震等自然灾害造成的损失；火灾损失；爆炸、飞行物体坠落等意外事故损失；盗窃、恶意行为等人为损失；原材料缺陷、工艺缺陷等工程事故损失以及对第三人的赔偿责任。工程保险规定有免赔额与赔偿限额。与工程保险相关的工作的主要内容包括：①工程投保或工程担保的风险确定，即运用金融、保险的相关理论和知识，综合构造、工期、人员、资金、环境、施工等各方面因素对工程可能发生的综合风险进行计算；②出险后的现场考察和财务核算，即一旦工程出险，需前往工程现场实地考察并对工程损失进行保险业务范围内的财务核算。

（2）养老地产相关

随着我国老龄人口的增加，养老行业所催生的市场机遇也被业内关注，不少房企相继进入养老产业，探索企业转型的路径。养老地产通过建设养老住宅、养老公寓、养老设施等形式，为老年人这个特定用户群体提供护理、医疗、康复、健康管理、文体活动、餐饮养生、日常起居呵护等服务。

与养老地产相关的工作的主要内容有：

1）养老地产市场环境、市场需求和消费行为调查，包括政治法律环境、经济环境和社区环境、养老地产的总需求量及其饱和点、市场需求发展趋势，以及养老地产市场需求影响因素、需求动机和购买行为等的调查。

2）养老地产产品设计方案决策，包括竞争者及潜在竞争者的实力和经营管理优劣势调查，对竞争者的户型设计、室内布置、建材及附属设备选择、服务优缺点的调查与分析，对竞争者产品价格的调查和定价情况的研究等。

3）养老地产工程项目管理，包括组织协调建设养老地产所需的工程、材料、设备、医疗等资源，按照设计方案完成养老地产项目建设。

8.1.6 咨询服务业

1. 咨询服务业概述

咨询服务业是指专业咨询机构依托信息和专业知识优势，运用现代分析方法，为解决各类社会、经济和科技的复杂问题，进行创造性思维活动，向客户提供决策依据和优化方案的智力服务业。

2. 咨询服务业的工程管理

工程管理专业在咨询服务业主要从事房地产咨询、工程咨询和法律咨询三方面的工作，具体内容如图 8-7 所示。

（1）房地产咨询

房地产咨询是指为从事房地产活动的当事人提供法律、法规、政策、信息、技术等方面

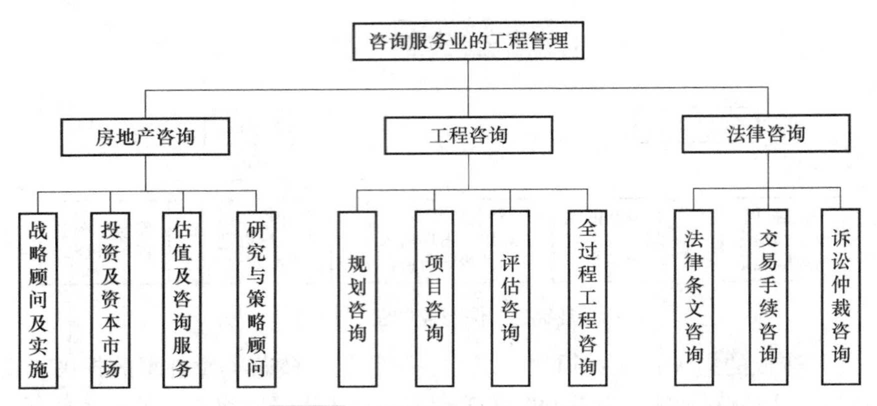

图 8-7　咨询服务业的工程管理

的经营活动，通过对信息的加工，尽量使不对称信息趋于对称，保障信息畅通，促进市场交易公平，降低交易成本。房地产咨询机构的主要业务涵盖战略顾问及实施、投资管理、评估与估值、研究与策略顾问等，通过综合的服务平台，在项目初期策划以至完成的各个阶段，满足不同客户的房地产需要。具体内容有：

1）战略顾问及实施，包括提供市场研究、开发战略顾问及尽职调查服务，为客户提供房地产解决方案，以帮助客户提升业绩。同时从投资者和发展商的角度提供建议，确保提出的解决方案的合理性、财务上的可行性及与客户企业目标的一致性。

2）投资及资本市场，包括致力于为业主和投资者提供出售及收购固定收入物业服务。采取以客为本及多元化的方法，针对不同物业类型和全球主要市场，有效地预测趋势，发现机遇，使得无论在融资还是地产物业方面公司均能提供重要的项目资源和合适的定价。

3）估值及咨询服务，包括在资本市场和 IPO㊀估值、公司和资产组合估值、抵押评估、租金审核和财务汇报评估等领域提供独立、定制、可靠和及时的估值和建议。

4）研究与策略顾问，包括为投资者、开发商和承租者提供深度市场分析预测，同时向公司内部提供系统性支持，通过企业内部数据及外部供应商的专业数据洞悉市场，并在此基础上严谨验证及深度挖掘，以提供更具价值的物业市场研究。

（2）工程咨询

工程咨询是指遵循独立、科学、公正的原则，运用工程技术、科学技术、经济管理和法律法规等多学科方面的知识和经验，为政府部门、项目业主及其他各类客户的工程建设项目决策和管理提供咨询活动的智力服务，包括前期立项阶段咨询、勘察设计阶段咨询、施工阶段咨询、投产或交付使用后的评价等工作。工程咨询服务范围包括：①规划咨询，含总体规划、专项规划、区域规划及行业规划的编制；②项目咨询，含项目投资机会研究、投融资策划，项目建议书（预可行性研究）、项目可行性研究报告、项目申请报告、资金申请报告的编制，PPP 项目咨询等；③评估咨询，含各级政府及有关部门委托的对规划、项目建议书、可行性研究报告、项目申请报告、资金申请报告、PPP 项目实施方案、初步设计的评估，以及项目中期评价、后评价，项目概预决算审查和其他履行投资管理职能所需的专业技术服务；④全过程工程咨询，是业主对工程项目的组织实施进行全过程的管理、咨询和服务，由

㊀ IPO 为 Initial Public Offer 的简写，译为首次公开募股。

全过程工程项目管理师采用多种服务方式组合，为项目决策、实施和运营持续提供局部或整体解决方案以及管理服务。

（3）法律咨询

法律咨询是专门服务于建设单位、勘察设计单位、施工单位、监理单位和造价咨询单位的专业律师团队，将部门法律服务产品更进一步地细化到招标投标管理、合同管理、造价控制、工程保险、融资信贷、工程索赔、竣工结算等各个专业层面，以专业的眼光、团队的协作，解决建设工程实践中遇到的各种法律问题，提供法律服务。法律咨询主要包括法律条文咨询、交易手续咨询和诉讼仲裁咨询。具体内容为：

1）法律条文咨询，主要是利用法律咨询机构的专业知识，帮助房地产或工程交易主体规避法律盲区，并利用好法律武器保护自身权利。

2）交易手续咨询，这是法律法规咨询的延伸和补充。它主要是利用法律咨询机构对于不同交易环境、交易方式和交易性质下多样化交易程序的了解，促使交易的顺利进行，为房地产或工程交易主体节省大量宝贵的时间。

3）诉讼仲裁咨询，一般在房地产或工程交易之中以及结束之后，交易双方总是不可避免地会有些许摩擦，有些是可以通过双方友好协商解决的，有些就需要求助于第三方（消费者协会、仲裁机构或者法院）的介入加以解决。在求助第三方之前，交易双方中的利益受损方就可以向法律咨询机构进行相关咨询。

8.1.7 教育培训业

1. 教育培训业概述

由于围绕基础设施建设与房地产开发的相关产业链发展规模较大，需要大量优秀的工程管理人才从事相关工作，在专科、本科、研究生层面的学历教育以及在职业认证、岗位培训层面的非学历教育都具有较大的需求。

2. 教育培训业的工程管理

教育培训业的工程管理的具体内容如图 8-8 所示。

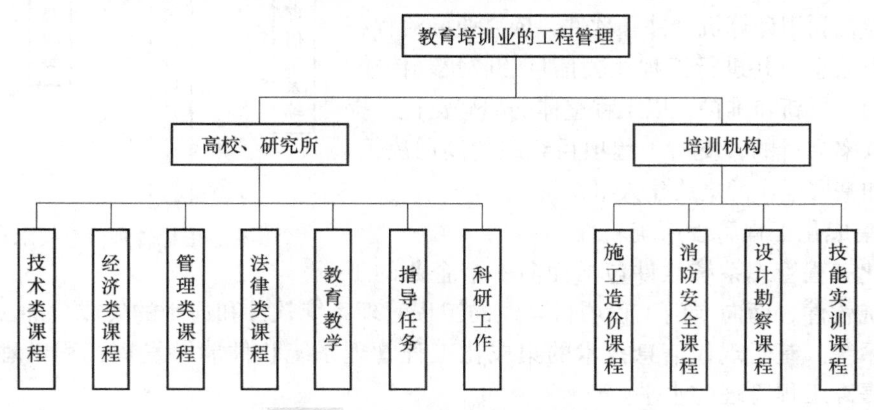

图 8-8 教育培训业的工程管理

（1）高校、研究所

工程管理专业在高校主要涉及技术、经济、管理、法律四类课程的教育与科研任务。各类课程详见表 7-3，这里不再赘述。同时，高校和研究所还承担工程管理相关课程设计、实习、毕业设计、科研训练的指导任务，以及工程管理相关的科研工作。

（2）培训机构

工程管理专业在培训机构主要涉及施工建造、消防安全、设计勘察、技能实训等方面课程的教学任务。施工建造课程包括一级建造师、二级建造师、一级造价工程师、二级造价工程师、监理工程师、咨询工程师等的培训；消防安全课程包括一级消防工程师、二级消防工程师、中级注册安全工程师、环境影响评价师等的培训；设计勘察课程包括一级建筑师、二级建筑师、结构工程师、岩土工程师、给水排水工程师、暖通工程师、电气工程师、城乡规划师、房地产估价师、环保工程师、水利水电工程师等的培训；技能实训课程包括 BIM 实训、工程造价实训、装配式施工实训、施工项目实训等。

8.1.8 信息技术业

1. 信息技术业概述

信息技术的广泛应用是工程管理现代化的主要标志之一，在国内外的许多承包企业、工程管理和咨询公司，计算机和互联网已广泛应用于工程实施和管理的各个阶段（如可行性研究、计划阶段和实施控制阶段）和各方面（如成本管理、进度控制、质量控制、合同管理、风险管理、信息管理等）。信息技术已深入建筑生产过程的各个环节，建筑业作为传统的技术含量低的行业形象正在逐步改变。

2. 信息技术业的工程管理

为了实现工程管理的信息化，具有土木、建筑相关背景的信息类企业从事工程管理信息系统、集成化工程管理系统软件、建筑信息模型和虚拟现实等工具的开发、销售、实践等工作，具体内容如图 8-9 所示。

（1）工程管理信息系统

管理信息系统（Management Information System，MIS）是工程组织的“神经系统”，可以迅速收集信息，对工程问题做出反应，做出决策，进行有效控制。它是以人为主导，利用计算机硬件和软件，依靠业务流程将数据转化为信息，并进行工程相关信息的收集、传输、加工、存储、更新和维护，以工程整体的战略竞优、提高效益和效率为目的，支持工程项目组织的高层决策、中层控制和基层运作的集成化人机系统。

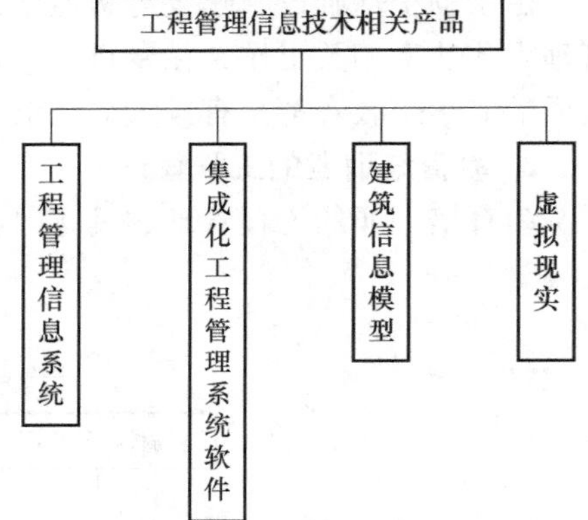

图 8-9　工程管理信息技术相关产品

（2）集成化工程管理系统软件

集成化工程管理系统软件包括面向一个企业的工程管理系统软件、面向专门工程项目开发的工程管理系统软件和通用的集成化的工程全寿命管理软件系统。基于现代信息技术的集成化工程管理系统软件能够发挥工程管理的系统效率，大大提高工程管理的水平。

（3）建筑信息模型

建筑信息模型（BIM）作为工程系统和工程过程统一的信息模型，集成了建筑工程技术、实施过程、经济、组织、资源消耗等信息的工程数据模型，是对工程各方面信息的详尽表达。BIM 技术以三维数字技术为基础，提供建筑物实际存在的信息，包括几何信息、物理信息、规则信息，不仅能够详细地描述各专业工程系统的空间形态、系统详细构成、功能、技术要求、材料、物理特性等，而且能够描述各专业工程系统的相关性，以及与环境的相关性信息。这为各专业工程设计提供了统一的信息平台，可以对建筑物和各专业工程系统进行可视化展示、协调、模拟和优化。另外，在工程系统的三维信息基础上，将工程信息扩展到多维，能够详细描述工程活动的逻辑过程、时间、经济、组织、资源消耗等方面的信息，给工程管理带来新的技术和方法。同时，可以将工程的建设阶段的信息和运行维护以及健康管理的信息集成到统一平台上，实现工程各阶段的信息共享和传递，而且信息都在可视化的状态下展示，能够很好地解决信息衰竭问题。

（4）虚拟现实

虚拟现实（Virtual Reality，VR）技术是一种可以创建和体验虚拟世界的计算机仿真系统，它利用计算机生成一种模拟环境，是一种多源信息融合的交互式的三维动态实景和实体行为的系统仿真，使用户沉浸到该环境中。目前，虚拟现实技术已在施工现场的布置和施工进度安排中得到应用。

8.1.9　其他

1. 建筑材料供应

建筑材料是在建筑工程中所应用的结构材料、装饰材料和专用材料。工程管理专业在建筑材料供应领域中可以从事建筑材料的销售、运输配送计划的编制、质量检测与验收、特殊建筑材料的应用指导等工作。

2. 施工机械租售

施工机械是建筑工程实现工业化的重要工具，包括运输、加工、吊装等施工现场多种用途的机械设备。工程管理专业在此方面可以从事施工机械的销售、租赁、检测、现场布置与安排等工作。

8.2　工程管理面向的企业和单位

工程管理专业毕业生的选择方向和就业领域广，涉及工程施工和控制管理、房地产经营以及金融、贸易等行业部门的管理工作，主要的就业企业和单位有施工单位、房地产企业、金融机构、保险公司、咨询服务企业、教育培训相关机构、IT 类企业等。

8.2.1　施工单位

1. 施工单位概述

施工单位又称“承建单位”，是建筑安装工程施工单位的简称，是指承担基本建设工程施工任务，具有独立组织机构并实行独立经济核算的单位。在采取承发包方式进行施工时，施工单位常被称为“乙方”。施工单位国际上通称为承包商，如图 8-10 所示，按承包工程能力分为工程总承包企业、施工承包企业和专项分包企业三类。其中，工程总承包企业是指围绕工程建设项目开展从决策、设计到试运行的全过程承包活动的工程类企业，应具备工程勘察设计、工程施工管理、材料设备采购、工程技术开发应用及工程建设咨询等能力；施工承包企业是指从事工程建设项目施工阶段承包活动的企业，应具备工程施工承包与施工管理的能力；专项分包企业是指从事工程建设项目施工阶段专项分包和承包限额以下小型工程活动的企业，应具备在工程总承包企业和施工承包企业的管理下进行专项工程分包，对限额以下小型工程实行施工承包与施工管理的能力。

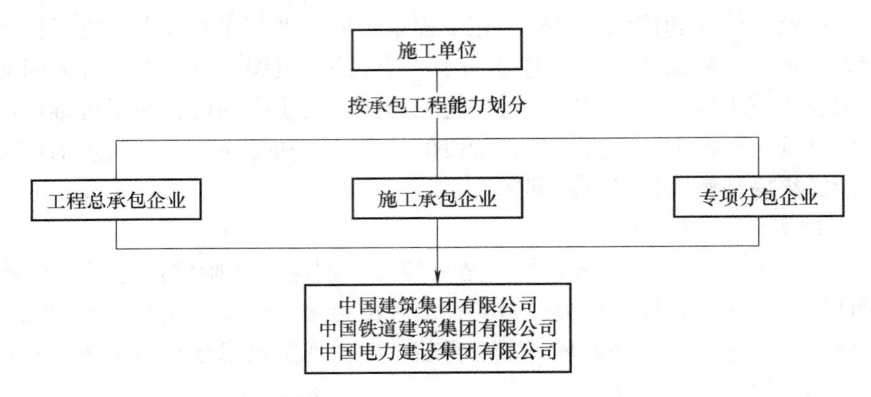

图 8-10　施工单位的分类及典型企业

施工单位是工程管理专业毕业生就业的重要渠道之一。施工单位中毕业生比较适合就职的岗位主要是从事施工管理、质量管理、安全管理、造价管理、材料管理及合同管理，此外还可以从事投标等相关工作以及企业的日常管理工作。

2. 典型施工单位

（1）中国建筑集团有限公司

中国建筑集团有限公司简称中国建筑，正式组建于 1982 年，其前身为原国家建工总局，总部位于北京，属于世界 500 强企业，其业务范围主要包括建筑工程承包与房地产开发，涉及城市建设的全部领域与项目建设的每个环节，在国内外建造了许多记录时代变迁、铭刻经济文化发展的经典地标，在超高层建筑领域拥有综合领先优势，在轨道交通、桥梁、城市综合管廊等领域完成了许多服务国计民生的重大基础设施项目。中国建筑集团有限公司是我国专业化经营历史最久、市场化经营最早、一体化程度最高的建筑房地产企业集团之一，经营业绩遍布国内及海外多个国家和地区，拥有从产品技术研发、勘察设计、工程承包、地产开发、设备制造、物业管理等完整的建筑产品产业链条，是中国建筑业唯一拥有房建、市政、公路三类特级总承包资质的企业。

（2）中国铁道建筑集团有限公司

中国铁道建筑集团有限公司简称中国铁建，其前身是中国人民解放军铁道兵，正式组建于 1948 年 7 月，总部位于北京，属于世界 500 强企业，是国务院国有资产监督管理委员会管理的国有特大型建筑企业集团。其业务范围以工程承包为主，集勘察、设计、投融资、施工、设备安装、工程监理、技术咨询、外经外贸于一体，经营范围遍及全国及世界多个国家或地区，具有科研、规划、勘察、设计、施工、监理、维护、运营和投融资完整的行业产业链，具备为业主提供一站式综合服务的能力，并在高原铁路、高速铁路、高速公路、桥梁、隧道和城市轨道交通工程设计及建设领域确立了行业领先地位。

（3）中国电力建设集团有限公司

中国电力建设集团有限公司简称中国电建，成立于 2011 年 9 月 29 日，总部位于北京，属于世界 500 强企业，是经国务院批准，由国务院国有资产监督管理委员会履行出资人职责，按照《公司法》登记注册的国有独资公司。中国电建由中国水利水电建设集团公司、中国水电工程顾问集团公司以及国家电网公司和中国南方电网有限责任公司14个省（区域）电网企业所属的勘测设计企业、电力施工企业、装备修造企业改革重组而成，是水利电力工程及基础设施综合性建设集团。其业务范围主要涉及：境内外水利电力工程和基础设施项目的工程总承包与规划、勘测设计、施工安装、科技研发、建设管理、咨询监理、设备制造和投资运营、生产销售、进出口；房地产开发与经营；实业投资、经营管理；物流；国际资本运作与境外项目投融资；对外派遣劳务人员和对外承包工程；受委托负责国家水电、风电、太阳能等清洁能源和新能源的产业规划、政策研究、标准制定、项目审查等。

8.2.2　房地产企业

1. 房地产企业概述

房地产企业是指从事房地产开发、经营、管理和服务活动，并以盈利为目的进行自主经营、独立核算的经济组织。随着城市化进程的加快和住房建设投资的持续增加，我国房地产企业和从业人员数量增长迅速，房地产业为工程管理专业毕业生提供了广阔的就业空间。目前，工程管理专业毕业生在房地产企业中主要从事策划、投融资、营销、估价、报建、工程管理等工作。如图8-11所示，房地产企业按照经营内容和经营方式可划分为房地产开发企业、房地产中介服务企业、物业管理企业等。

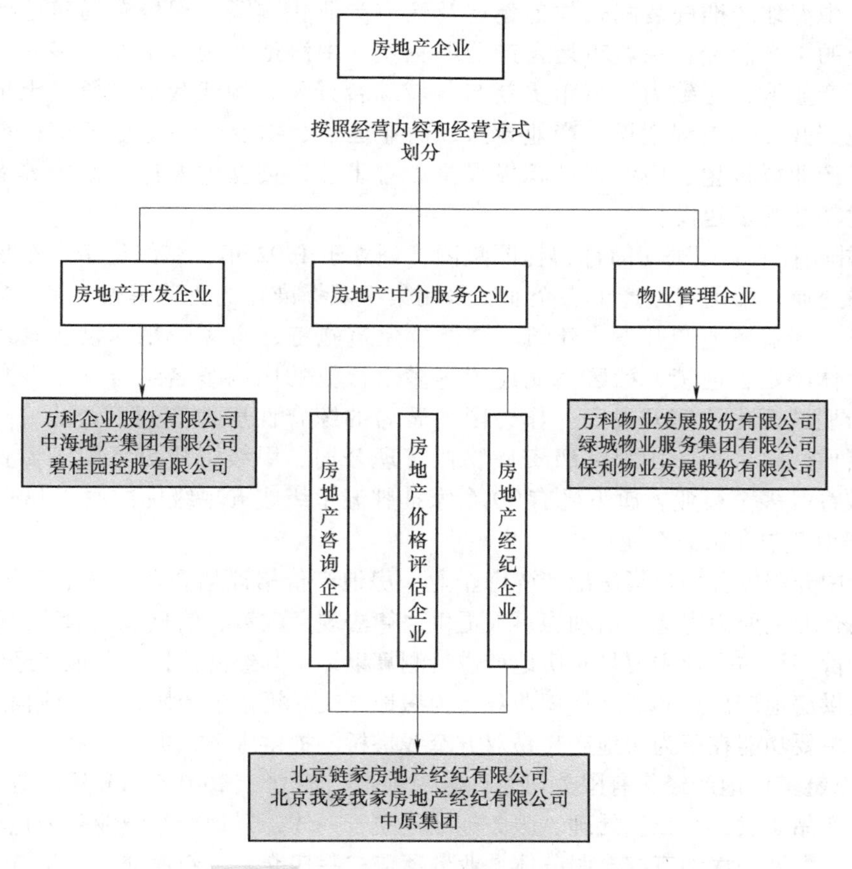

图8-11　房地产企业的分类及典型企业

2. 典型房地产企业

（1）房地产开发企业

房地产开发企业是以营利为目的，从事房地产开发和经营的企业，主要业务范围包括城镇土地开发、房屋营造、基础设施建设，以及房地产营销等经营活动，这类企业又称为房地产开发经营企业。

1）万科企业股份有限公司简称万科或万科集团，公司成立于1984年5月，总部位于广东深圳，属于世界500强企业，公司核心业务包括房地产开发和物业服务，产品定位于城市主流住宅市场，主要为城市普通家庭供应住房。2018年，公司将自身定位进一步迭代升级为“城乡建设与生活服务商”，所搭建的生态体系已初具规模。在巩固住宅开发和物业服务固有优势的基础上，业务已延伸至商业、长租公寓、物流仓储、冰雪度假、教育等领域。2016年万科首次跻身《财富》“世界500强”，位列榜单第356位，2017年、2018年、2019年接连上榜，分别位列榜单第307位、第332位、第254位。

2）中海地产集团有限公司简称中海地产，隶属于中国建筑集团有限公司，1979年创立于香港，主要从事房地产开发和销售等业务。自1988年开始，中海地产大力拓展中国内地市场，进行房地产开发、基本建设投资和物业管理服务，业务遍布港澳及内地多个城市及美国、英国、澳大利亚、新加坡等多个国家和地区。历经几十年的发展，中海地产已建立起了“住宅开发”“城市运营”“创意设计及现代服务”三大产业群。在住宅开发产业群板块，中海地产推进装配式住宅建造及住宅产业化实践，积极布局房地产上游产业链建材门业的生产制造；在城市运营产业群板块，中海地产构建了业态多元、产业多样的城市运营产业群，还致力于城市更新与区域综合开发，构建起投融资、土地整理、区域规划、地产开发、工程建设、产业导入、商业运营、物业管理全业务链；在创意设计及现代服务产业群板块，中海地产积极投身教育事业，创立中海锦年健康养老品牌，聚焦城市文化功能配套建设。

3）碧桂园控股有限公司简称碧桂园集团，创立于1992年，总部位于广东佛山，属于世界500强企业，中国房地产十强企业，采用集中及标准化的运营模式，是一家以房地产为主营业务，涵盖房地产开发、建筑、装修、建筑施工、市场营销、物业管理、五星级酒店连锁、休闲娱乐连锁、社区商业连锁等多个行业的国内著名综合性企业集团，是我国最大的新型城镇化住宅开发商。作为国内著名的综合性房地产开发企业，碧桂园下辖国家一级资质建筑公司、国家一级资质物业管理公司、甲级资质设计院等专业公司，涉及酒店、教育等多个行业，旗下已有30余家挂牌五星级或五星级标准酒店开业。

（2）房地产中介服务企业

房地产中介服务公司包括房地产咨询企业、房地产价格评估企业、房地产经纪企业等。房地产咨询企业主要为房地产活动当事人提供法律法规、政策、信息、技术等方面的咨询服务，房地产价格评估企业主要是对房地产进行测算以评定其经济价格，房地产经纪企业主要为委托人提供房地产信息和居间代理业务，为房地产交易提供洽谈协议、交流信息、展示行情等服务，主要功能在于为房地产交易双方牵线搭桥，提供服务，促成交易。

1）北京链家房地产经纪有限公司简称链家地产，成立于2001年11月，是一家集房源信息搜索、产品研发、大数据处理、服务标准建立于一体，以地产经纪业务为核心、由数据驱动的全国化发展的房地产综合服务体，业务覆盖二手房交易、新房交易、租赁、装修服务等，并拥有业内独有的房屋数据、人群数据、交易数据，以数据技术驱动服务品质及行业效率的提升。链家地产业务范围横跨华北、东北、华东、西南等经济区，进驻北京、上海、广州、深圳、天津、成都、青岛、重庆、大连等城市和地区。链家地产具备线上线下一体化服务能力，线上覆盖链家网 PC 端、手机端 App，并全面入驻行业开放平台“贝壳找房”，致力于成为国内住宅地产经济、金融按揭服务和商业地产服务方面的领跑者，为客户提供优质的房地产经纪、金融及资产管理等服务。

2）北京我爱我家房地产经纪有限公司成立于 2000 年春，隶属伟业我爱我家集团旗下，是以地产中介业务为核心全国发展的房地产综合服务体，体系内囊括地产、金融和商业三个部分，业务范围涉及房屋代理、房屋出售、房屋租赁、豪宅租售、“央产房”上市交易、权证办理、按揭贷款、房地产投资咨询、商铺租售、写字楼租售及商品房、空置房企业债券房销售代理等，致力于提供房地产全产业链的综合性一站式服务，其中包括数据顾问、楼盘代理、新房交易、二手房经纪、房屋租赁、住宅资产管理、海外房产交易等。

3）中原集团创于 1978 年，立足于我国香港，是一家以新房和二手房的房地产经纪、代理业务为主，涉足物业管理、测量估价、按揭代理、资产管理等多个领域的大型综合性企业，旗下拥有旗舰品牌中原地产及利嘉阁地产、森拓普等多家子公司及附属品牌。中原集团以为房地产公司提供专业化服务为依托，业务类型涉及房地产市场研究与分析、房地产前期顾问、房地产营销策划、广告设计、项目代理、物业管理、房产中介等。经过 40 余年的发展，中原集团在我国和新加坡等多个城市设立了分公司，业务辐射至英国、韩国、澳大利亚等国家的百余城市。

（3）物业管理企业

物业管理企业是指以住宅小区、商业楼宇等大型物业管理为核心的经营服务型公司，主要业务范围包括售后或租赁物业的维修保养、住宅小区的清洁绿化、治安保卫、房屋租赁、居室装修、商业服务、搬家服务，以及其他经营服务等。

1）万科物业发展股份有限公司简称万科物业，是万科企业股份有限公司下属控股子公司，成立于 1990 年，业务布局涵盖住宅物业服务、商企物业服务、开发商前介服务、社区资产服务、智能科技服务和社区生活服务六大业务板块。

2）绿城物业服务集团有限公司简称绿城服务，于 1998 年 10 月成立，是一家以物业服务为根基、以服务平台为介质、以智慧科技为手段的大型综合服务企业，服务的物业类型涵盖市政公建项目、城市综合体、商务写字楼、别墅、公寓、学校、足球基地和高科技产业园等，并积极探索服务理论研究体系与新的行业科技手段。

3）保利物业发展股份有限公司简称保利物业，于 1996 年在广州成立，是保利发展控股集团旗下，国家物业管理一级资质，致力于规范化管理和标准化服务，专业从事物业管理项目的现代化企业。保利物业管理的项目涵盖普通住宅、高端住宅、写字楼、政府办公楼、商业综合体、旅游综合体、购物中心、酒店公寓、学校等多种业态。服务内容包括物业服务、物业项目前期咨询服务、物业项目交付后评估分析服务以及会所经营、资产管理（物业托管、物业委托经营、物业中介）、专业设备设施维护保养服务、家政服务、社区健康管理（社区家庭健康管理、社区居家健康养老服务、健康产品与服务线下和线上销售）、居家适老改造服务、社区教育、社区智慧平台建设与运维等。

8.2.3 金融机构

1. 金融机构概述

金融机构是指从事金融业有关的金融中介机构，为金融体系的一部分。如图8-12所示，金融机构包括银行、证券公司、信托投资公司和基金管理公司等，同时也是指有关放贷的机构，包括发放贷款给客户在财务上进行周转的公司，其利息较银行相对更高，但流程上较为方便。

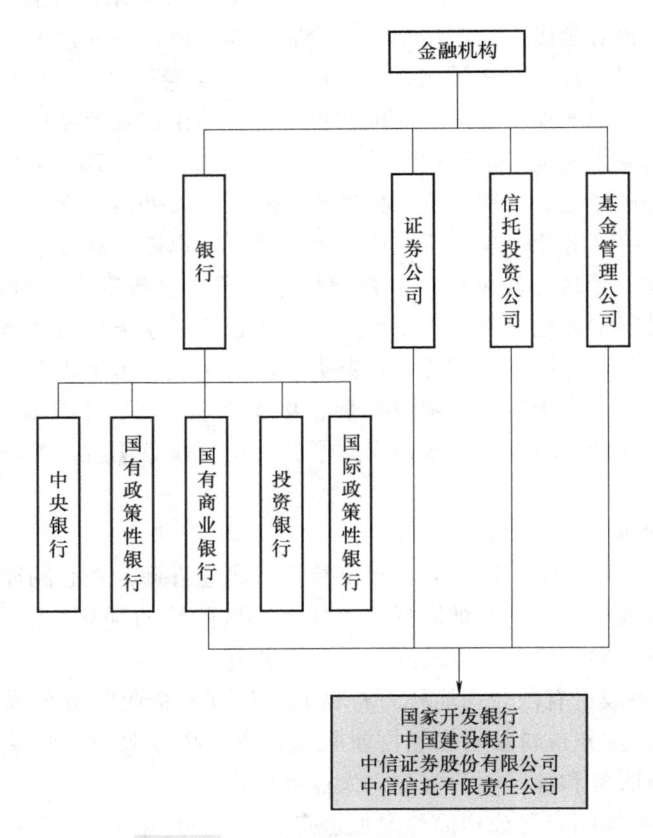

图8-12 金融机构的分类及典型企业

（1）银行

银行是依法成立的经营货币信贷业务的金融机构，是商品货币经济发展到一定阶段的产物。银行是金融机构之一，银行按类型分为中央银行、国有政策性银行、国有商业银行、投资银行和国际政策性银行。它们的职责各不相同。

1）中央银行即中国人民银行，是我国最高金融当局，它是一般商业银行发展而来的，具备了银行的基本特征，又具有特殊性，它是一国货币金融的最高权力机构，主要职责是执行货币政策，对国民经济进行宏观调控，对金融机构乃至金融业进行监督管理。

2）国有政策性银行包括中国进出口银行、中国农业发展银行、国家开发银行，是由政府创立、参股或保证的，不以营利为目的，主要职责是贯彻、配合政府社会经济政策或意图，在特定的业务领域内，直接或间接地从事政策性融资活动，充当政府发展经济、促进社会进步、进行宏观经济管理的工具。

3）国有商业银行包括中国工商银行、中国农业银行、中国银行、中国建设银行、中国邮政储蓄银行、中国交通银行，主要职责是通过存款、贷款、汇兑、储蓄等业务，承担信用中介。商业银行是金融机构之一，而且是最主要的金融机构，主要的业务范围有吸收公众存款、发放贷款以及办理票据贴现等。

4）投资银行包括高盛集团、摩根士丹利、花旗集团、富国银行、瑞银集团、法国兴业银行等，主要职责是从事证券发行、承销、交易，企业重组、兼并与收购，投资分析、风险投资、项目融资等业务。

5）国际政策性银行主要包括世界银行和亚洲开发银行等，主要用于资助一些国家克服穷困，各机构在减轻贫困和提高生活水平的使命中发挥独特的作用。

（2）证券公司

证券公司是指依照《公司法》和《证券法》的规定设立并经国务院证券监督管理机构审查批准而成立的专门经营证券业务，具有独立法人地位的有限责任公司或者股份有限公司，分为证券经营公司和证券登记公司。狭义的证券公司是指证券经营公司，是经主管机关批准并到有关工商行政管理局领取营业执照后专门经营证券业务的机构。它具有证券交易所的会员资格，可以承销发行、自营买卖或自营兼代理买卖证券。普通投资人的证券投资都要通过证券商来进行。

（3）信托投资公司

信托投资公司是一种以受托人的身份代人理财的金融机构。它与银行信贷、保险并称为现代金融业的三大支柱。我国信托投资公司的主要业务有经营资金和财产委托、代理资产保管、金融租赁、经济咨询、证券发行以及投资等。根据国务院关于进一步清理整顿金融性公司的要求，我国信托投资公司的业务范围主要限于信托、投资和其他代理业务，少数确属需要的经中国人民银行批准可以兼营租赁、证券业务和发行一年以内的专项信托受益债券，用于进行有特定对象的贷款和投资，但不准办理银行存款业务。信托业务一律采取委托人和受托人签订信托契约的方式进行，信托投资公司受托管理和运用信托资金、财产，只能收取手续费，费率由中国人民银行会同有关部门制定。

（4）基金管理公司

基金管理公司是指依据有关法律法规设立的对基金的募集、基金份额的申购和赎回、基金财产的投资、收益分配等基金运作活动进行管理的公司。基金管理人由依法设立的基金管理公司担任，担任基金管理人应当经国务院证券监督管理机构核准。按设立方式划分，基金有封闭型基金、开放型基金；按组织形式划分，有契约型基金、公司型基金；按投资对象划分，有股票基金、货币市场基金、期权基金、房地产基金等。我国基金管理公司的主要业务为：接受其他股权投资基金委托，从事非证券类的股权投资管理、咨询。

2. 典型金融机构

工程管理专业毕业生在金融机构可以从事建设项目的投融资与咨询工作。

（1）国家开发银行

国家开发银行成立于 1994 年，总部位于北京市西城区，是直属中国国务院领导的政策性金融机构。2008 年 12 月改制为国家开发银行股份有限公司。2015 年 3 月，国务院明确其定位为开发性金融机构。国家开发银行主要通过开展中长期信贷与投资等金融业务，为国民经济重大中长期发展战略服务。国家开发银行是全球最大的开发性金融机构、中国最大的中长期信贷银行和债券银行，旗下拥有国开金融、国开证券、国银租赁、中非基金和国开发展基金等子公司。

国家开发银行的业务范围包括：

1）规划业务，即在全面参与各级政府经济社会发展规划和重点企业客户全面发展规划研究编制的基础上，着力开展配套的系统性融资规划研究和设计，为政府和企业客户提供高水平“融智”服务，系统设计和提出服务国家经济社会发展、“走出去”战略以及企业发展的模式、路径和产品。规划先行已成为国家开发银行促进业务发展、防控风险的独特优势。

2）信贷业务，包括新型城镇化建设、产业转型升级、民生金融和国际合作业务。

3）中间业务，即围绕棚户区改造以及京津冀协同发展等国家战略，创新以证券化手段引导社会资金，为推动证券化市场健康发展、促进金融生态环境改善、拓展开发性金融作用力做出有益探索，设立资产管理部，实现理财业务专营化管理，前、中、后台相分离。

4）资金业务，包括国内融资、外币及境外融资、国际信用评级、债券创新、发债公告、代客业务、债券承销等。

5）营运业务，包括支付结算业务、结售汇业务、第三方存管业务、外汇合规管理、同业合作等。

（2）中国建设银行

中国建设银行成立于1954年10月，总行位于北京金融街，是中央管理的大型国有银行，国家副部级单位。中国建设银行主要经营领域包括公司银行业务、个人银行业务和资金业务，在29个国家和地区设有分支机构及子公司，拥有基金、租赁、信托、人寿、财险、投行、期货、养老金等多个行业的子公司。中国建设银行的产品服务包括信贷资金贷款、居民储蓄存款、外汇业务、信用卡业务，以及政策性房改金融和个人住房贷款等多种业务。个人住房贷款业务是指建设银行或建设银行接受委托向在中国境内城镇购买、建造、大修各类型房屋的自然人发放贷款的业务。建设银行个人住房贷款业务主要包括自营性个人住房贷款即个人住房按揭贷款（包括个人一手房贷款、个人再交易住房贷款即二手房贷款、个人商业用房贷款、个人住房抵押额度贷款等）、公积金个人住房贷款和个人住房组合贷款。关于信用卡业务，中国建设银行作为国内较早涉足发行信用卡的国有银行，已经有了不少的信用卡种类。建行银星国际速汇业务是建设银行与银星国际速汇公司合作推出的个人国际速汇业务，是指建行应客户委托，通过银星国际速汇公司，解付个人境外外汇汇款或将个人外汇资金汇往境外的小额国际汇款业务。

（3）中信证券股份有限公司

中信证券股份有限公司简称中信证券，于1995年10月25日在北京成立，是中国证监会核准的第一批综合类证券公司之一，前身是中信证券有限责任公司。中信证券投行业务覆盖金融、能源、基础设施与房地产、装备制造、信息传媒、医疗健康及消费行业。中信证券经营范围包括证券经纪（限山东省、河南省、浙江省天台县、浙江省苍南县以外区域）；证券投资咨询；与证券交易、证券投资活动有关的财务顾问；证券承销与保荐；证券自营；证券资产管理；融资融券；证券投资基金代销；金融产品代销；股票期权做市。

（4）中信信托有限责任公司

中信信托有限责任公司于1988年3月5日在北京成立，其前身为中信兴业信托投资公司，是以信托业务为主业、经国家金融监管部门批准设立的全国性金融机构。公司经营业务包括信托业务、固有业务和专业子公司资产管理业务，其中信托业务涵盖投资银行、资产管理、财富管理与服务信托四大类型，涉及基础建设、金融市场、医疗养老、科技环境、民生公益、现代制造业、海外投资和文化娱乐等众多领域，产品包括债务融资、权益融资、结构化融资、并购重组、货币投资、证券投资、资产证券化、家族信托、专户理财、消费信托等。公司自营贷款主要面向大型制造企业、商业零售企业和房地产开发企业，借款人须以上市公司股权、土地使用权、房产等作抵押或者质押担保，贷款期限在一年以内。公司通过为借款人提供过桥资金支持，发掘业务机会，拓展综合金融服务。公司自营资金还活跃在资本市场、货币市场和信贷资产流通市场。

8.2.4　保险公司

1. 保险公司概述

保险公司是指依《保险法》和《公司法》设立的公司法人。保险公司收取保费，将保费所得资本投资于债券、股票、贷款等资产，运用这些资产所得收入支付保单所确定的保险赔偿。保险公司通过上述业务，能够在投资中获得高额回报并以较低的保费向客户提供适当的保险服务，从而盈利。

如图 8-13 所示，保险公司的业务分为三类：

1）人身保险业务，包括人寿保险、健康保险、意外伤害保险等保险业务。

2）财产保险业务，包括财产损失保险、责任保险、信用保险、保证保险等保险业务。我国的保险公司一般不得兼营人身保险业务和财产保险业务。

3）对保费进行有限制性的投资，包括对养老地产的投资等。

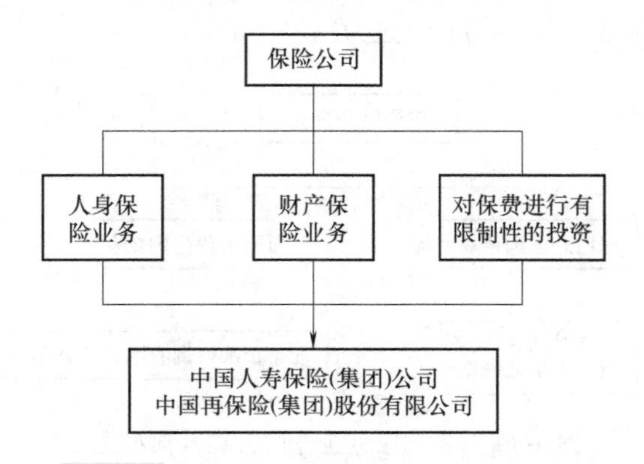

图 8-13　保险公司的业务类型及典型企业

2. 典型保险公司

（1）中国人寿保险（集团）公司

中国人寿保险（集团）公司简称中国人寿，是国有特大型金融保险企业，总部设在北京，世界 500 强企业、中国品牌 500 强，属中央金融企业。中国人寿保险（集团）公司及其子公司构成了我国最大的国有金融保险集团。业务范围全面涵盖寿险、财产险、养老保险、资产管理、另类投资、海外业务、电子商务等多个领域，并通过资本运作参股了多家银行、证券公司等其他金融和非金融机构。中国人寿在养老社区投资上逐步涉足，力图在养老产业的发展初期打下良好的基础，初步规划构建养老社区“一南一北”的格局，已在河北廊坊拿地超 1 万亩[⊖]，计划总投资约 100 亿元，而南部计划落户海南。

（2）中国再保险（集团）股份有限公司

中国再保险（集团）股份有限公司简称中再集团，成立于1999 年3 月，总部位于北京，由国家财政部和中央汇金投资有限责任公司发起设立，是国有独资保险集团公司，是目前内地最大的再保险公司。多年来，中再集团一直履行国家再保险公司职能，在中国保险市场发挥着再保险主渠道作用。集团拥有再保险、直接保险、资产管理、保险经纪、保险传媒等完整保险产业链，形成了多元化和专业化的集团经营架构与管理格局。

中再集团的经营范围包括：①经营管理法定分保存续期间的法定分保业务及未了责任，经营管理商业分保业务未了责任；②投资设立保险和再保险企业；③经营管理国家法律法规允许的资金运用业务；④经营经银保监会批准的政策性业务及国家有关部门批准的其他业务；⑤实行集团化经营，经营管理公司资产，进行资本运作；⑥通过再保临分和直保方式为大型工程项目提供额外风险保障。

8.2.5 咨询服务企业

1. 咨询服务企业概述

咨询服务企业是指从事软科学研究开发并出售“智慧”的企业，又称“顾问公司”。咨询服务企业属于商业性企业，主要服务于企业和企业家，从事软科学研究开发，运用专门的知识和经验，用脑力劳动提供具体服务。其任务主要有：①帮助企业发现生产经营管理中的主要问题，找出原因，制定切实可行的改善方案；②传授经营管理的理论与科学方法，培训企业各级管理干部，从根本上提高企业的素质。如图 8-14 所示，咨询服务企业按咨询业务范围可分为房地产咨询企业、工程咨询企业等。

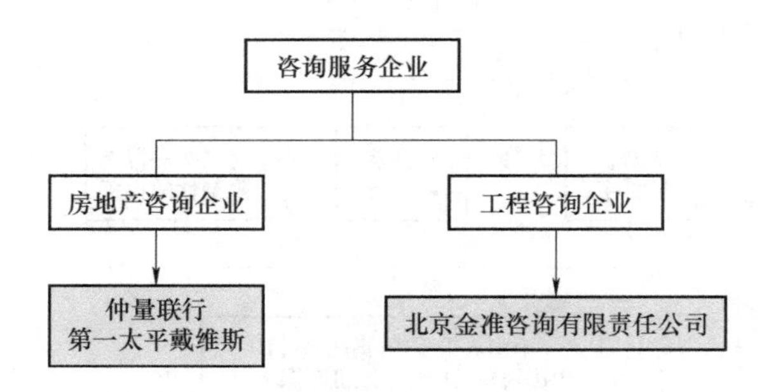

图 8-14　咨询服务企业的分类及典型企业

2. 典型咨询服务企业举例

（1）房地产咨询企业

工程管理专业毕业生在房地产咨询企业可以从事的职位包括项目管理、项目开发咨询、投资决策分析、项目评估、策略研究等。

1）仲量联行于 1783 年成立于英国伦敦，是全球领先的房地产专业服务和投资管理公

⊖ 1 亩 $=666.67m^2$。

司。仲量联行在上海、北京、广州、成都、天津、深圳、青岛、重庆、沈阳、武汉、西安、南京、杭州、澳门、台北、香港等城市设有分公司，客户群体涵盖银行、能源、医疗、法律、生命科学、制造和科技等众多行业，既有全球跨国公司，更有科技新创公司。业务范围主要是协助客户进行房地产各个资产类别的购买、出售、估价、融资、咨询、租赁，包括办公楼、零售地产、工业物业、物流地产、住宅、酒店、数据中心、养老地产等。具体内容包括：①购买，即协助客户获取不同类别或城市的资产；②出售，即协助客户制定交易结构，实现资产的快速出售；③估价，即发掘客户的物业或资产组合的真正价值；④融资，即获取资金，为客户的投资争取有利交易结构和条款；⑤咨询，即深入了解全球投资趋势，协助客户制定投资策略并发现下一个投资机会；⑥租赁，即根据客户的投资目标锁定优质租户组合。

2）第一太平戴维斯于1855 年创立，总部地点位于英国伦敦，1995 年进驻中国。全国现有 18 家分公司，提供房地产咨询、交易及管理一站式服务，包括前期顾问、招商代理、大宗投资交易、物业及资产管理等，咨询业务的范围涵盖住宅房产、办公用房、工业厂房、零售业房产、医疗房产、郊区房产、酒店及多功能房产等多个领域。其在中国的业务具体包括：①项目管理服务，即作为独立于设计公司和施工公司之外的第三方公司，提供项目规划、组织、资源协调与管理至移交等全过程服务；②项目及开发顾问，即对本地的政策、市场特征及状况进行分析评估，通过与政府机构和开发商的合作，为大型城市综合体及城市片区开发提供战略开发建议，帮助客户做出决策；③评估及专业顾问服务，即为上市公司、地产商、银行、信托基金等提供包括上市估值咨询、商业评估咨询、机械设备与厂房评估、按揭评估以及综合估价等服务；④策略顾问服务，即从前期调研、项目落成到运营管理，全程参与项目的建设、推广与经营。

（2）工程咨询企业

工程管理专业毕业生在工程咨询企业可以从事的职位包括投资决策分析、项目可行性分析研究、工程预决算、设计图及工程造价审查等。

北京金准咨询有限责任公司简称金准咨询，创立于2003 年，总部地点位于中国北京，在长沙、成都、南京、广州、上海、厦门等地设有多个分公司，提供投融资咨询、技术咨询和管理咨询。金准咨询的主营业务包括基础设施和公共服务 PPP 咨询、能源水利工程咨询和国际工程项目咨询，专业面覆盖水电水利工程、火电和电网工程、市政公用工程、环境工程、投融资、经济财务、并购重组、项目管理、法律和政策等领域。具体业务内容包括：①公用事业投融资咨询，即围绕投资体制改革的总体目标，提供污水、垃圾等项目的建设-运营-转让（Build-Operate-Transfer，BOT）、移交-运营-移交（Transfer-Operate-Transfer，TOT）等特许经营融资招商服务；②能源电力和项目管理咨询，即适应能源电力领域工程咨询发展的需要，开展工程咨询服务；③工程造价控制咨询，即提供全过程的工程造价咨询服务。

8.2.6　教育培训相关机构单位

1. 教育培训相关机构单位概述

如图 8-15 所示，教育培训相关机构单位主要包括高校、研究所和培训机构。

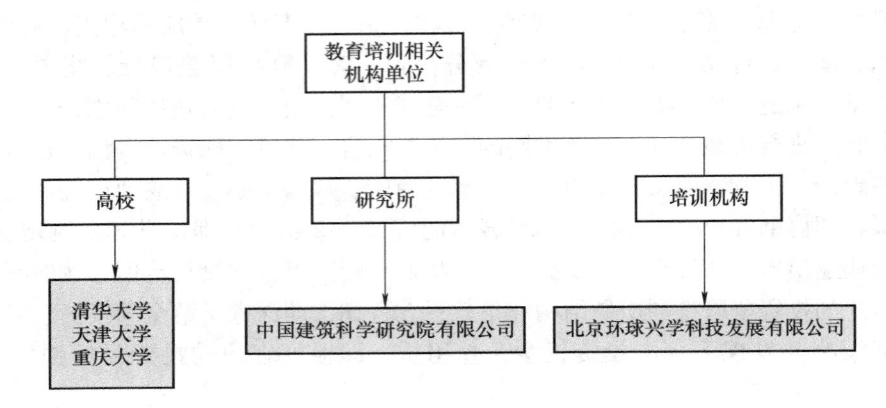

图 8-15　教育培训相关机构单位的分类及典型举例

2. 典型教育培训相关机构单位

（1）高校

高校是指综合性的提供教学和研究条件并授权颁发学位的高等教育机构。工程管理专业毕业生在各大高校可以从事工程管理相关专业的教学、科研和行政管理工作。

1）清华大学是中国著名高等学府，坐落于北京，是中国高层次人才培养和科学技术研究的重要基地。其中，清华大学建设管理系成立于2000年4月，下设工程管理研究所、房地产研究所、可持续城镇化研究所、项目管理与建设技术研究所四个基本教学科研单位，和国际工程项目管理研究院、（清华金门）建筑安全研究中心、清华大学恒隆房地产研究中心、清华大学（土水学院）工程担保与建筑市场治理研究中心、清华大学（土水学院）城镇化与产业发展研究中心、国际工程项目管理研究院培训中心等联合研究/培训中心，旨在培养重大工程项目中既精通工程技术，又具备管理，还可将经济、资源进行优化配置的领军人才。

2）天津大学是中国第一所现代大学，也是一所师资力量雄厚、学科特色鲜明、教育质量和科研水平居于国内一流、在国际上有较大影响的高水平研究型大学。其中，工程管理专业隶属于管理与经济学部，经过几十年的发展和沉淀，其实力已经处于全国领先水平，尤其是形成了以大型建设工程和国际工程为主要对象的工程管理特色研究领域，主要研究方向包括国际基础设施项目投融资模式研究，国际工程项目法律、合同、文化制度研究，国际PPP投资项目研究等。该专业承揽了大量的国际工程方向的研究与咨询课题，以社会需求为导向，致力于打造中国国际工程管理的学科建设与人才培养中心。

3）重庆大学是教育部直属的全国重点大学，是国家“211工程”和“985工程”重点建设的高水平研究型综合性大学，是国家“世界一流大学建设高校（A类）”。其中，工程管理专业隶属于建设管理与房地产学院，专业拥有由土木工程技术知识及与国内、国际工程管理相关的管理、经济和法律等基础知识和专业知识组成的系统的、开放性的知识结构体系，旨在培养具备较强的综合实践能力与创新能力、个性品质健康、社会适应能力强，能够在国内外土木工程及相关领域从事建设工程（项目）决策和全过程管理的高素质、复合型人才。

（2）研究所

研究所是指以科学研究为主要目的社会企事业机构。工程管理专业毕业生在研究所可以从事工程管理相关专业的研究、设计与开发工作。

中国建筑科学研究院有限公司简称中国建研院，成立于1953年，2000年由科研事业单位转制为科技型企业，隶属于国务院国有资产监督管理委员会，是综合性研究和开发机构。中国建研院以建筑工程为主要研究对象，以应用研究和开发研究为主，解决我国工程建设中的关键技术问题；负责编制与管理我国主要的工程建设技术标准和规范，开展行业所需的共性、基础性、公益性技术研究，承担建筑工程、空调设备、太阳能热水器、电梯、化学建材、建筑节能的质量监督检验和测试任务。科研及业务工作涵盖建筑结构、地基基础、工程抗震、建筑环境与节能、建筑软件、建筑机械化、建筑防火、施工技术、建筑材料等专业中的70个研究领域。

（3）培训机构

培训机构是指以学历教育或成人继续教育为目的，以提供教育资源和培训信息为主要内容，包含从幼教到大学，甚至博士或者出国等各个阶层的教育信息，以及对现任职位的工作者或者下岗人员等类别技能培训的专门性网站或专业公司机构。工程管理专业毕业生在培训机构可以从事工程管理相关专业的教育和教学工作，进行造价、监理等知识的授课，系统全面地为客户提供在线教育以及一对一指导。

北京环球兴学科技发展有限公司简称环球网校，成立于2003年，是一个集互联网运营、视频录播、直播课堂、智能学习、题库测验、互动答疑、模考测评、图书资料、学员社区于一体，基于大数据规模化和智能化学习运作的在线教育品牌。该公司拥有包括建筑工程在内的八大类上百个考试项目的在线录播、直播课程。在建筑工程板块，网校课程涉及一级建造师、二级建造师、造价工程师、消防工程师、监理工程师、安全工程师、房地产估价师、咨询工程师、城乡规划师、BIM等课程。

8.2.7　IT类企业

1. IT类企业概述

IT类企业是指从事信息技术产业，主要应用计算机科学和通信技术来设计、开发、安装和实施信息系统及应用软件的企业。工程管理专业毕业生在IT类企业可以从事工程管理相关软件的设计、开发与推广工作。

2. 典型IT类企业

（1）广联达科技股份有限公司

广联达科技股份有限公司成立于1998年，是中国建设工程信息化领域首家上市公司。广联达长期立足建筑产业，围绕建设工程项目的全寿命周期，是以建设工程领域专业应用为核心基础支撑，提供一百余款基于“端+云+大数据”的 产品/服务，提供产业大数据、产业新金融等增值服务的数字建筑平台服务商。产品范围已从单一的预算软件扩展到工程造价、工程施工、工程信息、国际化、产业金融等多个业务板块的近百款产品，覆盖项目全寿命周期，涵盖工具类、解决方案类、电子商务、大数据、移动互联网、云、智能硬件设备、产业金融服务等业务形态。

（2）深圳市斯维尔科技股份有限公司

深圳市斯维尔科技股份有限公司成立于2000年5月，公司总部位于深圳市南山区科技园，是由深圳清华大学研究院发起组建，专业致力于为工程建设行业（包括工程建设、工程设计、工程施工、工程监理、造价咨询、专业院校及政府相关主管部门）提供行业信息化产品及解决方案和 BIM 及绿色建筑咨询服务的专业性科技公司，是国家住建部认定的“软件研发与产业化示范基地”、国家级“高新技术企业”。公司的工程设计信息化软件涵盖了建筑设计、节能设计、设备设计、日照分析、暖通负荷、数字报建等各专业软件。

复 习 题

1. 请简述工程管理专业毕业生的就业领域。
2. 请说明建筑业的工程管理的目标分别有哪些。
3. 请从承包工程能力角度阐述施工单位的分类并列举典型企业。
4. 请从经营内容和经营方式角度阐述房地产企业的分类并列举典型企业。
5. 请阐述银行的类型及工程管理专业在其中对应的主要工作。
6. 工程管理专业在保险业主要从事哪两方面的工作？简述保险公司的三类主要业务。
7. 请从咨询业务范围角度阐述咨询服务企业的分类并列举典型企业。
8. 工程管理专业在教育培训业主要涉及的机构单位有哪几类？
9. 请阐述工程管理专业在 IT 类企业的成果。

第 9 章

工程建设发展趋势

9.1 工程建设标准化

9.1.1 工程建设标准化的概念及作用

1. 工程建设标准化的概念

工程建设标准化是指在工程建设范围内，对重复性事物和概念通过制定、发布和实施统一标准，以获得最佳秩序和社会效益的活动。简单来说，工程建设标准化其实就是制定、发布和实施工程建设标准的系统过程，这个过程使工程建设各系统中的各种标准形成相互联系、相辅相成、共同作用的有机整体，是建立良好的建设秩序和创造明显的社会经济效益的重要基础性工作。工程建设标准化有利于促进技术进步，改进产品质量，统一建设工程的技术要求、安全要求和施工方法，具有动态性、相对性、实践性、统一性的特点。

2. 工程建设标准化的作用

1）标准化为工程建设提供技术和管理支撑。标准化为工程的勘察设计、生产、施工及运营维护提供操作规范。标准涵盖工程建设的各个专业领域，具有一定的制约和指导作用。同时，标准化为工程管理奠定基础，各种工程管理制度的制定也是以标准为基础的，如工程质量监督、竣工验收等都需要依据相应的管理标准。管理标准成为管理部门实施管理的尺度与监督工具，通过制定实施管理标准，可极大地增强工程管理系统运转的协调性、有序性，减少人为的随意性，提高监督管理的有效性。

2）标准化能够保证工程建设生产效率。标准使得工程的质量有了统一的规定，工作流程中的各个环节有统一的要求，工作岗位有具体的职责，施工活动建立在有序的、互相能够理解的、充分考虑到全局效果的基础上。对施工流程、施工方法、施工条件加以规定并贯彻执行使之标准化，使得工程建设的每一项工作即使换了不同的人来操作，也不会在效率和品质上出现太大的差异。

3）在工程中，标准化工作可以通过把工作人员所积累的技术、经验通过文件的方式加以保存来达到技术储备的目的，不会因为人员的流动，造成技术和经验的流失。同时，标准是技术与管理向更高层次发展的引导手段，对新技术、新工艺、新材料、新产品的推广应用具有极大的促进作用。技术不断创新和发展，标准也随之不断创新和发展，体现先进性的标准的实施必将引领技术的发展方向，一些不符合标准要求或者为标准所限制的技术受到抑制，由此促进行业技术与管理的发展。

9.1.2 工程建设标准化的发展沿革

在我国，早在6000年前新石器时代出土的干栏式木结构建筑标准构件中，就表明标准化思想已经开始萌芽。《水部式》《营造法式》《考工记》《筑城法式》《鲁班营造正式》《工程做法则例》等标准化著作的面世显示了在不同历史时代我国劳动人民在建筑工程、都城规划、水利工程等工程建设活动中，自觉地运用标准化的思想和方法，为人类工程建设标准的历史画卷留下了辉煌的一笔。

进入以机器生产、社会化大生产为基础的近代标准化阶段，科学技术适应了工业的发展，为标准化提供了大量生产实践经验，标准化活动进入了以实验数据为基础的阶段，并开始通过民主协商的方式在工业领域推广，作为提高生产率的途径。1926 年，国家标准化协会国际联合会（International Standards Association，ISA）的正式成立，标志着标准化活动由企业层面上升到国家层面，并成为全球性的事业，活动范围从机电行业扩展到各行各业。1947 年，国际标准化组织正式成立，目前，世界上已有 100 多个国家成立了自己的标准化组织。

1949 年—1955 年，我国处在国民经济恢复期和“一五”前期，开始实行中央政府统一管理的计划经济。1949 年 10 月，政务院财政经济委员会成立了中央技术管理局，下设标准规格处，专门负责工业生产和工程建设标准化工作，为工程建设标准化的发展奠定了基础。此后，工程建设标准由国家基本建设委员会主管，通过学习、引进苏联标准和总结本国实践经验，着手建立企业标准和部门标准，为之后标准化工作的发展打下了基础。1979 年 7 月，国务院颁布《中华人民共和国标准化管理条例》，明确规定标准一经批准发布，就是技术法规，必须严格贯彻执行。为加强工程建设标准化管理，提高标准化水平，国家基本建设委员会于 1980 年颁布了《工程建设标准规范管理办法》，规定工程建设标准规范是国家的一项重要技术法规。由此可见，在此时期的标准，作为政府管理经济和指挥生产的重要技术手段，由法规规定强制执行，形成了我国单一强制性标准体制的格局。

1988 年和 1990 年先后颁布的《标准化法》《标准化法实施条例》规定，标准分为国家标准、行业标准、地方标准和企业标准。国家标准、行业标准分为强制性标准和推荐性标准，强制性标准必须执行，推荐性标准自愿采用，自此改变了我国原有的单一强制性标准体制，改为强制性标准和推荐性标准并存的二元结构体制。1992 年 12 月，建设部按照《标准化法》的要求，制定并颁发了《工程建设国家标准管理办法》，对工程建设的标准分类、制定和管理进行了详细规定，并对工程建设标准进行了清理、整顿，确定了各项标准的强制属性，建立了强制性标准与推荐性标准相结合的工程建设标准体制。

我国加入世界贸易组织（World Trade Organization，WTO）后，为加快与国际接轨，履行我国在“入世”协定书中的承诺——按《世界贸易组织贸易技术壁垒协议》（WTO/TBT）的要求采用国际标准和合格评定体系，国家颁布了一系列规范标准化制定和管理的条文和措施。2000 年 1 月，国务院发布《建设工程质量管理条例》，提出了工程建设各参与方使用强制性标准的要求。2000 年 8 月，建设部颁布《实施工程建设强制性标准监督规定》，明确了工程建设强制性标准是指直接涉及工程质量、安全、卫生及环境保护等方面的工程建设标准强制性条文，并对加强强制性标准实施及对实施的监督做了具体规定。自此，建设部对已有的 2700 多项工程建设强制性标准采取摘录重点条文的形式，编制并相继发布了《工程建设标准强制性条文》，包括城乡规划、城市建设、房屋建筑等共 15 部分，覆盖了工程建设的各主要领域。其后，标准制修订时，对其中直接涉及人民生命财产安全、人身健康、环境保护和其他公众利益以及提高经济效益和社会效益等方面要求的条款，按规定程序审查后作为强制性条文，并保留在相应的标准中。自此，我国工程建设标准进入条文强制和全文强制并行时期。强制性条文和全文强制标准构成了我国目前的工程建设强制性标准体系。

9.1.3　工程建设标准化的实现过程

实现建筑物中的社会化生产和商品化供应，需要建筑企业按照定型化、体系化、模块化和综合化等方式，推进建筑建设中的各项工作，进而实现建筑的标准化处理。在项目的整个实施过程中，相关的参与主体也需要进行严密的分工合作，保证建筑材料的合理性和适用性，另外还需要保证建筑人员的工作素质和能力，提高对工程建设标准化的重视程度，保证工程建设的整个流程顺利进行。

工程建设标准化对装配式建筑提高建造效率、降低成本具有更加显著的意义。装配式建筑是指用预制部品部件在工地装配而成的建筑，如图 9-1 所示。装配式建筑较传统建筑，在设计上能够更加体现系统设计和集成设计理念，它要求以系统工程的方法为指导，把装配式建筑作为一个系统，拆分为结构系统、外围护系统、设备及管线系统、装修系统四大子系统，然后进行各个系统的设计、生产、集成，这里的集成不仅仅是简单把孤立的元素集合起来，而是使集合的各元素之间相互联系、相互协调，将各个子系统连接成一个整体，从而形成共同工作的有机整体，使之满足用户多种使用功能。由于装配式建筑基于系统集成化和建筑产品化的思路，因此对建筑师的要求更高。建筑师不仅仅要进行传统意义上的方案设计、结构设计、施工图设计等，而且要具备系统工程的思想、集成产品功能的理念，在传统建筑功能的基础上，熟悉主体结构、外围护、建筑部品以及设备管线之间的连接与协同关系，统筹建筑各系统的设计生产，整合成装配式建筑成品。因此，工程建设标准化对装配式建筑的设计、生产和施工装配具有更加重要的影响。

图 9-1　装配式建筑建造过程

1. 工程设计标准化

工程设计标准化是指在一定的时期中，根据产品的共性及通用性特点，通过制定生产的统一标准与模式，对同类或类似产品进行广泛的设计，以提高生产效率、合理控制生产成本。设计标准化的形式主要体现为统一化、模数化、通用化和模块化。

（1）统一化

在建筑单体设计方面，建筑平面应优先选用大空间布局形式，合理布置管井及承重墙，使平面布置更加自由，能够根据用户使用功能的需要灵活改变，实现平面空间的可变性；在进行平面设计时，选择户型规整、通用性强的设计方案，尽量减少构件的数量，尤其是特殊构件的数量，这样不但可以缩减成本，也能够提升构件的整体利用率；在建筑立面设计当中，要处理好标准化构件的局部与整体的关系，可以采用模数协调的原则，借助构件的模块组合、集成等对构件进行处理，以此来满足立面设计个性化与多样化的需求，同时实现成本的控制与节约。

（2）模数化

在装配式建筑的发展中，模数不仅作为尺寸单位，还是尺度协调中的增值单位，是装配式建筑设计、预制构件制作以及建筑部品等进行尺寸协调的基础。建筑模数化避免了生产过程中机械设备、模具机具尺寸不协调造成的混乱，有利于实现建筑预制构件及建筑部品的协调互换性以及有序性生产，从而降低生产成本及工程造价。

（3）通用化

预制构件标准化设计是建筑单体以及功能模块标准化设计的基础。装配式建筑的预制构件设计应遵循模数协调原则，在设计过程中需要对住宅部品的模数进行统一，遵循标准化、模数化原则，提高构件及部件的通用性、互换性及重复使用率。而且要充分考虑构件加工厂、运输及吊装的具体条件，以及预制构件生产的便利性、可行性、运输及成品保护的安全性，此外还要控制预制构件的类型不宜过多，避免造成装配的复杂性。

（4）模块化

建筑模块化是将建筑空间及构配件按照不同的使用功能进行分类和归并，形成多个具有特定功能的模块，如住宅建筑的厨房、卫生间、楼梯、电梯等。将这些具有不同功能的单元进行装配组合，形成一个完整的建筑系统。通过建筑模块的标准化设计，能够增强其适应性，使模块化施工灵活简单、节能环保，从而有效缩短建筑工程的周期，节约工程成本。模块化设计首先要对建筑空间进行模块划分，以住宅建筑为例，按空间使用功能可以划分为卧室模块、起居室模块、卫生间模块（图 9-2）、厨房模块（图 9-3）、楼梯模块、电梯及管井模块等。根据模数协调原则对每个模块进行标准化设计，通过模块的接口对不同使用功能的模块进行排列组合，形成多样化的空间组合形式。

图 9-2　卫生间模块

2. 预制构件生产标准化

预制构件生产的质量直接影响到施工安装能否顺利进行。由于装配式建筑预制构件在工厂加工生产，运输到现场进行安装，因此对预制构件的尺寸偏差要求比较高，要求预

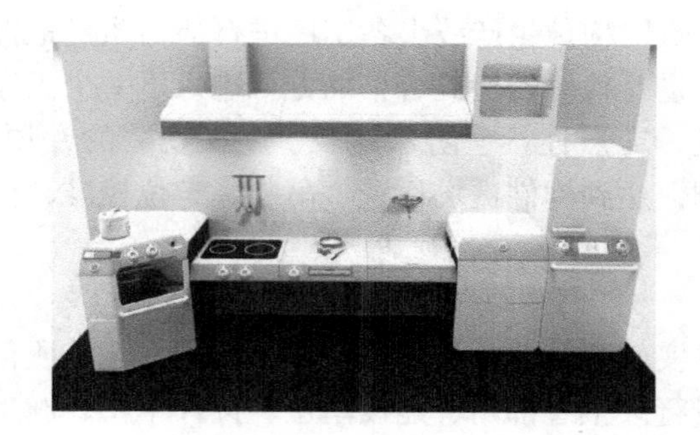

图 9-3 厨房模块

制构件有较高的精准度。

（1）深化设计标准化

深化设计是指在原设计方案、建筑结构图的基础上，结合生产条件和施工方案，进行预制构件拆分设计，出具拆分设计图，主要包括构件拆分深化设计说明、项目工程平面拆分图、项目工程拼装节点详图、项目工程墙身构造详图、项目工程量清单明细、构件结构详图、构件细部节点详图、构件吊装详图、构件预埋件埋设详图等。深化设计图应满足原方案设计技术要求，符合相关地域设计规范和构件生产规范。构件深化设计过程如图 9-4 所示。

构件深化设计应该依据相关的装配式建筑行业标准、企业标准和构造图集等展开，并根据模数协调原则对构件进行标准化拆分，同时符合制作、运输及吊装的标准，符合预制构件配筋构造、连接安装施工、节点连接方式的要求，还要符合预制构件标准化设计的要求，从而实现少规格、多组合的目标。

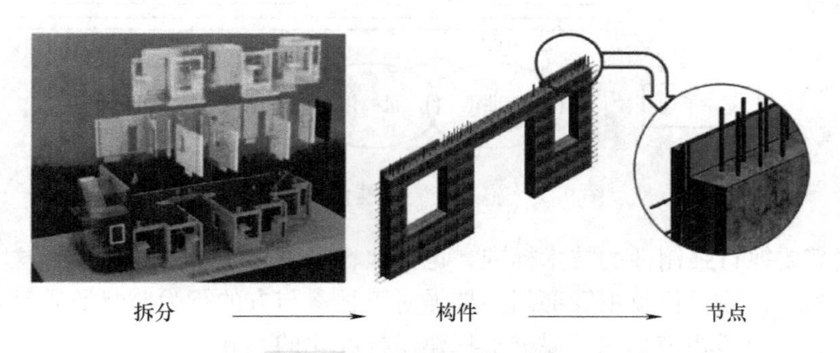

图 9-4 构件深化设计过程

（2）模具制作标准化

在生产构件之前要根据构件大小和形状制作模具，除了满足构件大小形状以外，模具还应该要达到构件所要求的精度，底模和边模连接的地方要精细稳固。

在预制构件生产之前，预制构件厂商要根据生产线的要求、预制构件的尺寸要求以及成本等因素选择合适的模板。钢板是目前用得最多的模具材料。选择好模具材料的同时，还应确定模具的连接方式。根据实际情况，可以选择专业的厂家进行生产，也可以自行生产，但都应该达到设计要求的精度，以及满足生产进度的要求。

（3）构件生产标准化

应该按照深化设计图的要求、相关构件生产操作规程和质量标准进行构件生产。在生产过程中应按照质量控制要点对构件生产线上各工序进行严格质量把控，质量检查人员和厂内工作人员对相关准备事务进行检验，检验合格的方可进入下一个工序内容。

对于构件堆放与运输、节点连接、防水施工、施工安装的专项方案的制定属于技术措施。通过这些措施的控制，达到构件进场检查、吊装、定位校准、构件安装就位、设备安装等各方面的要求。

3. 施工安装标准化

施工安装阶段是标准实施系统的重要阶段，也是装配式建筑质量控制的关键过程。施工安装阶段参与主体有建设行政主管部门、建设单位、设计单位、施工单位、监理单位等。参与工程建设的各企业单位的管理行为是影响标准实施的重要因素，管理行为的好坏决定着标准执行的情况，间接地影响标准化程度的高低。施工单位是现场施工安装的主体，应制定标准化管理体系，通过相应的组织、管理、经济、技术措施来保证标准的实施，促进标准化系统的顺利运行。施工安装标准化管理体系如图9-5所示。施工安装标准化管理体系以相关技术标准、管理标准、作业标准和工作流程为依据，通过管理制度标准化、人员配备标准化、现场管理标准化和过程控制标准化提高施工效率、降低施工安装管理成本、保证工程质量。

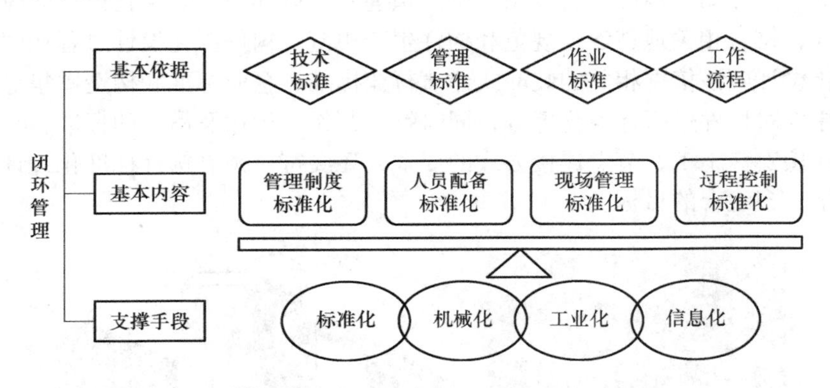

图9-5　施工安装标准化管理体系

企业不仅需要执行强制性的技术标准，也要执行管理标准、工作标准，这两者辅助技术标准的执行。此外，建设行政主管部门要加强对工程参与方的行为监督及质量安全监督，政府的监督与企业的管理相辅相成，促进工程建设标准化的实施。

装配式建筑标准化的目的是通过标准化工作达到理想的经济、环境和社会效益。装配式建筑标准化涉及建设的全过程，而实现标准化的核心任务是要将标准贯穿于规划、设计、构件生产、现场安装施工以及验收的全过程中，同时要强化各参与主体在工程建设标准化工作中的作用和职责。

9.2　工程建设绿色化

9.2.1　工程建设绿色化的内涵及特征

工程建设绿色化是指充分应用现代科学技术，在工程建设中加强环境保护，发展清洁施工生产，不断改善和优化生态环境，使人与自然和谐发展，使人口、资源和环境相互协调、相互促进，建造质量优良、经济效益长久、具有较高的社会效益、有利于维护良好的生态环境和无污染的建设工程。

绿色工程是工程建设绿色化的成果表达，其本质特征就是可持续发展。绿色工程与传统工程相比，更注重资源节约、环境保护和生态平衡，更强调人与自然的和谐相处，从全过程的角度出发，充分尊重工程项目的周期性，力求做到经济与社会、环境并重，最大限度地实现工程的生态目标，在确保工程建设实现一定经济效益的同时，使环境与经济效益共同增长。

工程建设绿色化具有以下几方面的特征：

（1）工程建设绿色化的根本理念是健康、环保与节能

绿色工程需要为人们的健康提供保障，因此在建造过程中，应选择无污染的建筑材料，既要避免施工过程中的粉尘颗粒对环境造成的污染和对施工人员的健康损害，又要避免在使用过程中有害物质的挥发对工程使用人的健康损害。同时，在保护人类健康及生态环境的基础上，做到资源与能源的最大节约，提升能源与资源使用效率。

（2）工程建设绿色化实现了工程建设与自然环境的和谐

人生活在自然中，与自然有着千丝万缕的联系，在绿色建筑策划和设计的时候，要充分利用自然，顺应自然规律，遵循人与自然和谐相处的原则，并尽可能地使用可再生的能源和资源。如果绿色工程建设过程中不可避免地会对自然环境产生破坏，则应将破坏程度降到最低。

（3）工程建设绿色化贯穿于工程建设的全寿命周期

工程建设绿色化的工作体现在从前期策划、设计、采购、施工一直到投入使用整个过程中。前期策划和工程设计在很大程度上影响着建筑的整体效果，因而必须对其予以高度的重视。在施工过程中，也要充分考虑建筑材料和施工工艺对环境的影响，重视先进环保技术的引进和应用。在工程使用过程中，要严格遵循绿色建筑的使用要求，节约资源、能源，从而实现工程建设绿色化的价值。

9.2.2 工程建设绿色化的发展沿革

工程建设绿色化的思潮最早起源于 20 世纪 70 年代的两次世界石油危机。当时因为石油恐慌，全球都掀起了“绿色运动”，使绿色产业应运而生。建筑界当时也兴起了节能设计运动，同时引发了“低能源建筑”“诱导式太阳能住宅”“生态建筑”“乡土建筑”的热潮，这些至今还都是环境设计思潮的主流，而随之出现了“绿色工程管理”的说法，从此以后，工程建设绿色化成了工程建设的前进方向。

1970 年之前，全球经济空前繁荣，市场一片鼓励消费之声，刺激了工程建设领域，当时也正是现代主义建筑最盛行的时候，工程建设向全面机械化、设备化的模式发展，对资源的利用也达到了空前规模。直到 1972 年，罗马俱乐部发表了一部名为《增长的极限》的著作，对迷信经济成长而无限开发资源的人类文明提出严重警告，震撼了全球。随后的 1973 年发生了第一次全球石油危机，至此，人们才初步意识到以牺牲环境为代价的发展是难以为继的，对于资源消耗庞大的建筑业而言，应形势要求必须改变发展模式，走可持续发展道路。在这种情况下，以太阳能、地热、风能为代表的可再生资源技术逐渐出现，引起了各国

政府的重视，开始制定建筑节能的法令。

1992 年，在巴西里约热内卢召开的联合国环境与发展大会上通过了《里约热内卢环境与发展宣言》《21 世纪议程》等纲领性文件，确定了将可持续发展战略作为人类社会发展的新策略，即既满足当代人的需要，又不对后代人满足其需要的能力构成危害的发展，并首次提出“绿色建筑”的概念。1993 年联合国成立了可持续发展委员会，各国也相继成立了绿色建筑协会。在可持续发展思想的指导下，建筑师提出了“3R”的设计原则（图 9-6）：①减量化（Reduce），减少输入端资源和能源流入量，从源头上节约资源和能源，减少废弃物排放；②再利用（Reuse），在过程中延长建筑产品使用寿命，重复使用建筑产品及构配件；③再循环（Recycle），建筑产品完成使用功能后在输出端重新变成再生资源，减少最终垃圾的处理量。

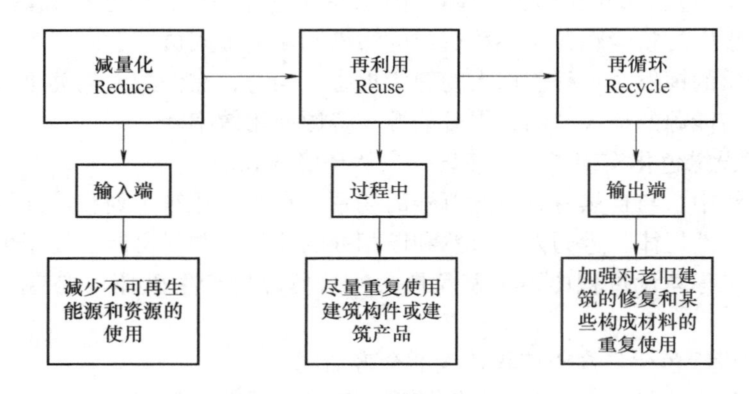

图 9-6　工程建设绿色化的“3R”原则

1994 年，我国积极响应联合国环境与发展大会的倡议，出版了《中国 21 世纪议程——中国 21 世纪人口、环境与发展白皮书》。2001 年，我国正式开始对绿色建筑进行了解、探索、研究与推广应用，同年 5 月在建设部住宅产业化促进中心制定的《绿色生态住宅小区建设要点与技术导则》中首次提出了绿色住宅的概念，同年 7 月建设部发布行业标准《夏热冬冷地区居住建筑节能设计标准》（JGT 134—2001），这是中国建筑技术因地制宜的首次研究典范和绿色建筑的雏形。2003 年，国务院颁布了《中国 21 世纪初可持续发展行动纲要》，强调环境保护和环境治理的重要性。2006 年，在第二届国际智能、绿色建筑与建筑节能大会上我国颁布了《绿色建筑评价标准》（GB/T 50378—2006），标志着我国绿色建筑体系的建立。2008 年，国家出台了《民用建筑节能条例》和《公共机构节能条例》等。2012 年，我国财政部和住建部联合发布《关于加快推动我国绿色建筑发展的实施意见》，明确了我国将通过多种手段，到 2020 年，使绿色建筑占新建建筑的比重超过 30%，并将建筑耗能水平提高至接近或达到现阶段发达国家水平。

2019 年 8 月 1 日正式实施的新版《绿色建筑评价标准》（GB/T 50378—2019）中将绿色建筑按照安全耐久、健康舒适、生活便利、资源节约和环境宜居这五个指标和提高与创新这一加分项进行评价，将绿色建筑分为了基本级、一星级、二星级和三星级四个级别。一星级、二星级、三星级绿色建筑的技术要求见表 9-1。

表 9-1 一星级、二星级、三星级绿色建筑的技术要求

技术要求	一星级	二星级	三星级
围护结构热工性能的提高比例，或建筑供暖空调负荷降低比例	围护结构提高 5%，或负荷降低 5%	围护结构提高 10%，或负荷降低 30%	围护结构提高 20%
严寒和寒冷地区住宅外窗传热系数降低比例	5%	10%	20%
节水器具用水效率等级	3 级	2 级	
住宅建筑隔声性能	—	室外与卧室之间、分户墙（楼板）两侧卧室之间的空气声隔声性能以及卧室楼板的撞击声隔声性能达到低限标准限值和高要求标准限值的平均值	室外与卧室之间、分户墙（楼板）两侧卧室之间的空气声隔声性能以及卧室楼板的撞击声隔声性能达到高要求标准限值
室内主要空气污染物浓度比例	10%	20%	
外窗气密性能	符合国家现行相关节能设计标准的规定，且外窗洞口与外窗主体的结合部位应严密		

截至 2017 年年末，我国绿色建筑的建筑面积已经到达 12.5 亿 m^2，全国累计拥有绿色建筑标识的建筑共有 11250 个，其中，56% 的绿色建筑的等级为一星级，30% 的绿色建筑的等级为二星级，14% 的绿色建筑的等级为三星级。

9.2.3 工程建设绿色化的实现路径

1. 绿色策划

绿色策划是工程建设绿色化的基础，只有在工程建设前期做好了绿色策划的工作，在项目的实施阶段才能更好地进行绿色设计、绿色施工，也才能更好地为项目建成之后的绿色运营提供保证。工程项目绿色策划的基本程序如图 9-7 所示。

工程项目的绿色策划主要工作包含以下几方面：

（1）项目环境背景的调查分析与项目特点分析

对工程项目所在地的气候条件、土地资源现状、水资源现状、清洁能源的利用条件、环境治理情况等自然环境条件和社会环境条件进行深入调查，结合环境背景对项目的资源需求、项目阶段对环境的影响、项目运营的资源消耗等进行详细分析。

（2）工程项目可持续建设目标的提出与论证

在进行了详细项目环境调查与项目特点分析的基础上，提出项目绿色化建设的总体建设目标，目标要力求做到技术上可行、经济上合理、内容上具体，可以从节约能源效果、清洁能源的利用率、建设过程中有害物质排放和治理等方面进行设置，然后再对总体目标进行分解细化、论证。

（3）工程项目可持续建设实施方案的形成

在设定的项目建设目标基础上，从项目的全寿命周期出发，围绕工程项目实施的各个环

节制订实施方案。工程项目可持续建设实施方案的核心是绿色化建设实施的组织，要明确项目建设在前期策划、工程设计、招标、施工、运营等各阶段的工作要点，同时还应包括项目建设过程中的技术难点和风险分析及相对应的措施等。

(4)《工程项目可持续发展策划书》的编制

总结整个绿色策划的过程，编制《工程项目可持续发展策划书》，将其作为项目建设与使用的指导性文件。

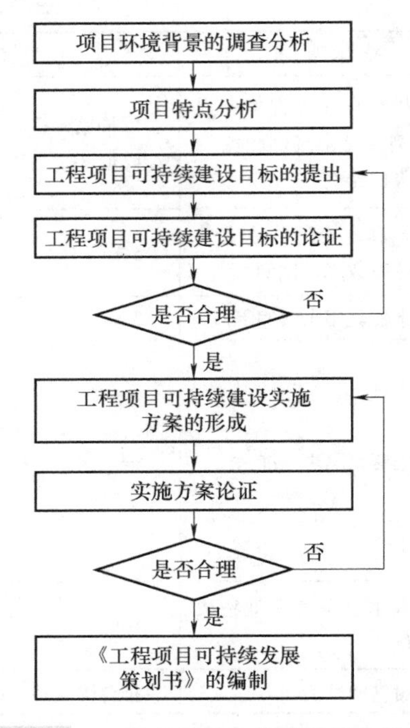

图 9-7　工程项目绿色策划的基本程序

2. 绿色设计

绿色设计是整个工程建设绿色化过程中最重要的环节之一，对项目的最终效果能够起到举足轻重的作用。节能、节水、节地、节材、环境保护等都主要在设计阶段确定，如何开发可再生资源代替不可再生资源的使用、如何减少污染环境、如何最大限度地节约用地并满足居住者的使用需求等这些也都是在设计过程中需要考虑的。

绿色设计在整个工程建设中需要遵循可持续发展原则、科技性原则、整体优化性原则、以人为本原则、经济性原则和地域性、历史文化原则，做到把保护生态环境、节约能源等可持续发展思想贯穿于整个工程建设过程，坚持走技术含量高、资源消耗低、环境污染少的路，把工程建设同人文、科学、艺术等其他学科领域结合起来，平衡好人与自然生态的关系，同时尽可能节省工程建设的成本和尊重当地的风俗文化。

绿色设计的内容主要包括节能设计、可再生能源的利用设计、绿化设计、资源集约化设计与环保设计。节能设计主要是通过空调系统节能设计、供热系统节能设计、自然通风设计、自然采光与遮阳设计等方面有效地节约能源消耗，减少环境污染；可再生能源的利用设计是指在整个工程建设全寿命周期中有效利用太阳能、风能等可再生资源与能源，减少对不可再生能源的消耗；绿化设计是指在室内和室外增加有利于健康的绿色植物，收到提高空间质量、保温隔热、遮阳、减少噪声污染等效果；资源集约化设计是指在工程项目的建筑、结构、设备等设计过程中，最大限度地节约资源，以及在设计时尽可能多地选择可再生建筑材料等，如通过节水设备和节水系统的设计最大限度地节约水资源；环保设计主要是指在项目设计过程中融入环保思想，多采用环保技术，减少项目建设和运营过程中对环境的污染与危害。绿色设计的工作程序如图 9-8 所示。

3. 绿色施工

绿色施工是指在保证质量、安全等基本要求的前提下，通过科学管理和技术进步，最大限度地节约资源，减少对环境的负面影响，实现“四节一环保”的建筑工程施工活动。工程项目在施工阶段如果缺乏有效管理，不仅会造成大量资源和能源浪费，而且会造成严重的环境污染和危害，因此，绿色施工在工程建设中尤为重要。

绿色施工的内容主要包括以下三个方面：

1）在施工过程中最大限度地实现资源的有效利用，通过利用材料本身特征、回收利用、提高利用率等方法来使水资源、可再生资源、既有结构等得到有效利用。

2）在施工过程中最大限度地避免环境污染，保护生态环境，使用清扫、压缩、分选、密封等物理方法来对大气污染、水污染、固体废弃物以及噪声污染等进行有效减量化、无害化控制防治。

3）保护施工人员的健康，避免造成职业伤害事故或职业病，使用健康环保的建筑材料，从源头上减少污染，同时，通过保持施工现场良好的卫生环境和工作秩序、加强人工防护来降低施工环境对施工工人健康的影响。

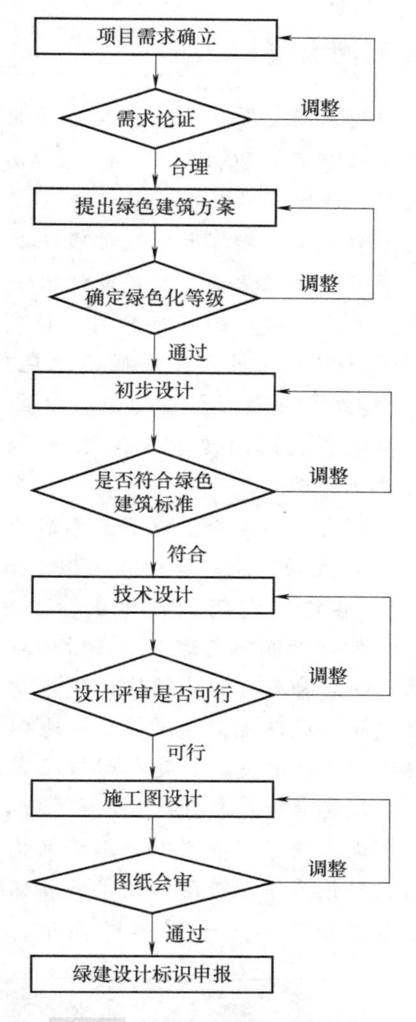

图 9-8　绿色设计的工作程序

4. 绿色运营

在绿色建筑的整个寿命周期中，绿色运营是持续时间最长的一个部分，也是保障绿色建筑性能，实现节能、节水、节材与保护环境的重要环节。传统项目的运营主要是指简单的物业管理，而绿色建筑工程的运营是秉承可持续发展的思想，对绿色建筑功能的运行、设备的日常维护等进行绿色管理，对燃气、电力、排水、消防、绿化等进行绿色管理和维护。通过严格有序的管理和先进的技术来处理好住户、建筑和自然三者之间的关系。它既要为住户创造一个安全、舒适的空间环境，同时又要保护好周围的自然环境，做到节能、节水、节材及绿化等工作，实现绿色建筑的各项设计指标，达到与自然和谐共生的目标。

绿色运营是对整个工程项目运营过程进行计划、组织、实施和控制，并依靠运营单位通过一定的管理方法和管理系统使绿色工程的效益得以发挥，使绿色建筑的功能正常，降低运营成本，以及使运营过程中产生的各项消耗降到最小。传统项目的运营通常要在项目完全竣工之后才开始进行，而绿色运营需要运营方在项目最初规划时就开始介入，参与规划设计方面的讨论并确定运营阶段的最终目标和策略，以便工程项目在运营阶段能够更好地运行，实现绿色建筑的各项指标，为居住者创造舒适、健康的环境。

绿色运营也是一个实施、评估、改进、再实施不断循环往复的过程，这个过程包括了实施、检测运营数据、效果评估、数据分析、方案改进、再实施。运营阶段循环过程的不断进行，不断发现并解决问题，不断进行对运营方法、流程的改进优化，让绿色运营更合理，让绿色建筑的居住性能更强大，也让建筑与人和生态之间更和谐平衡。

中国石油大厦

中国石油大厦（北京）坐落于北京市东城区东二环北段西侧，建设用地面积 2.25 万 m^2，总建筑面积 20.08 万 m^2，主楼建筑高度为 90m，内部设有办公室、会议室、报告厅、会客厅、展览厅、餐厅、数据中心、油气调控中心等区域，是一座绿色、生态、低碳、环保的办公及生产指挥大楼。该项目以“先进适用、系统配套、整体最优”为设计理念，充分体现节能环保意识，旨在设计出一个有创新性、标志性并且在世界上具有先进水平的绿色生态办公大楼。2012 年 9 月，该项目获得住建部评定的三星级“绿色建筑评价标识”；2017 年 3 月，在第十三届国际绿色建筑与建筑节能大会主论坛上，该项目被颁发授予“健康建筑”三星级评价标识。中国石油大厦是第一批获得认证的健康建筑之一，该项目外形如图 9-9 所示。

图 9-9　中国石油大厦

该项目主要采用了以下绿色建造技术：

（1）主动节能与被动节能相结合

1）在建筑空间设计方面，采用“一体两翼”的空间功能布局形式，在增加与自然环境接触面积的同时尽可能地缩减建筑体量，使气流在各楼之间形成环流，使得整个场地拥有良好的通风环境。建筑中庭、边庭布局与门窗位置安排合理，在过渡季和夏季均利用热压进行自然通风改善室内环境，换气次数为 15 次/h。主中庭东西立面采用了点支式双索幕墙结构，使主中庭最大限度地引入自然光。大厦在地下餐厅东墙窗外设置下沉庭院，改善就餐环境并营造场区生态环境。项目中庭采光和下沉庭院实景图分别如图 9-10 和图 9-11 所示。

图 9-10　中庭采光

图 9-11　下沉庭院

2）在围护结构设计方面，采用了双层内呼吸式玻璃幕墙，内置阳光跟踪型电动百叶和带热回收功能的智能通风系统，可根据阳光照射变化自动调整百叶的开启角度，兼顾空调和照明的能耗均衡。

3）在能源利用设计方面，采用了智能百叶和智能灯光节能技术，有效改变了室内环境，降低了能耗。智能灯光节能技术的运用，将普通照明成功变成补光照明，实现了房间内自然采光与灯光之间的自动调节，节省电量多达40%。大厦采用了冰蓄冷和低温送风变风量技术，其中基载主机为亚洲最大的两台多机头磁悬浮冷水机组，比常规冷水机组节能47%。建筑还通过使用低温冷水，实现空调系统的低温送风，将低温风口的出风温度设置为8℃，通过温差实现送风。这样就能够有效减少系统设计的风量，从而使办公室的顶棚高度和建筑的利用率得到极大的改善。

（2）打造“以人为本”的健康型绿色建筑

1）在人居环境营造方面，将沿街绿化、垂直绿化和屋顶绿化等各种绿化景观元素整合在一起，从整体上凸显景观环境的条理性和秩序性，通过将绿色植物融入建筑，使建筑的内部环境变成了一个微型的生态系统，并且通过合理的布置，减少了建筑本身对环境的影响。同时，在每层办公区设置错动空间，增加企业文化宣传，为员工提供了良好的休息和交流场所。室外设置下沉广场，使地下一层的员工餐厅得到了良好的自然采光和通风，绿化叠水景观为员工提供了怡人的就餐环境。

2）在健康环境打造方面，项目采用变风量中央空调系统和中央集尘系统，对室内多种空气污染物进行监测，室内PM2.5年浓度低于35μg/m^3。新风系统利用室内回风的二氧化碳浓度检测值自动调控空调新风量，确保室内空气清新，实现室内空气的二氧化碳浓度小于0.07%，工作员工对空气质量的满意度高于80%。采用直饮水系统，并设置24h水质监测系统，保证办公人员的用水健康。不仅如此，中国石油大厦还采用了高度集成与多网融合智能化系统、中央吸尘系统、厨房含油污水净化系统等技术，为使用人员打造健康的工作环境。

（3）应用大数据技术打造智慧建筑

1）在专项智慧运维方面，大厦采用智能照明控制系统，自然采光和人工照明动态调节形式相结合，采用DALI[⊖]单灯调光＋光照补偿＋动静探测＋面板控制＋时间管理＋中央监控，与电动遮光百叶联动，实现节能模式。

2）在综合智慧管理方面，利用Niagara平台，将大厦内部的各智能化弱电系统集成在一体化的高速通信网络和统一的系统平台上，实现统一的人机界面和跨系统、跨平台的管理和数据访问；建设基于公共广域网的智能化集成管理系统（Intelligent Building Management System，IBMS），为各应用程序提供公共平台和集成网络的管理服务。利用大数据技术，实现多网合一功能，将数据通信网、语音通信网、视频监控网、集成控制网在网络层上实现互通互联，业务层上相互渗透、应用层上趋向统一，实现真正的智慧建筑。

9.3 工程建设工业化

9.3.1 工程建设工业化的概念及内涵

工程建设工业化又称建筑工业化。在联合国1974年出版的《政府逐步实现建筑工业化的政策和措施指引》中，将“建筑工业化”（Building Industrialization）定义为“按照大工业

⊖ DALI为Digital Addressable Lighting Interface的简称，直译为数字可寻址照明接口。

生产方式改造建筑业，使之逐步从手工业生产转向社会化大生产的过程”，并进一步指出“实现建筑工业化的基本途径是建筑标准化、构配件生产工厂化、施工机械化和组织管理科学化，并逐步采用现代科学技术的新成果，以提高劳动生产率、加快建设速度、降低工程成本、提高工程质量”。此定义强调建筑业从手工业生产向建筑标准化、生产工厂化、施工机械化和管理科学化的社会化大生产的转变。

1978 年，我国国家建委将“建筑工业化”定义为“用大工业生产方式来建造工业和民用建筑”，并提出“建筑工业化以建筑设计标准化、构件生产工业化、施工机械化以及墙体材料改革为重点”。此定义强调建筑的工业化生产方式，并结合我国当时的建筑业发展水平，提出从墙体材料着手实施。

1995 年，我国建设部在《建筑工业化发展纲要》中，将“建筑工业化”定义为：“从传统的以手工操作为主的小生产方式逐步向社会化大生产方式过渡，即以技术为先导，采用先进、适用的技术和装备，在建筑标准化的基础上，发展建筑构配件、制品和设备的生产，培育技术服务体系和市场的中介机构，使建筑业生产、经营活动逐步走上专业化、社会化道路”。此定义强调了建筑业的生产和经营活动的专业化和社会化。

2011 年，学者纪颖波在其著作《建筑工业化发展研究》中，把“建筑工业化”定义为：“以构件预制化生产、装配式施工为生产方式，以设计标准化、构件部品化、施工机械化为特征，能够整合设计、生产、施工等整个产业链，实现建筑产品节能、环保、全寿命周期价值最大化的可持续发展的新型建筑生产方式”。此定义强调构件预制生产和装配施工，并将可持续发展引入其中。

2013 年，学者叶明和武洁青提出了“新型建筑工业化”的概念：“采用以标准化设计、工厂化生产、装配化施工、一体化装修和信息化管理为主要特征的生产方式，并在开发、设计、生产、施工等环节形成完整的有机的产业链，实现房屋建造全过程的工业化、集约化和社会化，从而提高建筑工程质量和效益，实现节能减排与资源节约”。此定义将信息化和可持续发展引入建筑工业化体系中。

本书在其他建筑工业化的相关定义的基础上，结合建筑业的发展内涵及发展趋势，将“建筑工业化”定义为：“通过工业化、社会化大生产方式取代传统建筑业中分散的、低效率的手工作业方式，实现住宅、公共建筑、工业建筑、城市基础设施等建筑物的建造，即以技术为先导，以建筑成品为目标，采用先进、适用的技术和装备，在建筑标准化的基础上，发展建筑构配件、制品和设备的生产和配套供应，大力研发推广工业化建造技术，充分发挥信息化作用，在设计、生产、施工等环节形成完整的有机的产业链，实现建筑物建造全过程的工业化、集约化和社会化，从而提高建筑产品质量和效益，实现节能减排与资源节约。”

综合以上定义，可将建筑工业化的内涵归纳为建筑标准化、生产工业化、施工机械化、管理科学化、全过程社会化，如图 9-12 所示。

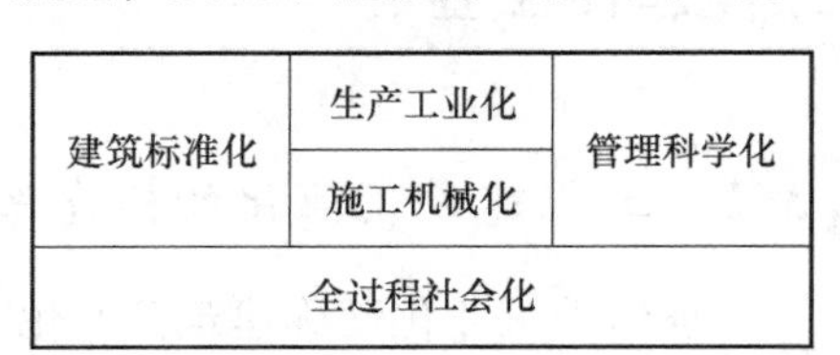

图 9-12　建筑工业化的内涵

（1）建筑标准化

建筑标准化是指在设计中按照一定模数标准规范构件和产品，形成标准化、系列化部品，减少设计随意性，并简化施工手段，以便于建筑产品能够进行成批生产。标准化贯穿了建筑产品设计、部品生产、现场施工和运营维护的全过程。标准化是建筑生产工业化的前提条件，包括建筑设计标准化、建筑体系定型化、建筑部品通用化和系列化、生产工艺标准化。

（2）生产工业化

将建筑按照生产方式不同可分为：预制装配式生产和现场工业化生产。预制装配式是指将建筑构配件按照标准设计在工厂内批量生产，运到工地现场以机械化的方法装配成房屋。现场工业化是指直接在施工现场生产构件，生产的同时就组装起来，生产与装配过程合二为一，在整个过程中采用工厂内通用的大型工具和生产管理标准。除了建筑主体结构的工业化生产外，机电安装和装饰装修同样可以采用工业化方式，在标准化设计的基础上，采用工厂化生产部品与部件，综合运用干法施工与装配式施工方式完成施工。在新技术的研发与推广应用中，新型施工工艺、新型技术设备、节能环保新技术等为生产工业化提供技术保障。

（3）施工机械化

施工机械化是指在建筑施工过程中采用机械设备来减少或代替人工体力劳动完成施工作业，提高生产效率。采用的机械设备并不只有大中型施工机械设备，还包括工人可手持的机械作业工具。

（4）管理科学化

管理科学化是指应用先进的科学方法和技术进行全过程管理，促使工程建设各阶段、各专业主体之间在更高层面上充分协同工作、共享资源，从而提高建筑产品质量和效益，实现节能减排与资源节约。管理方法和管理技术随着管理理论和信息技术的发展而不断更新。

（5）全过程社会化

全过程社会化是指建筑业向专业化、协作化和集约化发展，建筑建造全过程不同环节的各类专业企业分工协作，优化生产要素配置，提高建筑质量和效益。

9.3.2 工程建设工业化的发展沿革

工程建设工业化这一概念最早来源于 18 世纪 60 年代的工业革命，大工业的崛起以及城市发展和技术进步，对建筑业的发展产生了深刻影响。20 世纪初，欧洲兴起新建筑运动，主张建造房屋应该像制造机器一样，采用标准构件，实行工厂预制、现场机械装配，从而为建筑转向大工业生产方式奠定了理论基础。例如在此期间，美国创制了一套能生产较大的标准钢筋混凝土空心预制楼板的机器，并用这套机器制造的标准构件组装房屋，实现了建筑工业化。工业化建筑体系是从建造大量的建筑（如学校、住宅、厂房等）开始的。工程建设工业化明显加快了建设速度，降低了工人的劳动强度，并使效益大幅度提高，但建筑物容易单调一致，缺乏变化。为此，工业化建筑体系将房屋分成结构和装修两部分，结构部分用工业化建筑手段组成较大的空间，再按照不同的使用要求，用装修手段灵活组织内部空间，以使建筑物呈现出不同的面目和功能，满足各种不同的要求。到 20 世纪 20 年代—30 年代，工程建设工业化的理论初步形成，并主要在一些工业发达国家相继试行。

20 世纪 50 年代，由于住房紧缺和劳动力匮乏，欧洲兴起了建筑工业化的高潮。随着各国经济的恢复和建筑技术水平的提高，欧洲国家开始采用工业化装配的生产方式（主要是预制装配式）建造住宅，大量的预制体系在政府当局的支持下发展起来。其中苏联和东欧实行计划经济，国家对住宅区建设进行成片规划，大量的预制工厂使住宅的建设速度大大提高，以建设装配式大板建筑为主的工业化建筑模式和体系延续至今。英、法等西欧资本主义发达国家在 20 世纪 50 年代—60 年代也重点发展了装配式大板建筑。美国于 20 世纪 70 年代早期开发了数种预制建筑体系。瑞典和丹麦的建筑工业化也在该时期得到较快发展。20世纪80年代，新加坡开始引进预制技术，建筑工业化开始发展。建筑工业化的发展使大规模的住宅建设成为现实，这不仅解决了战后居民的居住问题，而且对这些国家20世纪60年代—70年代的经济腾飞起到了巨大的推动作用。进入20世纪80年代以后，由于住房紧缺问题基本得到解决，住宅建设的重点转向注重住宅的功能与个性化，建筑工业化开始由通用体系向专用体系发展。

在建筑工业化的发展过程中，各国按照各自的特点，选择了不同的道路和方式。除了美国较注重住宅的个性化、多样化，没有选择大规模预制装配化的道路外，欧洲国家、新加坡等都选择了大规模预制装配化的道路。在建筑工业化发展的方式方面，瑞典、丹麦和美国主要通过低层、中低层和独立式住宅的建造发展建筑工业化；新加坡主要通过高层住宅建筑的建造发展建筑工业化；其他国家如日本、芬兰、德国等则是两种发展方式兼而有之。

建筑工业化的发展提高了建房速度，有效解决了房荒问题，住宅建设量和住宅套均面积均得到了显著提高。同时，建筑工业化的发展改善了住宅性能，实现了建筑和环境的可持续发展。

我国对工程建设工业化的探索始于20世纪50年代。国务院在1956年5月做出的《关于加强和发展建筑工业的决定》中提出了“实行工厂化、机械化施工，逐步完成对建筑工业的技术改造，逐步完成向工程建设工业化的过渡”，提出了工业厂房、住宅及一些基建工程要积极采用工厂预制的装配式结构和配件，建筑安装队伍专业化，提高机械化施工程度，保证质量和安全，提高劳动效率等实施工程建设工业化的基本要求。

1978年，我国国家建委先后召开了建筑工业化座谈会和新乡建筑工业化规划会议，明确指出了建筑工业化的概念，即“用大工业生产方式来建造工业和民用建筑”，并提出“建筑工业化以建筑设计标准化、构件生产工业化、施工机械化以及墙体材料改革为重点”。20世纪80年代，各种预制屋面梁、预制吊车梁、预制屋面板、预制空心楼板以及预制大板建筑等得到了很多应用，但总体来说，我国预制装配式建筑的技术比较落后，工程建设工业化整体水平很低，且存在着构件跨度小、承载能力低、整体性不好、延性较差等弊端。进入90年代后，由于预制装配式建筑自身在设计水平、构件制作的精细程度和装配技术方面落后等原因以及当时现浇混凝土技术的迅速发展，预制装配式建筑的应用，特别是在民用建筑中的应用处于低潮。

我国的建筑工业化是在新中国成立以后逐渐在曲折中发展起来的，与我国不同时期的社会、经济、技术等条件密切相关。总体来说，可以将我国建筑工业化的发展历程划分为五个阶段，见表9-2。

表9-2　我国建筑工业化的发展历程

阶段划分	阶 段 特 点	建筑工业化的发展
第一阶段 1949年—1957年	师从苏联时期	我国第一次提出实行建筑工业化，探索预制大板建筑，应用建筑模数
第二阶段 1958年—1965年	初步实现预制装配化	机械化、半机械化和改良工具结合，工厂化、半工厂化、现场预制和现场浇筑结合，技术手段和建筑形式单一，技术处理简单化
第三阶段 1966年—1976年	建筑工业化停滞期	建筑工业化发展几乎停滞

（续）

阶段划分	阶 段 特 点	建筑工业化的发展
第四阶段 1977 年—1989 年	多建筑体系蓬勃发展时期	提倡用大工业生产方式来建造工业和民用建筑。大板建筑开始兴建，装配式住宅、内浇外挂住宅、框架剪力墙等多种体系快速发展，编制了模数协调标准和结构构件标准图集
第五阶段 1990 年至今	新时代下的新发展	房地产高速发展，对住宅的个性化、多样化及住宅的质量和品质都提出了较高要求。重新提出了发展建筑工业化，引进国外技术和设备，住建部成立了住宅产业化促进中心，推动建筑工业化的发展

9.3.3　工程建设工业化发展的价值

1. 有利于推进城市化进程

由于预制装配式建筑是先将预制构件在工厂制作加工好之后运到施工现场进行安装连接，当施工现场还在进行“三通一平”这些前期基础性工作时，在构件预制工厂就已经开始进行梁、柱、楼板、外墙和楼梯等主要构件的生产了，因此无须在施工现场有大量的混凝土浇筑养护过程，可以大大加快施工速度。在我国大规模进行城市化建设的时代背景下，发展预制装配式建筑，为加快城市化进程提供了良好的技术支持。

2. 有利于保证工程质量

由于我国建筑业迅速发展，无法保证建筑从业人员接受相应的培训，人员素质参差不齐，导致传统的现场施工方式中，安全和质量事故时有发生。而预制装配式施工方式可以将这些人为因素的影响降到最低。大量的预制构件都是在预制工厂生产的，而构件预制工厂车间中的温度、湿度、专业工人操作的熟练程度以及模板、工具的质量都优于现场施工方式，因此构件质量更容易得到保证。现场结构的安装连接则遵循固定的流程，采用专业的安装工作队伍更能有效保证工程质量的稳定性。

3. 有利于降低企业成本

采用预制装配式建筑可节省现场大量脚手架、模板等装置，构件采用预制工厂的钢模批量生产，因此生产成本相对较低，特别是预制工厂的生产车间可提供稳定的加工条件，能将一些形式复杂的构件较容易地生产出来，这使得预制装配式施工比现场施工方式在降低成本方面的优势更加明显。对于一些外墙板类的预制构件，外观质量能够有可靠保证，也可以免去外粉刷的过程，直接进行外部装饰，节省了外粉刷的材料费、人工费等。由于目前人工费上涨已经成为制约我国建筑业发展的瓶颈，因此采用预制装配式施工，在形成生产规模的情况下，成本相对低于现场施工方式。

4. 有利于节能环保

建筑业是我国目前的耗能大户，且对周围的环境污染严重，而预制装配式施工方式节省了大量现场的脚手架和模板作业，减少了木材使用量，在降低造价的同时也保护了森林资源。采用预制装配式建筑，现场湿作业少、对周围环境影响小，噪声、烟尘污染也远远小于现场施工。此外预制工厂车间的施工条件有利于外墙板保温层的安装质量，避免现场施工易破坏保温层的情况，对实现建筑使用阶段的保温节能也非常有利。

5. 有利于转变建筑业生产方式

与发达国家相比，我国建筑业仍是以劳动密集型的现场施工方式为主，不但劳动生产率低，而且工人工作条件、施工现场的生产质量和安全措施均不易得到保证。施工过程的资源和能源消耗较大，环境污染严重。预制装配式施工构件都是在工厂车间批量生产，减少现场手工作业，属于施工速度快、经济效益好且施工质量高、节能环保指标高的现代化建筑业生产方式，可实现构件生产的工业化、标准化和集约化，特别是随着预制构件高效生产技术和构件可靠连接关键技术的不断发展，以及国家相关行业规范标准的完善，预制装配式建筑将迎来新的发展阶段，这有利于我国建筑业转变生产方式，和国际建筑业发展模式接轨，符合工业化大生产模式的发展方向。

案例

北京某工业化住宅项目

该工业化住宅项目位于北京市房山区，地上9层，地下1层，建筑高度26m，共4栋楼，总建筑面积为48000m^2。

结构采用装配整体式剪力墙结构体系。外墙采用预制装配外墙板，外墙保温、饰面砖在构件制作时一并完成，楼板采用预制装配叠合板，阳台采用预制叠合阳台，楼梯、飘窗、空调板和阳台装饰板采用全预制，在工厂内生产后运到施工现场安装。该结构的核心筒墙体、内部承重墙、外墙边缘节点等主要受力结构和重要部位仍采用现浇形式。预制墙板和现浇墙体、暗梁、暗柱通过加大的现浇节点连接成整体，穿楼板钢筋采用灌浆套筒锚入上层墙板的下部，墙板左右两侧预留U形钢筋锚入现浇混凝土结构中。部分预制构件实物图如图9-13所示。

a) 预制楼梯

b) 预制外墙板

图9-13　预制构件实物图

装修采用工业化方式，整体厨房和整体卫浴统一配置，一体化安装；固定家具工厂预制，统一配置；地板和门等部品统一配置和装配化施工。部分工业化装修模块如图9-14所示。

a) 整体卫浴

b) 内饰工业化配置

图 9-14 部分工业化装修模块

该项目采用工业化建造方式，实现了无外架施工，总工期比传统现浇模式缩短了将近三个月，提高了建造效率，并且在节水、节能、减少施工现场扬尘和噪声污染方面也较传统现浇模式有着明显的优势，获得了国家绿色三星标识。

9.4 工程建设数字化

9.4.1 工程建设数字化的含义及特征

1. 工程建设数字化的含义

工程建设数字化是在数字化设计提供详尽信息的基础上发展起来的新技术，涵盖数字化建造计划、虚拟建造、数控设备建造、数字化测量、协同工作、数字化建造管理等多项工作，包括数字化技术支持下建筑智能环境的创造，以及实体建筑与数字化虚拟空间的结合。前者除了建筑构造、管理的智能化等方面的内容，还有建筑的智能化本身所带来的建筑设计的新内容；后者则更多地涉及现有实体建筑在数字化技术影响下所呈现出的新形态、新功能。

工程建设数字化是将工程建设中许多复杂多变的信息转变为可以度量的数字、数据，再以这些数字、数据建立适当的数字化模型，由计算机网络进行操作管理，更直接、准确地表达事物的特征和本质，也更注重工程系统多主体之间信息的联系和相互作用的规律，提高管理效率。

在传统工程的设计、采购、施工和项目管理过程中，信息是通过文档传递的，记录在文档中的数据信息是孤立的，核对不同版本、不同工程图中数据的一致性，是以前设、校、审工作的重要一环，对文档中数据的计算、分析、统计工作，也需要通过人工操作。当文档中的数据被集中到数据库管理后，数据联动使许多传统中需要人工操作完成的工作被计算机取代，而计算机在速度和精准度上远超人工，带来极大的效益。传统设计过程是把事物转化为文档中的数据，再把这些数据从文档中提取出来，并利用数字处理技术使其产生价值，此过程就是数字化过程。数字化模式下工程建设各专业间的信息交换直接通过数据库进行传递，如图 9-15 所示，这极大地提高了数据传输效率，降低了数据传输过程的偏差与失真。

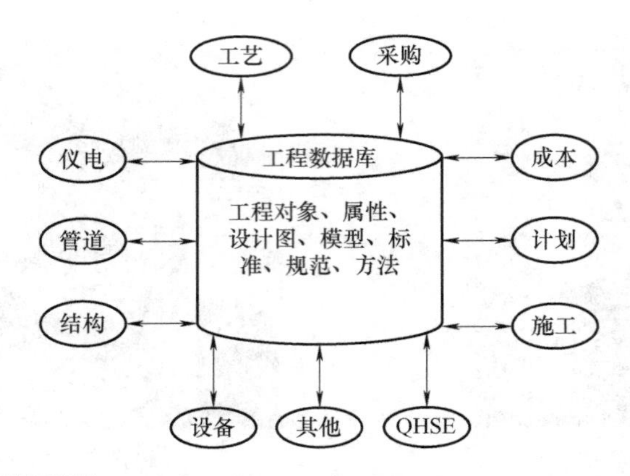

图 9-15　数字化模式下工程建设各专业间的信息交换

2. 工程建设数字化的特征

（1）信息数字化

信息数字化是指利用信息技术和网络通信技术将文字、图表、声像等传统介质的信息进行压缩处理并转化为数字信息。这种数字化的信息又是多媒体的，人们可以通过声音、数据、图像、影像来获取所需要的信息。对于数字化以后的信息，工作人员只需在计算机中进行管理。成熟的计算机技术能够在存储介质中保存大量的信息，并具有比传统介质更高的安全性，保存时间也大大延长。

（2）资源共享化

各种信息以数字形式存在于计算机网络这个无限的空间中，通过网络可以方便利用信息资源。在工程设计、采购、施工以及运维过程中会采集并发布大量数据，这些数据在实际中经常出现多次利用、多次更改的情况。在各部门数据相互传递过程中，传统传递方式存在时间长、效率低、人力资源浪费以及数据错误的弊端，从而引起时间成本和资金成本的增加。工程数字化则是专业人员将数据存入网络平台，使得不同参与主体对需要的信息实时查询、实时更新、实时共享，减少了信息传递之间产生的无法预计的错误，提升了信息传递效率。

（3）进度管理准确化

传统的电子监控技术在设备管理以及运作的过程之中无法很好地促进施工问题的解决，同时在后期制作以及研究的过程之中往往会因为外部不确定性因素，直接影响整个工程的施工质量以及施工进度。而利用数字智能化技术能为工程的施工管理提供坚实可靠的依据，并加强工程技术的监测。在工程施工前期，数字智能化技术的应用能够立足于整体施工方案的实施要求进行全方位的协调以及控制；在工程施工的过程中，工作人员能够结合所遇到的各类困难以及障碍，实现不同环节的有效控制及监督；在完成前期施工的过程后，工作人员还可以在施工进度以及施工方案的引导之下进行有效的预测，改善现有的施工进度管理，不断提高施工的准确性以及科学性。

（4）管理信息化

在管理方面，工程数字化通过将通信技术和建筑工程功能等进行有机结合，借助系统化的管理提高了管理的效率。通过信息化的管理，可以保障相关设备和信息资源在使用过程中发挥出最大效用，以此来提升建筑工程项目实施的安全性。这种系统化的管理将建筑工程项目合为整体，加强了各系统之间的联系，提高了整体的效率。

（5）管理节能化

工程数字化通过运用工程信息化管理系统，可以有效减少人力、物力的投入，节约人力资源和能源。不仅如此，还可以有效减少能源的浪费，达到节能的效果。在工程项目开展中通过运用数字化技术来更好地测算所需的资源和能源，进而可以科学、准确地进行能源测算与投入，这在一定程度上起到了建筑工程节能化管理的作用。

9.4.2　工程数字化管理的主要内容

1. 工程设计图数字化管理

工程设计图是工程设计人员与施工者最为重要的交流工具，它是设计者思维想法的结晶，是设计者与施工者沟通的桥梁。充分分析工程设计图档案的特点，高效进行设计图档案管理，能够更好地为设计人员提供服务，为企业生产提供支持，具有非常重要的意义。

工程设计图数字化管理具有以下作用：

（1）可以对工程设计图进行长时间保存

在信息时代，可以将工程设计图进行数字化管理，保存在存储介质中，从而保证工程设计图档案的长期保存，避免使用纸质图在保存过程中造成的管理难度大、易损坏及丢失等问题。

（2）提升了工程设计图的管理能力

工程设计图存在数量大、类别多、专业性强的显著特点，设计图数字化能够在存储介质中保存大量的信息，并具有比纸质更高的安全性，保存时间也能够大大延长，同时能够根据设计图属性进行快速分类查询，极大地减少工程设计图保管的费用与精力。

（3）能够进行快捷的网络应用

将工程设计图保存在服务器中，设计人员在任何地方都可以快速查询到所需要的设计图及资料，不再受到时间与空间的限制，极大地提高了工程设计图的检索效率。

（4）加强了工程设计图的变更管理

在施工过程中经常会出现对设计图的修改、补充或直接替换，这是设计图难以避免的问题。基于设计图档案数字化网络管理，设计者在异地可以直接远程对存储在服务器端的设计图进行及时修改，修改日志和不同设计图版本都会自动保存，解决了现场设计图变更不可控这一难题，确保了终版图的留存。

2. 建筑工程施工数字化管理

建筑工程施工数字化管理是在建筑工程施工过程中通过运用先进的数字化技术，进行有效的管理，将施工过程中的各种要素变成具体化和信息化的数据，进而实现对建筑工程施工过程的有效控制。在建筑工程施工中实施数字化管理，对于提升整体的工程施工水平具有重要意义，具体措施如下：

（1）分解管理内容

首先应当遵循建筑工程工作量清单所列出的内容进行工程项目分解，同时还要结合建筑工程的分项目划分的原则对建筑工程项目中所包含的各项内容进行明确划分，然后对所分解出来的每个模块展开编码处理，将其分解成小的模块目标，在后期进行工程施工时，按照小的目标进行施工管理，进而达到总体目标要求。

（2）应用3D数字转换技术

通过应用3D数据模型能够对施工现场的实际情况进行展现，还可以实施相应的施工指导和使用过程的管理及控制。此外，在建筑工程施工过程中，通过应用3D数字转换技术形成的数据模型，将工程施工进度通过数字模型建设动态化的表示方式，为施工过程提供有效的数字化依据，从而加快工程施工进度。此外，还能够促使相关管理人员对工程施工质量实现最直观的观察，使整个建筑工程施工的数据信息更加具体和详细。

（3）落实施工中的数字化管理内容

在对建筑工程施工的内容进行模块分解之后，还要确定在工程施工过程中的其他重要因素，例如工程施工的造价、施工工期、工程质量等。其中工程施工造价主要包括施工成本、工程产值、工程总利润等，施工工期包括绝对工期、相对工期等，工程质量则包括具体的质量数值、实际的质量数值等，这些信息的表示都是通过数字来实现的。单位模块具体数值的确定应当充分考虑市场环境、施工企业的具体情况、工程建设情况、投标情况等，从而确保单位模块目标的科学性与合理性。此外，在对工程施工前期的工作进行详细部署之后，还要开展具体的建筑工程施工管理工作，工程施工中的每个部分都应当首先进行大量的数据收集，然后根据数字化技术应用形成相应的数据模型，进而分析工程施工中各个模块所存在的问题，并进行及时的反馈与解决。

（4）实现机械施工数字化

通过在建筑机械使用过程中应用数字化技术，能够实现对整个工程施工过程的合理控制，并确保建筑施工中所得相关数据的精确程度。如果发现工程施工中存在设计及施工缺陷，还能够及时进行更改。在工程施工现场，能够对整个施工过程的成效进行检查和评估，以避免工程施工结束之后出现返工现象。对于建筑工程机械施工，还能够通过数字化技术实现直观观察，从而确保施工过程的安全作业，提高工程施工质量及施工安全性。

3. 建筑运营维护数字化管理

建筑工程运营维护实现数字化管理能够提升建筑设施设备的运营效率，实现对建筑物高效、科学的管理。其主要内容包含以下几个方面：

（1）建立数字化运维平台

数字化运维平台主要是利用数字化技术进行信息采集和资源配置。通过智能化的信息采集方法，实现对目标服务器和设备相关信息的备份和更新，将智能运维系统采集的信息进行分类存储，并同步更新到基础信息配置数据库、存储管理系统数据库、资产管理数据库及运维构架可视化系统中，实现智能运维平台设备基础信息的存储。借助智能化系统和信息配置管理系统实现信息的相互查阅，减少数据库维护成本，提高运维管理效率。

（2）编排可视化

编排可视化主要是为了简化大量存在的重复性操作，同时满足个性化需求，实现多场景交融的可视化操作。通过运行数字化平台脚本库中存放的已经审核过的多种多样的脚本，完成编排流程的可视化操作，使得编排流程一目了然，同时可以根据需要灵活调整，进一步提高执行运维的效率，降低运维成本，减少资源的消耗。

（3）操作场景化

数字化运维平台操作场景化的实现可以根据运维人员的需要和实际运维管理的需要，设计灵活多变的操作模块，通过定制各种模块实现多种功能，如网络探测、程序的自动批量重启、软件应用的自动更新和维护等。通过运维操作的场景化运作，实现运维流程的标准化和智能化，提高运维管理效率，节约运维管理成本。

9.4.3 工程建设数字化的技术支撑

近年来，数字化作为现代信息技术，正得到越来越广泛的应用。BIM 以三维数字技术为基础，建立集成建设工程项目各种相关信息的工程数据模型；人工智能技术的发展，使得工程建设数字化管理体系的建立成为可能；地理信息系统（GIS）、全球定位系统（GPS）等数字技术的发展，为信息的空间分析和可视化表达提供了良好条件；虚拟现实技术以其能够模拟再现真实场景的优点被广泛应用。

1. 建筑信息模型

（1）BIM 的定义

美国国家 BIM 标准（NBIMS）对 BIM 的定义由三部分组成：①BIM 是一个设施（建设项目）物理和功能特性的数字表达；②BIM 是一个共享的知识资源，是一个分享有关这个设施的信息，为该设施从概念到拆除的全寿命周期中的所有决策提供可靠依据的过程；③在设施的不同阶段，不同利益相关方通过在 BIM 中插入、提取、更新和修改信息，以支持和反映其各自职责的协同作业。

2017 年 7 月 1 日实施的国家标准《建筑信息模型应用统一标准》（GB/T 51212—2016）对 BIM 的定义为：BIM 是指在建设工程及设施全寿命周期内，对其物理和功能特性进行数字化表达，并依此设计、施工、运营的过程和结果的总称。

从 BIM 的定义来看，BIM 包含三层含义：①BIM 是关于建筑设施的数据产品或智能数字化表述；②BIM 是一种协作过程，它包含事务驱动和自动化处理能力，以及维护信息的可持续性和一致性的开放信息标准；③BIM 是一种熟知的用于信息交换、工作流和程序步骤安排的工具，可作为贯穿建筑全寿命周期的可重复、可验证、可维持和明晰的信息环境。

（2）BIM 技术的特征

1）可视化：将以往的线条式的构件转换为三维的立体实物图形展示在人们的面前，使建筑描述通俗化、直观化，使设计师和业主等非专业人士对项目的判断更为明确、高效，决策更准确。

2）协调性：可实现专业内多成员间、多专业多系统间的三维协同设计和三维协同施工，可在建筑物建造前期对各专业的碰撞问题进行协调，避免不必要的错误，提高设计和施工质量和效率。

3）模拟性：将建造过程和建造结果在数字虚拟世界中预先实现，提前对建筑设计进行优化，同时确定合理的施工方案，控制建造成本。

4）优化性：BIM 模型提供了建筑物实际存在的信息，相关参与主体可以结合业主的需求和投资限额，对项目方案进行优化，也可以对占投资比例较大、施工难度较大、施工问题较多的部位进行优化。

5）参数化：BIM 是通过参数化建模过程而建立的模型，这使得参数与模型具备关联性，通过调整参数就能实现模型的改变，从而建立和分析新的模型，提高变更和优化的效率。

6）一体化管理：BIM 容纳了建设项目全寿命周期的信息，能够实现贯穿于项目全寿命周期的一体化管理。

（3）BIM对工程建设数字化的重要作用

1）BIM为数字化建造提供详尽的数据信息。在BIM中，模型由数字化的构件组成，而所有构件的有关信息都以数字化形式存放在统一的数据库中。构件的有关信息是构件本身特征和属性的描述，这些信息包括几何信息、物理信息、构造信息、经济信息、技术信息等其他信息。

2）BIM为数字化建造提供保障。数字化建造除了需要有详尽的数据信息之外，也需要可行的建造方案与建造计划，否则，数字化建造不可能成功。而要验证建造方案、建造计划是否可行，就应在实施建造前先行进行虚拟建造，解决设计中未被发现的冲突碰撞，包括建筑设计和结构设计之间、结构设计与管道设计之间、通风管道与供水管道之间等的冲突碰撞，降低返工风险。

3）BIM为数字化建造提供了有效的管理平台。近年应用BIM技术的实践证明，项目的参与各方在BIM搭建的综合信息管理平台上进行协同工作，对于开展协同设计和虚拟建造非常有利，各方可以共同发现问题，改进设计，并且可以在这个平台上合理安排建造计划，做好各个工种之间的衔接，还能有效地利用建筑材料。

案例

某城市综合体项目

某城市要建一个融合商业零售、商务办公、酒店餐饮、公寓住宅、综合娱乐五大核心功能于一体的综合项目，该项目包含4栋楼：1#楼是商业、办公混合用地，包括地下车库、地下商业和大型商场，地上4层，地下1层，建筑面积165000m^2，建筑高度25.9m；2#楼是商业设施用地兼容二类居住用地，包括地下车库、地下商业、地上大型商业及高层住宅与办公，地上26层，建筑面积26000m^2，建筑高度99.9m；3#楼地上17层，建筑面积14000m^2，建筑高度62.1m，主要用途同2#楼；4#楼地上19层，建筑面积19900m^2，建筑高度68.8m，主要用途同2#楼。其中，1#为框架结构，2#、3#、4#为剪力墙结构。该项目功能多样，结构复杂，为保证项目顺利进行，建立了基于BIM技术的协同工作平台，充分考虑工程建造过程中不同领域与不同专业的参与主体的工作需要。在设计阶段，建立了基于BIM的三维视图，如图9-16、图9-17所示，模拟复杂结构施工、管道系统布局等难度大的节点，分析和消除了安装工程的碰撞检查，保证了施工过程中的顺利进行。同时，利用BIM提前发现前期设计或者建造计划中的问题和建造难点，优化建造过程管理，避免返工现象，如图9-18、图9-19所示。在施工阶段，各参与主体在平台上展开协同工作，利用三维信息化模型，对相关的施工细节和关键节点进行详细分析，确保建造和安装的精确性，同时对建造进度、质量与成本进行核查，收到了令人满意的效果。

图9-16　总体BIM模型图

图9-17　局部BIM模型图

图 9-18 管道与管道碰撞示意图

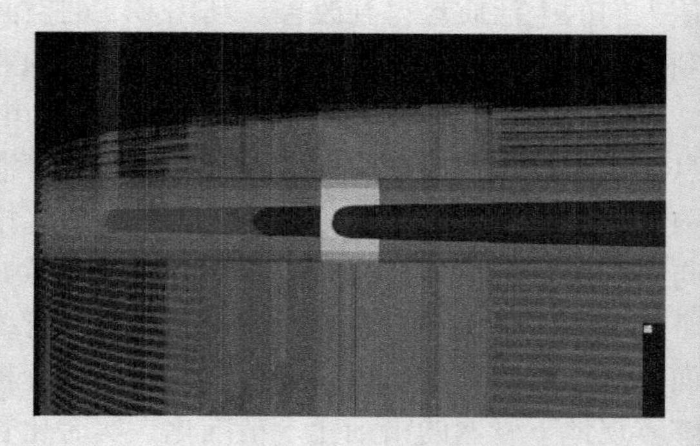

图 9-19 管道与结构碰撞示意图

2. 地理信息系统

（1）GIS 的定义

地理信息系统（GIS）是一种在计算机软件、硬件支持下，把各种地理信息和环境参数按空间分布或地理坐标，以一定格式输入、存储、检索、显示和综合分析应用的技术系统。GIS 是集地球科学、信息科学与计算机技术于一体的高新技术，目前已广泛应用于资源管理、环境监测、灾害评估、城市与区域规划等众多领域，成为社会可持续发展有效的辅助决策支持工具。

目前，从 GIS 在实际应用中的作用与地位来看，对 GIS 的定义存在以下三种观点：

第一种观点称为地图观点，认为 GIS 是一个地图分析与处理系统，它侧重于将每个地理数据集看作一幅地图，通过地图代数实现数据的操作与运算，其结果仍然表现为一张具有新内容的地图。

第二种观点称为数据库观点，它侧重于数据库设计与实现的完美性，一个复杂的数据库管理系统被视为 GIS 不可分割的一部分。

第三种观点则是空间分析的观点，强调 GIS 的空间分析与模型分析功能，认为 GIS 是一门空间信息科学，而不仅是一门技术。

一般而言，第三种观点普遍为地理信息系统界所接受，并认为这是区分 GIS 与其他地理数据自动化处理系统的唯一特征。

GIS 主要应用于地理空间信息的表达、输入、存储、管理、传输、分析、应用，为规划、管理、决策服务等多个领域提供建模和决策支持。“数字地球”“智慧城市”“云计算”“大数据”等概念的相继提出，更进一步推动了 GIS 科学、技术体系的发展。

（2）GIS 在城市规划及管理中的应用

1）建设地下空间信息平台。在基本功能方面，如制图、数据处理、空间分析、三维可视化、网上发布等都有广泛应用。GIS 在智慧城市中的应用目前主要在网络发布方面，利用 GIS 技术可以实现对人防工程或地下空间等方面的网络发布。

在扩展功能方面，利用该平台的扩展功能，可以满足以下几个方面需要：①影响因素分析。利用 GIS 技术，通过主因素分析法，能够准确分析地下空间空气质量以及安全状况等影响因素，获取某一地下空间设施的影响因素，为设施改善和调整等提供参考。②效益分析。地下空间开发和利用工作的开展主要是为了节约面积、降低城市污染，增大城市空间容量，使人们的生活质量得到改善。利用 GIS 的空间分析及数据处理等功能，可以对地下空间开发利用的环境、经济、社会以及资源等方面的效益进行充分、全面的分析。

2）实现地下管线的数字化管理。在城市建设与发展过程中，由于管道敷设不合理、信息获取不及时，出现的燃气管道爆炸、水管泄漏塌陷等情况严重影响着城市的正常运转。目前我国的地下管网主要分为油气管线、给水排水管线、供热管线和通信管线，这些地下管线与人们的日常生活息息相关，同时也是智慧城市建设中不可或缺的一部分。采用 GIS 开发一个地下管线管理信息系统，可以实现地下管线的可视化显示、编辑、三维管线的量算、横断面分析、碰撞检测、爆管分析、危险隐患分析等功能。将 GIS 技术引入地下管线的建设中能够实现地下管网的精细化、精准化、实时化管理，从而推动智慧城市的建设。

3）在智慧交通中的应用。利用 GIS 的最佳路径分析可以方便决策者选择最优的出行方式，使出行更加便利化，同时也能在一定程度上缓解城市的交通拥堵现象。在获取公交系统车辆信息的基础上，利用 GIS 空间量算以及建模技术，乘客可以实时获取每条线路、每辆公交车的运行情况，从而为自己的后续决策提供支持，实现智慧出行。加之 GIS 数据存储、数据编辑功能，不仅可以对交通数据进行管理，还可以对其进行查询、分析、统计以及输出报表、交通图，方便政府部门及时了解道路状况并进行决策。

3. 虚拟现实

(1) VR 技术的概念

虚拟现实（VR）技术是一项综合集成技术。它是在计算机图形学、人机交互、多媒体、计算机仿真、人工智能以及传感技术的基础上发展起来的，通过 VR 工具与虚拟环境进行交互作用，让使用者身临其境。它的兴起为人机交互界面的发展开创了新的研究领域，为智能工程的应用提供了新的界面工具，为各类工程的大规模数据可视化提供了新的描述方法。

VR 的核心由计算机生成的一些交互式三维环境组成。这些环境可以是真实的，也可以是通过想象构建的模型，主要是为了通过人工合成的经历来传达信息。

(2) VR 技术的特性

1）多感知性。多感知性是指除了计算机图像技术提供的视觉感之外，VR 技术具有的提供触觉、听觉、运动感知等感知功能。理性状态下，嗅觉、味觉感知功能也应该具备，即能够提供人所具有的一切感知能力。

2）存在感。存在感即沉浸性，指的是虚拟现实对真实世界的模拟达到以假乱真的地步，使用户深陷其中，分不清现实和虚拟。

3）交互性。交互性是指使用者对虚拟环境内事物的可操作程度以及能得到相应的自然反馈的能力。

4）自主性。自主性是指虚拟环境中的事物能够主动依照现实世界事物运行的规律而运动的能力。

(3) VR 技术在建筑业中的应用

在以往的建筑设计阶段，建筑师通常采用 VR + CAD 技术进行制图，可以有效提升制图速度，更加方便快捷地修改设计方案。建筑师如同置身在虚拟的世界中，无数庞大的建筑材料、家具设备、施工工具都以数据的方式存在于三维空间中，可以随时被安排调用组合成不同的方案。同时，建筑师可以 360°无死角地对不同设计方案呈现出的效果进行观察，随时更改自己不满意的搭配，最终得到满意的方案。最终方案中搭建好的虚拟建筑和实际施工中的建筑在尺寸、色彩、材料上几乎完全一致，施工过程中只要按照设计方案执行，设计阶段追求的效果在施工后便能得到最大限度的体现，这对于提高工程质量和市场竞争力具有重要的意义。

在建筑实施的各个阶段中，VR 技术都可以发挥积极的作用。从招标投标开始，可以采用网上虚拟招标投标（Virtual Bidding，VB）技术对实际投标环境进行模拟，减少人为因素的干扰，使得招标流程更加规范、公平。而且 VR 技术能够解决无法拍摄建筑内部构造的问题，使得投标方能够对建筑完工后的质量有更准确的把握，从而增加中标的概率。在施工阶段，可以通过 VR 技术对施工方案进行模拟，通过对比结果进行筛选和修改，最终完善施工方案。之后的施工管理阶段也可以运用 VR 技术，将具体决策带入三维空间进行模拟，通过观察施工过程和结果，发现现实中可能出现的问题，针对性地对决策进行调整，防患于未然，保障施工安全。

复 习 题

1. 工程建设标准化的含义是什么？主要内容有哪些？
2. 请结合具体的案例，谈一下工程建设绿色化的内容和作用。
3. 请结合本章内容，对工程建设工业化、住宅产业化、装配式建筑三个概念进行辨析。
4. 工程建设数字化的主要内容有哪些？对工程建设有哪些价值？
5. 结合本章内容，根据自己的理解谈一下工程建设还有哪些发展趋势？

参考文献

[1] 丁士昭. 工程项目管理 [M]. 2版. 北京：中国建筑工业出版社，2014.

[2] 刘豆豆. 工程管理概论 [M]. 北京：清华大学出版社，2018.

[3] 成虎，陈群. 工程项目管理 [M]. 北京：中国建筑工业出版社，2015.

[4] 卢友杰. 中国营造管理史话 [M]. 北京：中国建筑工业出版社，2018.

[5] 郑俊巍，王孟钧. 中国工程管理的历史演进 [J]. 科技管理研究，2014 (23)：245-250.

[6] 何继善，王孟钧，王青娥. 中国工程管理现状与发展 [M]. 北京：高等教育出版社，2013.

[7] 哈尔平，伍德黑德. 建筑管理 [M]. 关柯，李小冬，关为泓，译. 北京：中国建筑工业出版社，2004.

[8] 刘尔烈. 国际工程管理概论 [M]. 3版. 天津：天津大学出版社，2019.

[9] 莎，诺沃辛. 工程管理知识体系指南 [M]. 何继善，译. 北京：中国建筑工业出版社，2018.

[10] 成虎，宁延. 工程管理导论 [M]. 北京：机械工业出版社，2018.

[11] 成虎. 工程管理概论 [M]. 3版. 北京：中国建筑工业出版社，2017.

[12] 何继善. 工程管理论 [M]. 北京：中国建筑工业出版社，2017.

[13] 金国辉，郭海. 工程管理概论 [M]. 北京：北京交通大学出版社，2014.

[14] 汪应洛. 工程管理概论 [M]. 西安：西安交通大学出版社，2013.

[15] 史玉芳，尚梅. 工程管理概论 [M]. 西安：西安电子科技大学出版社，2013.

[16] 任宏，陈圆. 工程管理概论 [M]. 2版. 北京：中国建筑工业出版社，2013.

[17] 郑文新，李献涛. 工程管理概论 [M]. 北京：北京大学出版社，2012.

[18] 陈平. 工程管理概论 [M]. 哈尔滨：哈尔滨工业大学出版社，2012.

[19] 帅传敏，付晓灵，宫培松. 工程管理专业人才培养模式的构建 [J]. 湖北教育学院学报，2006 (5)：120-122.

[20] 王雪青，杨秋波. 中美英工程管理专业本科教育的比较及其启示 [J]. 中国大学教学，2010 (6)：36-39.

[21] 何继善. 美国工程管理教育管窥 [J]. 现代大学教育，2016 (3)：40-44.

[22] 刘贵文，彭瑶，吴博. 中英建筑工程管理专业培养方案比较研究 [J]. 中国大学教学，2006 (12)：49-51.

[23] 任宏，竹隰生，顾湘. 工程管理专业的发展展望 [J]. 高等建筑教育，2001 (2)：32-34.

[24] 曾德珩，毛超，陈圆. 面向建设工程全寿命期执业能力的工程管理专业课程体系设计 [J]. 高等工程教育研究，2017 (3)：144-148.

[25] 台双良，李青灿，刘洋，等. 建设工程管理师执业资格设置研究 [J]. 工程管理学报，2014，28 (2)：37-40.

[26] 全国咨询工程师（投资）职业资格考试专家委员会. 咨询工程师（投资）职业资格考试大纲 [M]. 3版. 北京：中国计划出版社，2016.

[27] 住房和城乡建设部. 全国监理工程师资格考试大纲 [M]. 4版. 北京：中国建筑工业出版社，2014.

[28] 住房和城乡建设部. 全国二级建造师执业资格考试大纲 [M]. 北京：中国建筑工业出版社，2019.

[29] 住房和城乡建设部. 一级建造师执业资格考试大纲 [M]. 北京：中国建筑工业出版社，2018.

[30] 住房和城乡建设部，交通运输部，水利部. 全国一级造价工程师职业资格考试大纲 [M]. 北京：中国计划出版社，2019.

[31] 中国建筑业协会工程项目委员会. 中国工程项目管理知识体系 [M]. 2版. 北京：中国建筑工业出

版社，2011.
[32] 蔺石柱. 工程项目管理 [M]. 北京：机械工业出版社，2017.
[33] 丁晓欣. 建设工程合同管理 [M]. 北京：清华大学出版社，2017.
[34] 叶堃晖. 工程项目管理 [M]. 重庆：重庆大学出版社，2017.
[35] 刘炳南. 工程项目管理 [M]. 西安：西安交通大学出版社，2010.
[36] 李长花，王艳丽，段宗志. 工程经济学 [M]. 武汉：武汉大学出版社，2015.
[37] 马秀岩，卢洪升. 项目金融 [M]. 3 版. 大连：东北财经大学出版社，2015.
[38] 段建新，谢亚伟. 融资理论与实务 [M]. 郑州：河南人民出版社，2011.
[39] 丁士昭. 建设工程管理概论 [M]. 北京：中国建筑工业出版社，2010.
[40] 袁熙志. 工程设计管理概论 [M]. 北京：冶金工业出版社，2017.
[41] 任宏，晏永刚. 建设工程管理概论 [M]. 3 版. 武汉：武汉理工大学出版社，2015.
[42] 吉富星. 中国 PPP 模式的案例解析 [M]. 北京：中国财政经济出版社，2017.
[43] 王孟钧，陈辉华. 建设法规 [M]. 2 版. 武汉：武汉理工大学出版社，2013.
[44] 明杏芬. 建设法规 [M]. 杭州：浙江大学出版社，2015.
[45] 何红锋. 建设法规教程 [M]. 北京：中国建筑工业出版社，2018.
[46] 何佰洲. FIDIC 合同条件与我国合同环境的适应性研究 [M]. 北京：中国建筑工业出版社，2009.
[47] 巴尼. FIDIC 系列工程合同范本 [M]. 张水波，译. 北京：中国建筑工业出版社，2007.
[48] 吴兴国. 建设工程法规及相关知识 [M]. 北京：中国环境出版社，2013.
[49] 万鑫. 建设工程监理概论 [M]. 北京：现代教育出版社，2016.
[50] 施骞. 工程项目可持续建设与管理 [M]. 上海：同济大学出版社，2007.
[51] 罗杰斯，贾拉勒，博伊德. 可持续发展导论 [M]. 郝吉明，邢佳，陈莹，译. 北京：化学工业出版社，2008.
[52] 环境保护部环境工程评估中心. 建设项目环境影响评价 [M]. 北京：中国环境科学出版社，2012.
[53] 周岱. 工程可持续发展理论与应用 [M]. 上海：上海交通大学出版社，2016.
[54] 李长江. 建设行业职业道德及法律法规 [M]. 南京：江苏科学技术出版社，2016.
[55] 曾赛星. 重大基础设施工程社会责任 [M]. 北京：科学出版社，2018.
[56] 住房和城乡建设部. 建筑工程可持续性评价标准：JGJ/T 222—2011 [S]. 北京：中国建筑工业出版社，2012.
[57] LI X D，SU S，ZHANG Z H，et al. An integrated environmental and health performance quantification model for pre-occupancy phase of buildings in China [J]. Environmental Impact Assessment Review，2017，63 (3)：1-11.
[58] LI X D，SU S，SHI J，et al. An environmental impact assessment framework and index system for the pre-use phase of buildings based on the distance-to-target approach [J]. Building and Environment，2015，85 (2)：173-181.
[59] LI X D，YANG F，ZHU Y M，et al. An assessment framework for analyzing the embodied carbon impacts of residential buildings in China [J]. Energy and Buildings，2014，85 (12)：400-409.
[60] ZHANG Z H，WU X，YANG X M，et al. BEPAS：a life cycle building environmental performance assessment model [J]. Building and Environment，2005，41 (5)：669-675.
[61] 赵凯. 建设工程从业人员职业道德建设研究 [D]. 沈阳：沈阳建筑大学，2017.
[62] 孙凤，王阳阳，张弛. 建筑业的投入溢出效应分析 [J]. 建筑经济，2018，39 (9)：5-10.
[63] 中国建筑节能协会能耗统计专业委员会. 中国建筑能耗研究报告：2018 [R]. 北京：中国建筑节能协会，2018.
[64] CAO X Y，LI X D，ZHU Y M，et al. A comparative study of environmental performance between prefabrica-

ted and traditional residential buildings in China [J]. Journal of Cleaner Production, 2015, 109: 131-143.
[65] LI X D. SONG Z Y, WANG T, et al. Health impacts of construction noise on workers: A quantitative assessment model based on exposure measurement [J]. Journal of Cleaner Production, 2016, 135: 721-731.
[66] LI X D, GAO-ZELLER X J, RIZZUTO T E, et al. Institutional pressures on corporate social responsibility strategy in construction corporations: The role of internal motivations [J]. Corporate Social Responsibility and Environmental Management, 2019, 26 (4): 721-740.
[67] 住房和城乡建设部，国家质量监督检验检疫总局. 建筑模数协调标准：GB/T 50002—2013 [S]. 北京：中国建筑工业出版社，2014.
[68] 李福和. 工程项目管理标准化 [M]. 北京：中国建筑工业出版社，2013.
[69] 王江容. 建设项目的标准化管控 [M]. 南京：东南大学出版社，2018.
[70] 冯松山. 建设工程项目管理 [M]. 北京：北京大学出版社，2017.
[71] 住房和城乡建设部标准定额司，住房和城乡建设部标准定额研究所. 中国工程建设标准化发展研究报告 [M]. 北京：中国建筑工业出版社，2019.
[72] 海晓凤. 绿色建筑工程管理及对策分析 [M]. 长春：东北师范大学出版社，2017.
[73] 住房和城乡建设部. 绿色建筑评价标准：GB/T 50378—2019 [S]. 北京：中国建筑工业出版社，2019.
[74] 住房和城乡建设部科技与产业化发展中心（住房和城乡建设部住宅产业化促进中心）. 装配式建筑发展行业管理与政策指南 [M]. 北京：中国建筑工业出版社，2018.
[75] 住房和城乡建设部住宅产业化促进中心. 大力推广装配式建筑必读：技术、标准、成本与效益 [M]. 北京：中国建筑工业出版社，2016.
[76] 徐照，徐春社，袁竞峰，等. BIM 技术与现代化建筑运维管理 [M]. 南京：东南大学出版社，2018.
[77] 张王菲，姬永杰. GIS 原理与应用 [M]. 北京：中国林业出版社，2018.
[78] 俞传飞. 数字化信息集成下的建筑、设计与建造 [M]. 北京：中国建筑工业出版社，2007.
[79] 纪颖波. 建筑工业化发展研究 [M]. 北京：中国建筑工业出版社，2011.